国家级一流本科专业建设成果教材

石油和化工行业"十四五"规划教材

环境影响评价

曹国良　韩　芸　主编

化学工业出版社

·北京·

内容简介

《环境影响评价》根据我国颁布的有关环境保护的法律法规、环境影响评价技术导则和生态环境分区管控成果，系统地介绍环境影响评价的基础理论与方法，分章节阐述大气、地表水、地下水、声环境、固体废物、生态环境、土壤等的现状评价与影响预测，以及生态环境分区管控、环境风险评价、规划环境影响评价的技术方法，对环境影响评价文件的格式和要求也进行了概述，并提供了详细的案例分析。

本书可作为高等学校环境工程、环境科学、市政工程类专业的必修课程教材，也可作为土木及建筑类等相关专业通识教材，并可供从事环境影响评价工作的技术人员、相关专业科研人员参考。

图书在版编目（CIP）数据

环境影响评价 / 曹国良，韩芸主编 . -- 北京：化学工业出版社，2025. 5. --（国家级一流本科专业建设成果教材）. -- ISBN 978-7-122-47661-6

Ⅰ. X820. 3

中国国家版本馆 CIP 数据核字第 2025PQ8078 号

责任编辑：满悦芝　　　　文字编辑：贾羽茜
责任校对：李　爽　　　　装帧设计：张　辉

出版发行：化学工业出版社
　　　　　（北京市东城区青年湖南街 13 号　邮政编码 100011）
印　　装：河北鑫兆源印刷有限公司
787mm×1092mm　1/16　印张 17　字数 412 千字
2025 年 8 月北京第 1 版第 1 次印刷

购书咨询：010-64518888　　　　售后服务：010-64518899
网　　址：http://www.cip.com.cn
凡购买本书，如有缺损质量问题，本社销售中心负责调换。

定　　价：59.80 元

前 言

　　生态环境是人类赖以生存和发展的根基，生态兴则文明兴，生态衰则文明衰。环境影响评价的目的就是科学引导人类的生产、生活活动，通过技术方法预估对环境的影响程度，为开发建设活动的决策、产业合理布局、制定区域经济发展规划及相应的环保规划、制定环境保护对策、进行环境管理提供依据。从 20 世纪 60 年代初发达国家环境影响评价概念的提出，到 2003年《中华人民共和国环境影响评价法》的颁布，环境影响评价已经成为环境管理中的一项重要程序，对有效控制环境污染和生态破坏、促进人类与环境的和谐共存及经济社会的可持续发展发挥了巨大作用。

　　为适应社会发展的需要，根据我国环境影响评价工作发展的实际需要，结合高校环境影响评价课程的教学要求和编者多年的环境影响评价工作实践经验，本着与时俱进的思想和为国家培养环境影响评价事业优质人才的目的，根据国家法律法规、标准、技术导则编写了此书。

　　全书共分为 15 章，主要内容包括环境影响评价概论、环境保护法律法规与生态环境标准体系、环境影响评价程序与方法、生态环境分区管控、建设项目工程分析、大气环境影响评价、地表水环境影响评价、地下水环境影响评价、声环境影响评价、固体废物环境影响评价、生态环境影响评价、土壤环境影响评价、环境风险评价、规划环境影响评价以及环境影响经济损益分析、电磁环境影响评价，并对碳排放分析、环境影响后评价作了阐述。全书以环境影响评价的基本理论和方法为基础，紧扣各环境要素的环境影响评价技术导则，引入实际案例，便于读者深刻领会和掌握环境影响评价的基本要义、技术方法。全书通俗易懂，简明实用，注重内容先进性和时效性。

　　本书由西安建筑科技大学曹国良、韩芸任主编，各章节具体编写分工如下：西安建筑科技大学曹国良（第 1 章、第 6 章），西安建筑科技大学吕永涛和孙婷（第 2 章、第 9 章），西安建筑科技大学韩蕾（第 3 章），陕西省环境调查评估中心王青、郑娟、曹巍和史谊飞（第 4 章、第 14 章），西安建筑科技大学舒麒麟（第 5 章），西安建筑科技大学韩芸（第 7 章），长安大学王玮（第 8 章），西安建筑科技大学王宝（第 10 章），西安建筑科技大学王会霞（第 11 章），西安建筑科技大学吴蔓莉（第 12 章），西安建筑科技大学马恒坤（第 13 章），西安建筑科技大学杨全（第 15 章）。全书由曹国良、韩芸统稿。

本书得到了西安建筑科技大学教材资助项目、陕西省环境调查评估中心资金的支持，在此表示衷心感谢！

限于编者编写水平，不足和疏漏之处在所难免，敬请读者惠予指正。

编者

2025 年 3 月

目 录

第8章 地下水环境影响评价

第9章　声环境影响评价

第 10 章　固体废物环境影响评价

第 11 章　生态环境影响评价

第12章　土壤环境影响评价

第13章　环境风险评价

第15章 其他

参考文献

第1章

环境影响评价概论

1.1 环境和环境影响概述

1.1.1 环境的定义

关于环境的定义，在不同的法规、政策、条例，乃至国际公约或条约中，有着不同的内涵和边界。《中华人民共和国环境保护法》（简称《环境保护法》）第二条明确指出："本法所称环境，是指影响人类生存和发展的各种天然的和经过人工改造的自然因素的总体，包括大气、水、海洋、土地、矿藏、森林、草原、湿地、野生生物、自然遗迹、人文遗迹、自然保护区、风景名胜区、城市和乡村等。"这是一种把环境中应当保护的要素或对象界定为环境的一种定义，它是从实际工作的需要出发，对环境一词的法律适用对象或适用范围所作的规定，可确保法律的精准实施。

1.1.2 环境影响的定义及分类方法

环境影响是指人类活动（生产活动、经济活动和社会活动等）导致的环境变化以及由此引起的对人类经济和社会的效应。环境影响概念包括人类活动对环境的作用和环境对人类的反作用两个层次。

环境影响的概念既强调人类活动对环境的作用，即认识和评价人类活动使环境发生了或将发生哪些变化；又强调这种变化对人类的反作用，即认识和评价这些变化会对人类社会产生什么样的效应。研究和评价人类活动对环境的影响和作用，是为了制定出缓和不利影响的对策措施，改善生活环境，维护人类健康，保证和促进人类社会的可持续发展。

环境影响有多种不同的分类方法，比较常见的分类方法有三种。

（1）按影响来源分类

可分为直接影响、间接影响和累积影响。直接影响是指人类活动所产生的对人类社会或其他环境的直接作用，而由这种直接作用诱发的其他后续结果为间接影响。直接影响与人类活动在时间上同时，在空间上同地；而间接影响在时间上推迟，在空间上较远，但仍在可合理预见的范围内。例如，空气污染造成人体呼吸道疾病，这是直接影响，而疾病导致工作效率降低、收入下降等，则是间接影响；又如某一工业园区的开发建设活动，解决了周边地区大量劳动力的就业问题或者引起部门间劳动力的流动，这是直接影响，这种影响继而导致该地区产业结构、经济类型等的诸多变化，就是间接影响。直接影响一般比较容易分析和测定，间接影响则不太容易，间接影响空间和时间范围的确定、影响结果的量化等，都是环境影响评价中比较困难的工作。确定直接影响和间接影响并对之进行分析和评价，可以有效地认识评价项目的影响途径、范围、状况等，对缓解不良影响和采用替代方案有重要意义。

累积影响是指"当一项活动与其他过去、现在及可以合理预见的将来的活动结合在一起时，因影响的增加而产生的对环境的影响"。当一个项目的环境影响与另一个项目的环境影响以协同的方式结合，或当若干个项目对环境产生的影响在时间上过于频繁或在空间上过于密集以致各项目的影响得不到及时消纳时，都会产生累积影响。累积影响的实质是各单项活动影响的叠加和扩大。

（2）按影响效果分类

可分为有利影响和不利影响。这是一种从受影响对象的损益角度进行划分的方法。有利影响是指对人群健康、社会经济发展或其他环境状况有积极促进作用的影响。反之，对人群健康、社会经济发展或其他环境状况有消极的阻碍或破坏作用的影响，则为不利影响。当然，不利与有利是相对的，是可以相互转化的，而且不同的个人、团体、组织等由于价值观念、利益需要等的不同，对相同环境变化的评价会不尽相同，导致同一环境变化可能产生不同的环境影响。因此，关于环境影响的有利和不利的确定，要综合考虑多方面的因素，是一个比较困难的问题，也是环境影响评价实际工作中经常需要认真考虑、调研和权衡的问题。

（3）按影响程度分类

分为可恢复影响和不可恢复影响。可恢复影响是指人类活动造成环境某些特性改变或价值丧失后可逐渐恢复到以前面貌的影响，不可恢复影响是指造成环境的某些特性改变或价值丧失后不能恢复的影响。如油轮严重泄油事件，造成大面积海域污染，但经过一段时间以后，在人为努力和环境自净作用下，又恢复到污染以前的状态即为可恢复影响；又如开发建设活动使某自然风景区改变成为工业区，造成其观赏价值或舒适性价值的完全丧失，是不可恢复影响。一般认为，在环境承载力范围内对环境造成的影响是可恢复的，若超出了环境承载力范围则为不可恢复影响。这种划分方法主要用于对自然环境影响的判别。

另外，环境影响还可分为：短期影响和长期影响，暂时影响和连续影响，地方、区域、国家或全球影响，建设阶段影响和运行阶段影响，单个影响和综合影响等。

1.2 环境影响评价制度的形成与发展

1.2.1 环境影响评价制度

《中华人民共和国环境影响评价法》第二条明确：本法所称环境影响评价，是指对规划和建设项目实施后可能造成的环境影响进行分析、预测和评估，提出预防或者减轻不良环境影响的对策和措施，进行跟踪监测的方法与制度。

环境影响评价制度是指把环境影响评价工作以法律、法规或行政规章的形式确定下来从而必须遵守的制度，是指在进行建设活动之前，对建设项目的选址、设计和建成投产使用后可能对周围环境产生的不良影响进行调查、预测和评定，提出防治措施，并按照法定程序进行报批的法律制度。

环境影响评价制度是实现经济建设、城乡建设和环境建设同步发展的主要法律手段。建设项目不但要进行经济评价，更要进行环境影响评价，科学地分析开发建设活动可能产生的环境问题，并提出防治措施。通过环境影响评价，可以为建设项目合理选址提供依据，防止由于选址或布局不合理给环境带来难以消除的损害；通过环境影响评价，可以调查清楚周围环境的现状，预测建设项目对环境影响的范围、程度和趋势，提出有针对性的环境保护措施；环境影响评价还可以为建设项目的环境管理提供科学依据。

环境影响评价制度主要包括环境影响评价的对象、环境影响评价的程序、环境影响评价的管理机制、环境影响评价中的公众参与等内容。由于各个国家政治制度、经济水平、文化传统等方面的差异，相应的环境影响评价制度的特点也不尽相同。在一些国家，环境影响评价的对象、范围、程序、方法等方面都有许多变化，出现了一些新的特点。

1.2.2 环境影响评价制度的产生

环境影响评价的概念最早是 1964 年在加拿大召开的国际环境质量评价学术会议上提出来的，而环境影响评价作为一项正式的法律制度首创于美国。1969 年美国制定了《国家环境政策法》（NEPA），在世界范围内率先确立了环境影响评价（EIA）制度。到 20 世纪 70 年代末，美国绝大多数州相继建立了各种形式的环境影响评价制度。1977 年，纽约州还制定了专门的《环境质量评价法》，1987 年美国又制定了《国家环境政策法实施程序的条例》。

美国的环境影响评价制度确立以后，很快得到其他国家的重视，并为许多国家所借鉴。瑞典在其 1969 年的《环境保护法》中对环境影响评价制度作了规定；日本于 1972 年由内阁批准了公共工程的环境保护办法，首次引入环境影响评价思想；澳大利亚于 1974 年制定了《环境保护（建议的影响）法》；法国于 1976 年通过的《自然保护法》第 2 条规定了环境影响评价制度；英国于 1988 年制定了《环境影响评价条例》。进入 20 世纪 90 年代后，德国于 1990 年、加拿大于 1992 年、日本于 1997 年先后制定了以《环境影响评价法》为名称的专门法律。俄罗斯于 1994 年制定了《俄罗斯联邦环境影响评价条例》。同时，国际上也设立了许多有关环境影响评价的机构，召开了一系列有关环境影响评价的会议，开展了环境影响评价的研究和交流，进一步促进各国环境影响评价的应用与发展。经过 50 多年的发展，现已有 100 多个国家建立了环境影响评价制度。

1.2.3 我国环境影响评价制度的发展

我国环境影响评价制度的建立和立法工作经历了三个阶段。

（1）创立阶段

1973 年首先提出环境影响评价的概念，1979 年颁布的《中华人民共和国环境保护法（试行）》使环境影响评价制度化、法律化。1981 年发布的《基本建设项目环境保护管理办法》专门对环境影响评价的基本内容和程序作了规定。后经修改，1986 年颁布了《建设项目环境保护管理办法》，进一步明确了环境影响评价的范围、内容、管理权限和责任。

（2）发展阶段

1989 年颁布正式的《中华人民共和国环境保护法》，该法第十三条规定"建设污染环境的项目，必须遵守国家有关建设项目环境保护管理的规定。建设项目的环境影响报告书，必须对建设项目产生的污染和对环境的影响作出评价，规定防治措施，经项目主管部门预审并依照规定的程序报环境保护行政主管部门批准。环境影响报告书经批准后，计划部门方可批准建设项目设计任务书"。1998年，国务院颁布了《建设项目环境保护管理条例》，进一步提高了环境影响评价制度的立法规格，同时对环境影响评价的适用范围、评价时机、审批程序、法律责任等方面均作了很大修改。1999年3月，国家环保总局颁布《建设项目环境影响评价资格证书管理办法》，使我国环境影响评价走上了专业化的道路。

（3）完善阶段

2003年9月1日起施行的《中华人民共和国环境影响评价法》是我国环境影响评价制度发展历史上的一个里程碑，是我国环境影响评价走向完善的标志。通过明确环评单位的资质规定、环评队伍的行业整顿等行动，推进了环境影响评价制度的落实。2017年7月16日《国务院关于修改〈建设项目环境保护管理条例〉的决定》，对环境影响评价制度进行了细化，包括对法律责任，环境影响报告的分类、编制内容和格式，信息公开，审批级别等做了详细规定。2018年12月29日，第十三届全国人民代表大会常务委员会第七次会议对《中华人民共和国环境影响评价法》进行了第二次修正，修改了部分条款，强化了规划环评的实施和法律责任。

1.3　我国环境影响评价制度的特点

我国环境影响评价制度具有以下特点。

（1）法律强制性

《中华人民共和国环境影响评价法》由第九届全国人民代表大会常务委员会第三十次会议于2002年10月28日通过，自2003年9月1日起施行；2018年12月29日，第十三届全国人民代表大会常务委员会第七次会议进行了第二次修正。

《中华人民共和国环境影响评价法》是为了实施可持续发展战略，预防因规划和建设项目实施后对环境造成不良影响，促进经济、社会和环境的协调发展而制定的法律。该法共五章三十七条，明确了"在中华人民共和国领域和中华人民共和国管辖的其他海域内建设对环境有影响的项目，应当依照本法进行环境影响评价"。

（2）除建设项目外，规划也应进行环评

《中华人民共和国环境影响评价法》的第二章，明确了国务院有关部门、设区的市级以上地方人民政府及其有关部门，对其组织编制的土地利用的有关规划，区域、流域、海域的建设、开发利用规划，应当在规划编制过程中组织进行环境影响评价，编写该规划有关环境影响的篇章或者说明。未编写有关环境影响的篇章或者说明的规划草案，审批机关不予审批。

因此，规划也纳入环境影响评价的范围。

（3）纳入基本建设程序

建设项目可行性研究阶段或开工建设之前必须完成环境影响评价的报批。基本建设程序和环境管理程序密切结合。

建设项目的环境影响评价文件未依法经审批部门审查或者审查后未予批准的，建设单位不得开工建设，否则会构成"未批先建"的环境违法行为。

（4）分类管理、分级审批

国家根据建设项目对环境的影响程度，对建设项目的环境影响评价实行分类管理。可能造成重大环境影响的，应当编制环境影响报告书，对产生的环境影响进行全面评价；可能造成轻度环境影响的，应当编制环境影响报告表，对产生的环境影响进行分析或者专项评价；对环境影响很小、不需要进行环境影响评价的，应当填报环境影响登记表。

环境影响评价分类管理名录，由生态环境部制定并定期进行更新。

环境影响评价文件的审批权限，由生态环境部及省、自治区、直辖市人民政府规定。

（5）公众参与

为保障公众环境保护知情权、参与权、表达权和监督权，生态环境部制定了《环境影响评价公众参与办法》。

针对编制环境影响报告书的建设项目，建设单位应当通过其网站、建设项目所在地公共媒体网站或者建设项目所在地相关政府网站（统称网络平台），或广播、电视、微信、微博及其他新媒体等多种形式，公开必要的信息。建设单位向生态环境主管部门报批环境影响报告书时，应当附具公众参与说明，并出具承诺书。

1.4　与排污许可制度的衔接

环境影响评价制度和排污许可制度是我国污染源环境管理的两项重要制度。环境影响评价制度是指对规划和建设项目实施后可能造成的环境影响进行分析、预测和评估，提出预防或者减轻不良环境影响的对策和措施，进行跟踪监测的方法与制度；排污许可制度是政府部门依污染源建设或运营单位申请，经依法审核准予其排污活动的一项制度，政府批准的行政许可文书就是排污许可证。国务院提出改革环境治理基础制度，建立覆盖所有固定污染源（位置固定、具有一定规模、可核查、可监测的污染源）的企业排污许可制，关键在于整合衔接现有各项污染源环境管理制度，其中一项重要任务是做好环评与排污许可制度的衔接工作。

环境影响评价重在事前预防，是新污染源的"准生证"，包括项目建设期的"三同时"管理，同时也为排污许可提供了污染物排放清单；排污许可重在事中事后监管，是载明排污单位污染物排放及控制有关信息的"身份证"，许可证是排污单位守法、执法单位执法、社会监督护法的依据之一。

环评与排污许可两者互为因果，相辅相成，密不可分。瑞典、美国、欧盟等都已实现了两项制度的紧密衔接，我国也在《关于做好环境影响评价制度与排污许可制衔接相关工作的通知》（环办环评〔2017〕84号）中明确了：环境影响评价制度是建设项目的环境准入门槛，是申请排污许可证的前提和重要依据。排污许可制是企事业单位生产运营期排污的法律依据，是确保环境影响评价提出的污染防治设施和措施落实落地的重要保障。各级环保部门要切实做好两项制度的衔接，在环境影响评价管理中，不断完善管理内容，推动环境影响评价更加科学，严格污染物排放要求；在排污许可管理中，严格按照环境影响报告书（表）以及审批文件要求核发排污许可证，维护环境影响评价的有效性。构建以排污许可制度为核心的污染源管理制度、联动管理机制。

第2章

环境保护法律法规与生态环境标准体系

2.1 环境保护法律法规体系

2.1.1 我国环境保护法律法规体系的结构

我国的环境保护法律法规体系是开展环境影响评价工作的基本依据，该体系以《中华人民共和国宪法》（简称《宪法》）关于环境保护的规定为基础，以《中华人民共和国环境保护法》为核心，由若干相互联系补充的环境保护法律法规、规章、标准及国际公约所组成。体系具体包括《宪法》中环境保护条款、《中华人民共和国环境保护法》、环境资源单行法、行政法规和规章、国际环境保护公约、生态环境标准。

（1）《宪法》中环境保护条款

1982年通过、2018年3月第五次修正的《宪法》第二十六条规定："国家保护和改善生活环境和生态环境，防治污染和其他公害。"这一规定是我国对环境保护的总政策，说明了环境保护是国家的一项基本职责。第九条规定："国家保障自然资源的合理利用，保护珍贵的动物和植物。禁止任何组织或者个人用任何手段侵占或者破坏自然资源。"第十条、第二十二条也对自然资源和一些重要的环境要素的所有权及其保护做出了相应的规定。《宪法》中的这些规定为我国环境保护活动和环境保护立法提供了指导原则和立法依据。

（2）《中华人民共和国环境保护法》

《中华人民共和国环境保护法》，是环境保护的综合法，是其他单行环境与资源保护法规的立法依据，是我国环境与资源保护的基本法，在环境与资源保护法律体系中，除《宪法》之外占有最高地位。1979年9月13日《中华人民共和国环境保护法（试行）》颁布，带动了我国环境保护立法的全面发展。1989年颁布了《中华人民共和国环境保护法》，这部新的综合性环境保护基本法在环境保护的重要问题上做了相应的规定，其主要内容包括：第一章总则、第二章环境监督管理、第三章保护和改善环境、第四章防治环境污染和其他公害、第五章法律责任、第六章附则，共47条。2014年修订后的《中华人民共和国环境保护法》条文由47条增加到70条，加大了环境违法的责任力度，称为史上最严格的环境保护法。

（3）环境资源单行法

环境资源单行法分为环境保护单行法、资源保护单行法。环境保护单行法是针对某一特定的环境要素或特定的环境社会关系而制定的。涉及环境要素保护的法律，如《中华人民共和国水污染防治法》《中华人民共和国大气污染防治法》《中华人民共和国固体废物污染环境防治法》《中华人民共和国噪声污染防治法》《中华人民共和国海洋环境保护法》《中华人民共和国放射性污染防治法》；涉及环境社会关系的法律，如《中华人民共和国清洁生产促进法》《中华人民共和国环境影响评价法》。资源保护单行法是针对特定的资源保护对象而制定的，如《中华人民共和国森林法》《中华人民共和国草原法》《中华人民共和国渔业法》《中华人民共和国矿产资源法》《中华人民共和国土地管理法》《中华人民共和国水法》《中华人民共和国野生动物保护法》《中华人民共和国水土保持法》等。

（4）国家行政部门制定的环境保护行政法规和规章

国家行政部门制定的环境保护行政法规和规章，是由国务院有关部委根据环境保护的具体对象而制定的各种环境保护专门性法规和规章，分为环境保护行政法规和部门规章。

① 环境保护行政法规。环境保护行政法规是由国务院制定并公布或经国务院批准有关主管部门公布的环境保护规范性文件。它分为两类：一类是根据法律授权制定的环境保护法的实施细则或条例，如《中华人民共和国水污染防治法实施细则》《中华人民共和国陆生野生动物保护实施条例》；另一类是针对环境保护的某个领域而制定的条例、规定和办法，如《建设项目环境保护管理条例》等。

② 环境保护部门规章。环境保护部门规章是由国务院环境保护行政主管部门单独发布或者与国务院有关部门联合发布的环境保护管理事项的规范性文件。它以有关的环境保护法律和行政法规为依据制定，就环境保护法律和行政法规执行中的一般事项作出具体规定，如《固体废物进口管理办法》《排污许可管理办法》等。

（5）地方性环境保护法规和规章

地方性环境保护法规和规章是由地方权力机关和地方行政机关依据《宪法》和相关法律法规制定的环境保护规范性文件。这些规范性文件是根据本地的实际情况制定的，突出了环境管理的区域性特征，在本地区实施，有利于因地制宜地加强环境管理，具有较强的操作性。

（6）国际环境保护公约

国际环境保护公约，是多个国家及其他国际法主体之间为保护环境和利用自然资源所缔结的，确定其相互权利义务关系的国际书面协议或多边性条约。1980年以来，我国政府已签署并批准了三十多个国际环境保护公约，如《保护臭氧层维也纳公约》《联合国气候变化框架公约》《生物多样性公约》等。

（7）生态环境标准

生态环境标准是对环境保护领域中各种需要规范的事物的技术属性所做的规定，是环境保护法律法规体系中一个独立、特殊和重要的组成部分，是具有规范性、强制力的环保技术法规，其强制力来源于国家环境保护法律中对于达到标准的义务和违反标准的责任的规定，是环境执法和环境管理的技术依据。

2.1.2　环境保护法律法规体系之间的关系

《宪法》中关于环境保护的规定，是各种环境保护法律法规、规章制定的依据和基础，在我国环境保护法律法规体系中处于最高的地位。《中华人民共和国环境保护法》是我国环境与资源保护的基本法，在环境与资源保护法律体系中，除《宪法》之外占有核心的、最高的地位。环境资源单行法是针对特定的环境保护对象、领域或特定的环境管理制度而进行专门调整的立法，是《宪法》和《中华人民共和国环境保护法》的具体化，是实施环境管理、处理环境纠纷的直接法律依据。环境保护行政法规、部门规章，可以起到解释法律、规定环境执法的行政程序等作用，在一定程度上补充《中华人民共和国环境保护法》和单行法的规定。生态环境标准，是国家环境政策在技术方面的具体体现，是行使环境监督管理职能、进行环境评价和规划的主要依据。国际环境保护公约的参加或缔结是我国对国际环境与资源保护负责的态度体现，对我国现有法律法规体系起到一定监督促进作用。由此，我国环境保护法律法规是一个相互联系、补充又相对独立的体系。

2.1.3　环境保护法律法规体系的效力

法律法规、规章及法律解释均具有法律效力。具体来说，法律的效力高于法规，法规效力高于部门规章；行政法规效力高于地方性法规及地方规章，地方性法规效力高于本级或下级政府规章；综合法、单行法及相关法律效力是一样的，遵循新法替代旧法原则；国际环境保护公约与我国环境法有不同规定的，优先适用国际公约的规定，但我国声明保留的条款除外。

2.2　生态环境标准体系

2.2.1　生态环境标准的概念

生态环境标准是为了防治环境污染，维护生态平衡，保护人体健康，对环境保护工作中需要统一的各项技术规范和技术要求所做的规定。具体而言，生态环境标准是国家为了保护人体健康，促进生态良性循环，实现社会经济发展目标，根据国家的环境政策和法规，在综合考虑自然环境特征、社会经济条件和科学技术水平的基础上，规定的环境中污染物的允许含量和污染源排放污染物的数量、浓度、时间和速率及其他有关技术规范。

2.2.2　生态环境标准体系的构成

我国通过环境保护立法确立了国家生态环境标准体系，《中华人民共和国环境保护法》《中华人民共和国大气污染防治法》《中华人民共和国水污染防治法》《中华人民共和国噪声污染防治法》等法律对制定生态环境标准作出了规定。我国的生态环境标准体系从结构上分为两级，即国家生态环境标准、地方生态环境标准。国家生态环境标准包括国家生态环境质量标准、国家生态环境风险管控标准、国家污染物排放标准、国家生态环境监测标准、国家生态环境基础标准和国家生态环境管理技术规范。国家生态环境标准在全国范围或者标准指定区域范围执行。地方生态环境标准包括地方生态环境质量标准、地方生态环境风险管控标准、地方污染物排放标准和地方其他生态环境标准。地方生态环境标准在发布该标准的省、自治区、直辖市行政区域范围或者标准指定区域范围执行。国家和地方生态环境标准分别由国务院生态环境部门和地方省级政府制定。

我国生态环境标准体系见图 2-1。

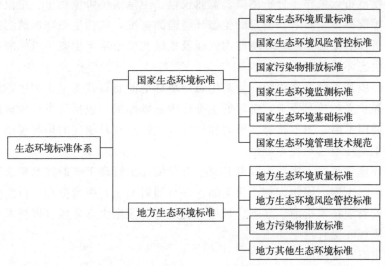

图 2-1　我国生态环境标准体系

（1）国家生态环境质量标准

国家生态环境质量标准是为保护生态环境、保障公众健康、增进民生福祉、促进经济社会可持续发展、限制环境中有害物质和因素，制定的生态环境质量标准。

生态环境质量标准是开展生态环境质量目标管理的技术依据，由生态环境主管部门统一组织实施，包括大气环境质量标准、水环境质量标准、海洋环境质量标准、声环境质量标准、核与辐射安全基本标准。

（2）国家污染物排放标准

国家污染物排放标准是为改善生态环境质量，控制排入环境中的污染物或者其他有害因素，根据生态环境质量标准和经济、技术条件，制定的污染物排放标准，包括大气污染排放标准、水污染物排放标准、固体废物污染控制标准、环境噪声排放控制标准和放射性污染防治标准等。其中水和大气污染物排放标准，根据适用对象分为行业型、综合型、通用型、流域（海域）或者区域型污染物排放标准。

① 行业型污染物排放标准。行业型污染物排放标准适用于特定行业或者产品污染源的排放控制。

② 综合型污染物排放标准。综合型污染物排放标准适用于行业型污染物排放标准适用范围以外的其他行业污染源的排放控制。

③ 通用型污染物排放标准。通用型污染物排放标准适用于跨行业通用生产工艺、设备、操作过程或者特定污染物、特定排放方式的排放控制。

④ 流域（海域）或者区域型污染物排放标准。流域（海域）或者区域型污染物排放标准适用于特定流域（海域）或者区域范围内的污染源排放控制。

（3）国家生态环境风险管控标准

国家生态环境风险管控标准是为保护生态环境、保障公众健康、推进生态环境风险筛查与分类管理、维护生态环境安全、控制生态环境中的有害物质和因素，制定的生态环境风险管控标准，包括土壤污染风险管控标准以及法律法规规定的其他环境风险管控标准。

（4）国家生态环境监测标准

国家生态环境监测标准是为监测生态环境质量和污染物排放情况，开展达标判定和风险筛查与管控，规范布点采样、分析测试、监测仪器、卫星遥感影像质量、量值传递、质量控制、数据处理等监测技术要求，制定的生态环境监测标准，包括生态环境监测技术规范、生态环境监测分析方法标准、生态环境监测仪器及系统技术要求、生态环境标准样品等。

（5）国家生态环境基础标准

国家生态环境基础标准是为统一规范生态环境标准的制订技术工作和生态环境管理工作中具有通用指导意义的技术要求，制定的生态环境基础标准，包括生态环境标准制订技术导则，生态环境通用术语、图形符号、编码和代号（代码）及其相应的编制规则等。

（6）国家生态环境管理技术规范

国家生态环境管理技术规范为规范各类生态环境保护管理工作的技术要求而制定，包括大气、水、海洋、土壤、固体废物、化学品、核与辐射安全、声与振动、自然生态、应对气候变化等领域的管理技术指南、导则、规程、规范等。国家生态环境管理技术规范为推荐性标准，在相关领域环境管理中实施。

（7）地方生态环境标准

地方生态环境标准对国家相应标准中未规定的项目作出补充规定，也可以对国家相应标准中已规定的项目作出更加严格的规定。特别是地方污染物排放标准，对本行政区域内没有国家污染物排放标准的特色产业、特有污染物，或者国家有明确要求的特定污染源或者污染物的情况，地方应当补充制定地方污染物排放标准；对本行政区域内产业密集、环境问题突出，现有污染物排放标准不能满足行政区域内环境质量要求，行政区域环境形势复杂，无法适用统一的污染物排放标准的情况，地方应当制定比国家污染物排放标准更严格的地方污染物排放标准。

2.2.3 生态环境标准的执行原则

（1）生态环境标准的修订与更替

现阶段，我国加大了环境保护力度，生态环境标准也日渐完善，致使标准会经常被修改或更替，在标准的执行过程中，必须以调整后的标准为主。特别是新发布实施的国家生态环境质量标准、生态环境风险管控标准或者污染物排放标准规定的控制要求严于现行的地方生态环境质量标准、生态环境风险管控标准或者污染物排放标准的，现行地方生态环境质量标准、生态环境风险管控标准或者污染物排放标准，应当依法修订或者废止。

（2）污染物排放标准的执行顺序

① 地方污染物排放标准优先于国家污染物排放标准；地方污染物排放标准未规定的项目，应当执行国家污染物排放标准的相关规定。因此标准执行优先顺序是地方污染物排放标准＞国家污染物排放标准。

② 同属国家污染物排放标准的，行业型污染物排放标准优先于综合型和通用型污染物排放标准；行业型或者综合型污染物排放标准未规定的项目，应当执行通用型污染物排放标准的相关规定。因此同属国家污染物排放标准的执行优先顺序是行业型污染物排放标准＞综合型污染物排放标准＞通用型污染物排放标准。

③ 同属地方污染物排放标准的，流域（海域）或者区域型污染物排放标准优先于行业型污染物排放标准，行业型污染物排放标准优先于综合型和通用型污染物排放标准。流域（海域）或者区域型污染物排放标准未规定的项目，应当执行行业型或者综合型污染物排放标准的相关规定；流域（海域）或者区域型、行业型或者综合型污染物排放标准均未规定的项目，应当执行通用型污染物排放标准的相关规定。因此，同属地方污染物排放标准的执行

优先顺序是流域（海域）或者区域型污染物排放标准＞行业型污染物排放标准＞综合型污染物排放标准＞通用型污染物排放标准。

（3）强制性标准与推荐性标准的执行效力

生态环境标准分为强制性生态环境标准和推荐性生态环境标准，国家强制标准代码为GB，国家推荐标准代码为GB/T。国家和地方生态环境质量标准、生态环境风险管控标准、污染物排放标准和法律法规规定强制执行的其他生态环境标准，以强制性标准的形式发布，强制性生态环境标准必须执行。法律法规未规定强制执行的国家和地方生态环境标准，以推荐性标准的形式发布，推荐性的环境标准作为国家环境经济政策的指导，鼓励引导有条件的企业按照相关标准实施。推荐性生态环境标准被强制性生态环境标准或者规章、行政规范性文件引用并赋予其强制执行效力的，被引用的内容必须执行，推荐性生态环境标准本身的法律效力不变。

2.2.4 生态环境标准体系中的环境影响评价技术导则体系

环境影响评价技术导则体系在生态环境标准体系中属国家生态环境管理技术规范范畴，在我国生态环境标准体系中具有特殊的地位，是规范实际环境影响评价技术和指导环境影响评价工作的直接依据。我国的环境影响评价技术导则体系按评价对象分为两类，一是建设项目环境影响评价技术导则体系，二是规划环境影响评价技术导则体系。

（1）建设项目环境影响评价技术导则体系

建设项目环境影响评价技术导则以总纲为纲领，下分环境要素导则、专题导则、污染源源强核算技术指南和行业导则。污染源源强核算技术指南和其他环境影响评价技术导则遵循总纲确定的原则和相关要求。

污染源源强核算技术指南包括污染源源强核算准则和火电、造纸、水泥、钢铁等行业污染源源强核算技术指南；环境要素环境影响评价技术导则指大气、地表水、声环境、地下水、土壤等环境影响评价技术导则；专题环境影响评价技术导则指环境风险评价、环境健康风险评价等环境影响评价技术导则；行业建设项目环境影响评价技术导则指水利水电、采掘、交通、海洋工程等建设项目环境影响评价技术导则。我国建设项目环境影响评价技术导则体系构成见图 2-2。

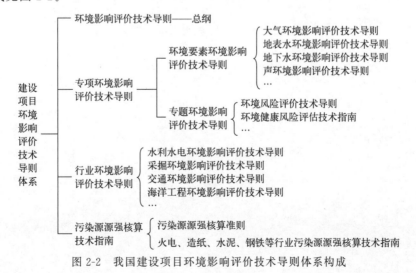

图 2-2 我国建设项目环境影响评价技术导则体系构成

（2）规划环境影响评价技术导则体系

规划环境影响评价是从决策源头预防环境污染和生态破坏，促进经济、社会和环境的全面协调可持续发展，从技术上与"生态保护红线、环境质量底线、资源利用上线和环境准入负面清单"（以下简称"三线一单"）衔接，与建设项目环境影响评价联动。我国的规划环境影响评价技术导则体系由规划环境影响评价技术导则总纲、综合性规划环境影响评价技术导则和专项规划环境影响评价技术导则构成，如《规划环境影响评价技术导则　煤炭工业矿区总体规划》《规划环境影响评价技术导则　流域综合规划》等。

第3章

环境影响评价程序与方法

3.1　环境影响评价程序

环境影响评价程序是指按一定的顺序或步骤指导完成环境影响评价工作的过程。其程序可分为管理程序和工作程序，经常用流程图来表示。前者主要用于指导环境影响评价的监督与管理，后者用于指导环境影响评价的工作内容和进程。

3.1.1　环境影响评价管理程序

环境影响评价管理程序是保证环境影响评价工作顺利进行和实施的管理程序，是管理部门的监督手段。

（1）环境影响报告的类别确定

根据建设项目特征和所在区域的环境敏感程度，综合考虑建设项目可能对环境产生的影响，对建设项目的环境影响评价实行分类管理。凡新建或改建、扩建工程，都要根据生态环境部发布的《建设项目环境影响评价分类管理名录》，确定应编制环境影响报告书、环境影响报告表或填报环境影响登记表。

① 编制环境影响报告书的项目。建设项目对环境可能造成重大影响的，应当编制环境影响报告书，对建设项目产生的污染和对环境的影响进行全面、详细的评价。

② 编制环境影响报告表的项目。建设项目对环境可能造成轻度影响的，应当编制环境影响报告表，对建设项目产生的污染和对环境的影响进行分析或者专项评价，对其中个别环境要素或污染因子需要进一步分析的，可附单项环境影响专题报告。

③ 填报环境影响登记表的项目。建设项目对环境影响很小，不需要进行环境影响评价的，应当填报环境影响登记表。

根据分类原则确定评价类别，如需要进行环境影响评价，则由建设单位委托有相应评价资质的单位来承担。

建设项目环境影响评价分类管理，体现了管理的科学性，既保证批准建设的新项目不对环境产生重大不利影响，又加快了项目前期工作进度，简化了手续，促进经济建设。

（2）环境影响评价机构的监督管理与考核

为加强环境影响评价中介服务机构的监督和管理，生态环境部相继发布了《建设项目环境影响报告书（表）编制监督管理办法》（生态环境部令　第9号）、《建设项目环境影响报告书（表）编制单位和编制人员失信行为记分办法（试行）》、《关于严惩弄虚作假提高环评质量的意见》（环环评〔2020〕48号）等有关规定，对中介服务机构的技术能力、人员组成、继续学习、质量考核、监督检查、信用管理及应承担的法律责任等，作出了明确的规定和要求。

（3）环境影响评价工程师制度与考核

环境影响评价报告应由环境影响评价工程师主持进行编制。

环境影响评价工程师已纳入水平评价类国家职业资格目录清单。2006年起，在全国实施环境影响评价工程师职业资格制度。环境影响评价工程师职业资格实行定期登记制度。

环境影响评价工程师职业资格考试为滚动考试，两年为一个滚动周期。参加4个科目考试的人员必须在连续两个考试年度内通过应试科目，参加2个科目考试的人员须在一个考试年度内通过应试科目，方能取得环境影响评价工程师职业资格合格证书。目前的考试科目为《环境影响评价相关法律法规》《环境影响评价技术导则与标准》《环境影响评价技术方法》《环境影响评价案例分析》共4科。前3科为客观题，在答题卡上作答；《环境影响评价案例分析》为主观题。考试分四个半天进行，各科考试时间均为3小时。

生态环境审批部门定期或者根据实际工作需要不定期抽取一定比例审批的环境影响报告书（表）开展复核，对抽取的环境影响报告书（表）进行编制规范性检查和编制质量检查。

（4）环境影响评价报告的审批程序

各级主管部门和环保部门在审批环境报告时，应坚持依法依规、科学决策、公开公正、便民高效的原则。

① 申请与受理。建设单位应当向审批主管部门提交申请材料。申请材料齐全、符合法定形式的，出具受理通知单；不符合的，告知建设单位不予受理。

② 环境影响报告书（表）需要进行技术评估的，审批主管部门应当在受理申请后出具委托函，委托技术评估机构开展技术评估。技术评估期限不超过三十个工作日。

③ 环境影响报告书（表）审查的重点是：建设项目类型及其选址、布局、规模等是否符合生态环境保护法律法规和相关法定规划、区划，是否符合规划环境影响报告书及审查意见，是否符合区域生态保护红线、环境质量底线、资源利用上线和生态环境准入清单管控要求；建设项目所在区域生态环境质量是否满足相应环境功能区划要求、区域环境质量改善目标管理要求、区域重点污染物排放总量控制要求；拟采取的污染防治措施能否确保污染物排放达到国家和地方排放标准；拟采取的生态保护措施能否有效预防和控制生态破坏；可能产生放射性污染的，拟采取的防治措施能否有效预防和控制放射性污染；改建、扩建和技术改造项目，是否针对项目原有环境污染和生态破坏提出有效防治措施；环境影响报告书（表）编制内容、编制质量是否符合有关要求。

④ 批准与公告。对经审查通过的建设项目环境影响报告书（表），审批主管部门依法作出予以批准的决定，并书面通知建设单位；对属于《建设项目环境保护管理条例》规定不予批准情形的建设项目环境影响报告书（表），审批主管部门依法作出不予批准的决定，通知建设单位，并说明理由。审批主管部门应当自作出环境影响报告书（表）审批决定之日起七个工作日内，在网站向社会公告审批决定全文，并依法告知建设单位提起行政复议和行政诉

讼的权利和期限。

⑤ 建设项目的环境影响报告书（表）经批准后，建设项目的性质、规模、地点、采用的生产工艺或者防治污染、防止生态破坏的措施发生重大变动的，建设单位应当在发生重大变动的建设内容开工建设前重新将环境影响报告书（表）报审批主管部门审批。

3.1.2　环境影响评价工作程序

环境影响评价工作一般分三个阶段，即调查分析和工作方案制定阶段、分析论证和预测评价阶段、环境影响报告书（表）编制阶段。

调查分析和工作方案制定阶段：环评单位接受环评委托后，评价技术人员应收集项目设计方案及相关规划等基础资料，对现场进行初步调查，对项目工程进行初步分析，对环境影响因素进行识别与筛选，确定项目评价重点和环境保护目标、评价工作等级、评价范围和评价标准等。

分析论证和预测评价阶段：评价技术人员对评价范围内环境质量现状进行调查，同时对项目工程进行详细分析，确定项目主要污染因素及生态影响因素，对各环境要素环境影响进行预测与评价及各专题环境影响分析与评价。

环境影响报告书（表）编制阶段：在各环境要素及专题环境影响分析的基础上，提出环境保护措施，并对项目选址规划、环境经济损益等符合性进行分析，提出环境管理及环境监测要求，明确给出项目建设环境可行性的评价结论，完成环境影响评价报告的编制。

环境影响评价工作程序如图 3-1 所示。

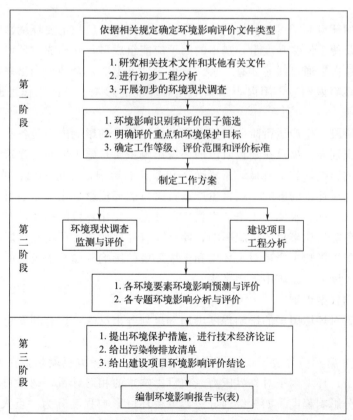

图 3-1　环境影响评价工作程序图

3.2　环境影响评价方法

3.2.1　环境影响因子识别方法

环境影响识别是通过系统地检查拟建建设工程项目的各项"活动"与各环境要素之间的关系，找出所有受影响（特别是不利影响）的环境因素，以使环境影响预测减少盲目性，环境影响综合分析增加可靠性，污染防治对策具有针对性。

按照建设工程项目的阶段划分，环境影响因子识别可分为建设前期（勘探、选址选线、可行性研究等）、建设期、运营期和服务期满后，需要识别不同阶段各"活动"可能带来的影响。

按照环境要素划分，环境影响因子识别分为自然环境影响和社会环境影响。自然环境影响包括对地形、地质、地貌、水文、气候、地表水质、地下水质、空气质量、土壤、草原森林、陆生生物与水生生物等方面的影响，社会环境影响包括对城镇、耕地、房屋、交通、文物古迹、风景名胜、自然保护区、人群健康以及重要的军事、文化设施等的影响。

（1）环境影响识别的基本内容

对人类某项活动（如某项建设工程）进行环境影响识别，首先要掌握该工程影响地区的自然环境和社会环境状况，确定环境影响评价的工作范围。在此基础上，根据工程的组成、特性及功能，结合工程影响地区的特点，从自然环境和社会环境两个方面，选择需要进行影响评价的环境因子。

为了使选择的环境因子尽可能地精练，并能反映评价对象的主要环境影响和充分表达环境质量状态，以及便于监测和度量，选出的因子应能组成群，并构成与环境总体结构相一致的层次，在各个层次上通过回答"有""无"（可含"不定"）全部识别出来，最后得到一个某项工程的环境影响识别表，用以表示该工程对环境的影响。具体工作可通过专家咨询来进行。

项目的建设阶段、生产运行阶段和服务期满后对环境的影响内容是各不相同的，因此有不同的环境影响识别表。项目在建设阶段的环境影响主要是施工期间的建筑材料、设备、运输、装卸、贮存的影响，施工机械、车辆噪声和振动的影响，土地利用、填埋疏浚的影响，以及施工期污染物对环境的影响。项目生产运行阶段的环境影响主要是物料流、能源流、污染物对自然环境（大气、水体、土壤、生物）和社会、文化环境的影响，对人群健康和生态系统的影响以及危险物质事故的风险影响，此外还有环保设备的环境经济影响等。服务期满后（如矿山）的环境影响主要是对水环境和土壤环境的影响，如水土流失所产生的悬浮物和以各种形式存在于废渣、废矿中的污染物。

（2）环境影响程度识别

工程建设项目对环境因子的影响程度可用等级划分来反映，按有利影响与不利影响两类分别划级。

① 不利影响：常用负号表示，按环境敏感度划分。环境敏感度是指在不损失或不降低环境质量的情况下，环境因子对外界压力（项目影响）的相对计量，通常可按3个等级或5个等级来定性划分影响程度。如3级划分法，可将环境影响程度分为"重大影响""轻度影响""影响很小"。

② 有利影响：一般用正号表示，按对环境与生态产生的良性循环、提高的环境质量、产生的社会经济效益程度而定等级。

敏感度等级提供了比较、评价与概括有利或不利影响环境因子的标准。

在划定环境因子受影响的程度时，对于受影响程度的预测要尽可能客观，必须认真做好环境的本底调查，制成包括地质、地形、土壤、水文、气候、植物及野生生物的本底的地图和文件，同时要对建设项目要达到的目标及其相应的主要技术指标有清楚的了解。然后预测环境因子由于环境变化而产生的生态影响、人群健康影响和社会经济影响，以确定影响程度的等级。

（3）识别方法

① 清单法。清单法又称为核查表法。将可能受开发方案影响的环境因子和可能产生的影响性质，通过核查在一张表上一一列出的识别方法，亦称"列表清单法"或"一览表法"。该法虽是较早发展起来的方法，但还在普遍使用，并有多种形式。

简单型清单：仅是一个可能受影响的环境因子表，不做其他说明，可做定性的环境影响识别分析，但不能作为决策依据。

描述型清单：较简单型清单增加了环境因子如何度量的准则。

分级型清单：在描述型清单基础上又增加对环境影响程度进行分级。

环境影响识别常用的是描述型清单。

② 矩阵法。矩阵法由清单法发展而来，不仅具有影响识别功能，还有影响综合分析评价功能。它将清单中所列内容系统地加以排列，把拟建项目的各项"活动"和受影响的环境要素组成一个矩阵，在拟建项目的各项"活动"和环境影响之间建立起直接的因果关系，以定性或半定量的方式说明拟建项目的环境影响。

该类方法主要有相关矩阵法和迭代矩阵法两种。

在环境影响识别中，一般采用相关矩阵法。即通过系统地列出拟建项目各阶段的各项"活动"，以及可能受拟建项目各项"活动"影响的环境要素，构造矩阵确定各项"活动"和环境要素及环境因子的相互作用关系。如果认为某项"活动"可能对某一环境要素产生影响，则在矩阵相应交叉的格点将环境影响标注出来。

表3-1为矩阵法识别的典型垃圾填埋场的环境影响因素。表中"＋"表示正面影响，"－"表示负面影响；表中数字表示影响的相对程度，"1"表示影响很小，"2"表示轻度影响，"3"表示重大影响；表中"D"表示短期影响，"C"表示长期影响。

表 3-1　典型垃圾填埋场环境影响因素识别表

影响因素		自然环境				生态环境				生活质量			
		大气环境	地表水	地下水	声环境	植被	陆生生物	景观	土壤	劳动就业	城市发展	生活环境	公众健康
施工期	土方开挖	−2D	—	—	−1D	−1D	−1D	−1D	−1D	+1D	—	−1D	−1D
	平整场地	−2D	—	—	−1D	−1D	−1D	−1D	−1D	+1D	—	−1D	−1D
	场地施工	−1D	—	—	−2D	−1D	—	−1D	−1D	+2D	—	−1D	−1D
	材料运输	−1D	—	—	−2D	−1D	—	—	−1D	+1D	—	−1D	−1D
运营期	垃圾填埋	−2C	−1C	−2C	−1C	−1C	—	−1C	−1C	+1C	+3C	—	+2C
封场后	场地修整	−1C	−1C	−1C	—	+2C	—	+2C	+2C	+1C	+1C	—	—

③ 其他识别方法。具有环境影响识别功能的方法还有叠图法［包括手工叠图法和地理信息系统（GIS）支持下的叠图法］和网络法。

叠图法在环境影响评价中的应用包括通过应用一系列的环境、资源图件叠置来识别、预测环境影响，标示环境要素、不同区域的相对重要性以及表征对不同区域和不同环境要素的影响。叠图法用于涉及地理空间较大的建设项目，如"线型"影响项目（公路、铁道、管道等）和区域开发项目。

网络法是采用因果关系分析网络来解释和描述拟建项目的各项"活动"和环境要素之间的关系。除了具有相关矩阵法的功能外，还可识别间接影响和累积影响。

3.2.2　环境影响预测方法

经过环境影响识别后，主要的环境影响因子已经确定。这些环境因子在人类活动开展以后，究竟受到多大影响，需进行环境影响预测。

目前常用的预测方法大体上可以分为：①以专家经验为主的主观预测方法；②以数学模型为主的客观预测方法，用某领域内的系统理论进行逻辑推理，通过数学物理方程求解，得出其解析解或数值解来进行预测，故又可分为解析模型和数值模型两小类；③以实验手段为主的实验模拟方法，即在实验室或现场通过直接对物理、化学、生物过程测试来预测人类活动对环境的影响，一般称为物理模型法。

各种模型在各个环境要素（水、气、声等）的环境影响评价导则中有专门阐述，这里仅从方法论角度给予介绍。

（1）数学模型法

数学模型预测能给出定量的预测结果，但需一定的计算条件和输入必要的参数、数据。一般情况下此方法比较简便，应首先考虑。

选用数学模型时要注意模型的应用条件，如实际情况不能很好满足模型的应用条件而又拟采用时，要对模型进行修正并验证。与预测质量最直接相关的影响因素是输入数据的质量，包括源和汇项数据（如源、汇强度）、环境数据（如风速、水速、气温、水温）以及用于模型参数确定的原始测量数据（如监测数据）的质量，这些数据必须经过严格的质量检查。

一般严格的环境影响预测，要求有这方面的讨论，以让决策者对预测结果有一个比较全面的认识。此讨论必要时可用模型验证形式进行。

（2）物理模型法

物理模型法的最大特点是采用实物模型（非抽象模型）来进行预测，其定量化程度较高，再现性好，能反映比较复杂的环境特征，但需要有合适的试验条件和必要的基础数据，且制作复杂的环境模型需要较多的人力、物力和时间。在无法利用数学模型法预测而又要求预测结果定量精度较高时，应选用此方法。

该方法的关键在于原型与模型的相似。相似通常要考虑：几何相似、运动相似、热力相似、动力相似。

① 几何相似。就是模型流场与原型流场中的地形地物（建筑物、烟囱）的几何形状、对应部分的夹角和相对位置要相同，尺寸要按相同比例缩小。一般大气扩散实验使用$1/300 \sim 1/2500$的缩尺模型。几何相似是其他相似的前提条件。

② 运动相似。就是模型流场与原型流场在各对应点上的速度（包括平均风速与湍流强

度）方向相同，并且大小成常数比例。即风洞模拟的模型流场的边界层，风速垂直廓线、湍流强度要与原型流场的相似。

③ 热力相似。就是模型流场的温度垂直分布要与原型流场的相似。

④ 动力相似。就是模型流场与原型流场在对应点上受到的力要方向一致，并且大小成常数比例。根据工程项目环境影响预测特点（小尺度、低速度、弱黏性），动力相似只需通过雷诺数、理查逊数、弗劳德数等特征无量纲数的分析，使模型流场的特征惯性力、特征湍流应力、特征热浮力与原型流场的相等，即可保证二者相似。再在此基础上进行污染物排放模拟，作出复杂环境条件下的污染预测。当然，模型和原型中的污染物排放源的位置、形状和动力学特性也需相似。

物理模型法的主要测试技术有：示踪物浓度测量法，原则上野外现场示踪试验所用的示踪物和测试、分析方法在物理模拟中同样可以使用；光学轮廓法，即对物理模拟形成的污气流、污气团、污水海、污水团按一定的采样时段拍摄照片（或录像），所得资料处理方法与野外资料处理方法相同。

（3）对比法与类比法

① 对比法。这是最简单的主观预测方法，即对工程建设前后某些环境因子影响机制及变化过程进行对比分析。例如，预测水库对库区小气候的影响，目前还无客观、定量的预测模式，但可通过小气候形成的成因分析与库区小气候现状进行对比，研究其变化的可能性及趋势，并确定其变化的程度，可作出建设后的小气候预测。

② 类比法。即一个未来工程（或拟建工程）对环境的影响，可以通过一个已知的相似工程兴建前后对环境的影响订正得到。预测结果属于半定量性质。

此法特别适用于相似工程的分析，应用十分广泛。如由于评价工作时间较短等，无法取得足够的参数、数据，不能采用前述两种方法进行预测时，可选用此方法。生态环境影响评价中常用此法。

（4）专业判断法

专业判断法是一种主观预测法，能定性地反映建设项目的环境影响。建设项目的某些环境影响很难定量估测，如对人文遗迹、自然遗迹与"珍贵"景观的环境影响等；或缺乏足够的数据资料，无法进行客观的统计分析；某些环境因子难以用数学模型定量化（如含有社会、文化、政治等因素的环境因子）；某些因果关系太复杂，找不到适当的预测模型；或由于时间、经济等条件限制，不能应用客观的预测方法等，无法采用以上三种方法时可选用此方法。生态影响预测采用的生态机理分析法、景观生态分析法等属于此类方法。

最简单的专业判断法是召开专家会议，通过组织专家讨论，对一些疑难问题进行咨询，在此基础上作出预测。专家在思考问题时会综合应用其专业理论知识和实践经验，进行类比、对比分析以及归纳、演绎、推理，给出该专业领域内的预测结果。

较有代表性的专家咨询法是德尔斐（Delphi）法，美国兰德公司于1964年首先将该方法用于技术预测（也可用于识别、综合、决策）。此法是一种系统分析方法，使专家意见通过价值判断不断向有益方向延伸，为决策科学化提供了途径，给决策者以多方案（相对有不同的专家意见）选择的机会和条件。具体形式是通过围绕某一主题让专家们以匿名方式充分发表其意见，并对每一轮意见进行汇总、整理、统计，作为反馈材料再发给每个专家，供他们作进一步的分析判断、提出新的论证。经多次反复，论证不断深入，意见日趋一致，可靠性越来越大。由于建立在反复的专家咨询基础之上，最后的结论往往具有权威性。此法的关键在于专家的选择（包括人数与素质），一个专家集团应该充分反映一个完整的知识集合；其次，评价主题与涉及事件要集中，明确紧紧围绕价值关系开展讨论、论证，并注意不要影响专家意见的充分发表，组织者在反馈材料中不应加入自己的意见；最后，专家咨询结果的处理和表达方式也十分重要，要统计专家意见的集中程度和协调程度，以及专家的积极性系数和权威程度。

3.2.3 环境影响评价常用方法

环境影响评价应采用定量评价与定性评价相结合的方法，以量化评价为主。环境影响评价技术导则规定了评价方法的，应采用规定的方法。选用非环境影响评价技术导则规定方法的，应根据建设项目环境影响特征、影响性质和评价范围等分析其适用性。

由于人类活动的多样性与各环境要素之间关系的复杂性，评价各项活动对环境的影响是一个十分复杂的问题。尽管已经开发了许许多多的方法，但使用时都有一定的局限性，各有其优、缺点。这里仅介绍部分较为常用、具有代表性的方法。

（1）指数法

指数法是最早用于环境质量评价的一种方法，是利用同度量因素的相对值来表明因素变化状况的方法，是建设项目环境影响评价中规定的评价方法。它具有一定的客观性和可比性，常用于环境质量现状评价中。环境现状评价中常采用能代表环境质量好坏的环境质量指数进行评价。

指数法多种多样，具体有单因子指数评价、多因子指数评价和综合指数评价等方法。其中单因子指数评价是基础。

① 普通指数法。一般的指数评价方法，先引入环境质量标准，然后对评价对象进行处理，通常以实测值（或预测值）C 与标准值 C_s 的比值作为其数值：

$$P = C/C_s \tag{3-1}$$

单因子指数法的评价可分析该环境因子的达标（$P<1$）或超标（$P>1$）及程度。显然，P 值越小越好，越大越差。

在各单因子的影响评价已经完成的基础上，为得到所有因子的评价结果可引入综合指数，该方法称为"综合指数法"，综合过程可以分层次进行，如先综合得出大气环境影响分指数、地表水环境影响分指数、地下水环境影响分指数、土壤环境影响分指数等，然后再结合权重指标，得出环境影响综合指数。

② 巴特尔指数法。巴特尔指数不是引入环境质量标准，而是引入评价对象的变化范围，把此变化范围定为横坐标，把环境质量指数定为纵坐标，且把纵坐标标准化为 0～1，以"0"表示质量最差，"1"表示质量最好。每个评价因子，均有其质量指数函数图。各评价因子若已得出预测值，便可根据此图得出该因子的质量影响评价值。

（2）矩阵法

矩阵法由清单法发展而来，不仅具有影响识别功能，还有影响综合分析评价功能。它将清单中所列内容，按其因果关系，系统地加以排列；并把开发行为和受影响的环境要素组成一个矩阵，在开发行为和环境影响之间建立起直接的因果关系，以定量或半定量地说明拟议的工程行动对环境的影响。这类方法主要是相关矩阵法。

① 相关矩阵法。此法由利奥波德等人在 1971 年提出，已广泛应用于铁路、公路、水电、供水系统、输油、输气、输电、矿山开发、流域开发、区域开发、资源开发等工程项目

和开发项目的环境影响评价中。

矩阵中横轴上列出了开发行为，纵轴上列出了受开发行为影响的环境要素。当开发活动和环境因素之间的相互作用确定之后，此矩阵就成为一种简单明了的评价工具。这种矩阵可用于确定、解释影响并对之予以识别。并把每个行为对每个环境要素影响的大小划分为若干等级，有分为 5 级的，也有分为 10 级的，用阿拉伯数字表示。由于各个环境要素在环境中的重要性不同，各个行为对环境影响的程度也不同，为了求得各个行为对整个环境影响的总和，常用加权的办法。

② 其他矩阵方法。其他矩阵方法有利奥波德矩阵法、迭代矩阵法、奥德姆（Odum）最优通道矩阵法、摩尔（Moore）影响矩阵法、广义组分相关矩阵法等。

（3）图形叠置法

图形叠置法用于变量分布空间范围很广的开发活动，已有很长的历史。把两个以上的生态信息叠合到一张图上，构成复合图，用以表示生态变化的方向和程度。McHarg 在美国环境影响评价立法以前（1968 年）就用该方法分析几种可供选择的公路路线的环境影响，来确定建设方案。

图形叠置法易于理解，能显示影响的空间分布，并且容易说明项目的单个和整个复合影响与受影响地点居民分布的关系，也可决定有利和不利影响的分布。经验表明，对各种线路（如管道、公路和高压线等）开发项目进行路线方案选择时，图形叠置法最有效。

（4）网络法

网络法的原理是采用原因–结果的分析网络来阐明和推广矩阵法。网络法可以鉴别累积影响和间接影响。网络法往往表示为树枝状，因此又称为关系树或影响树。利用影响树可以表示出一项社会活动的原发性影响和继发性影响。

网络法用简要的形式给出了由于某项活动直接产生和诱发的环境影响的全貌，然而这种方法只是一种定性的概括，它只能给出总体的影响程度。此方法需要估计影响事件分支中单个影响事件的发生概率与影响程度，求得各个影响分支上各影响事件的影响贡献总和。

3.3 报告编制纲要

3.3.1 环境影响报告书（表）编制基本要求

（1）环境影响报告书的编写应满足的基本要求

① 环境影响报告书总体编排结构。应符合《建设项目环境保护管理条例》（2017 年修订版本）第七条、《建设项目环境影响评价技术导则 总纲》（HJ 2.1—2016）第 3.4 条的要求，做到内容全面、重点突出、实用性强。

② 基础数据可靠。基础数据是环境影响评价的根基，基础数据错误，特别是污染源排放量计算出现错误，则其环境影响评价报告的计算、预测结果都是错误的。因此，基础数据必须可靠，对不同来源的同一参数数据出现不同时应进行核实。

③ 工程分析应体现工程特点，环境现状调查应反映环境特征，主要环境问题应阐述清楚，环境保护措施应可行、有效，计量单位应标准化。

④ 预测模式及参数选择合理。环境影响评价预测模式都有一定的适用条件，参数也因

污染物和环境条件的不同而有所区别。因此，预测模式和参数选择应"因地制宜"。应选择模式的应用条件和评价环境条件相近的模式，选择参数时的环境条件和评价环境条件应相近。

⑤ 结论观点明确、客观可信。结论中必须对建设项目的可行性、选址的合理性作出明确回答，不能模棱两可。结论必须以环境影响评价报告中客观的论证为依据，不能带感情色彩。

⑥ 语句通顺、条理清楚、文字简练，篇幅不宜过长。凡带有综合性、结论性的图表应放到环评报告的正文中，对有参考价值的图表应放到报告的附件中，以减少篇幅。

⑦ 环境影响报告中应有从环境影响评价信用平台导出的报告编号及建设单位、报告编制人员盖章、签字页。

（2）环境影响报告表的编制格式及内容

应满足《关于印发〈建设项目环境影响报告表〉内容、格式及编制技术指南的通知》（环办环评〔2020〕33号）中相关要求。该通知中，将环境影响报告表分为污染影响类、生态影响类两种类别，规定了应在报告表中填写、分析的具体内容。

（3）环境影响登记表的格式和内容

由生态环境部制定。登录备案系统填写相应信息后在线提交即可，提交成功后自动生成备案号。

环境影响报告书（表）内容涉及国家秘密的，按国家涉密管理有关规定处理。

3.3.2 环境影响报告书的编制要点

建设项目的类型不同，对环境的影响差别很大，因此环境影响报告书的编制内容也就不同。虽然如此，但其基本格式、基本内容相差不大。环境影响报告书的编写提纲，在《建设项目环境保护管理条例》、《建设项目环境影响评价技术导则　总纲》（HJ 2.1）中已有规定，包括概述、总则、建设项目工程分析、源强核算、环境现状调查与评价、环境影响预测与评价、环境保护措施及其可行性论证、环境影响经济损益分析、环境管理与监测计划、环境影响评价结论和附录附件等内容。

以下是典型的报告书编排格式：

（1）概述

简要说明建设项目的特点、环境影响评价的工作过程、分析判定相关情况、关注的主要环境问题及环境影响、环境影响评价的主要结论等。

（2）总则

应包括报告编制依据、评价因子筛选与评价标准确定、评价工作等级划分和评价范围确定、相关规划及环境功能区划、主要环境保护目标等。

（3）建设项目工程分析

介绍建设项目的概况，包括主体工程、辅助工程、公用工程、环保工程、储运工程以及依托工程等。以污染影响为主的建设项目应明确项目组成、建设地点、原辅料、生产工艺、主要生产设备、产品（包括主产品和副产品）方案、平面布置、建设周期、总投资及环境保护投资等。以生态影响为主的建设项目应明确项目组成、建设地点、占地规模、总平面及现场布置、施工方式、施工时序、建设周期和运行方式、总投资及环境保护投资等。改扩建及异地搬迁建设项目还应包括现有工程的基本情况、污染物排放及达标情况、存在的环境保护问题及拟采取的整改方案等内容。

　　绘制包含产污环节的生产工艺流程图；按照生产、装卸、储存、运输等环节分析包括常规污染物、特征污染物在内的污染物产生、排放情况，存在具有致癌、致畸、致突变的物质及持久性有机污染物或重金属的，应明确其来源、转移途径和流向；给出噪声、振动、放射性及电磁辐射等污染的来源、特性及强度等；说明各种源头防控、过程控制、末端治理、回收利用等环境影响减缓措施状况。

　　明确项目消耗的原料、辅料、燃料、水资源等种类、构成和数量，给出主要原辅材料及其他物料的理化性质、毒理特征，产品及中间体的性质、数量等。

　　对在建设阶段和生产运行期间，可能发生突发性事件或事故，引起有毒有害、易燃易爆等物质泄漏，对环境及人身造成影响和损害的建设项目，应开展建设和生产运行过程的风险因素识别。存在较大潜在人群健康风险的建设项目，应开展影响人群健康的潜在环境风险因素识别。

　　（4）源强核算

　　根据污染物产生环节（包括生产、装卸、储存、运输）、产生方式和治理措施，核算建设项目有组织与无组织、正常工况与非正常工况下的污染物产生和排放强度，给出污染因子及其产生和排放的方式、浓度、数量等。对改扩建项目的污染物排放量（包括有组织与无组织、正常工况与非正常工况）的统计，应分别按现有、在建、改扩建项目实施后等几种情形汇总污染物产生量、排放量及变化量，核算改扩建项目建成后最终的污染物排放量。

　　（5）环境现状调查与评价

　　根据环境影响因素识别结果，开展相应的现状调查与评价。

　　自然环境现状调查与评价：包括地形地貌、气候与气象、地质、水文、大气、地表水、地下水、声、生态、土壤、海洋、放射性及辐射（如必要）等调查内容。根据环境要素和专题设置情况选择相应内容进行详细调查。

　　环境保护目标调查：调查评价范围内的环境功能区划和主要的环境敏感区，详细了解环境保护目标的地理位置、服务功能、四至范围、保护对象和保护要求等。

　　环境质量现状调查与评价：根据建设项目特点、可能产生的环境影响和当地环境特征选择环境要素进行调查与评价，包括大气、地表水、地下水、土壤、环境噪声、生态、人体健康及地方病等环境要素；说明评价区环境质量的变化趋势，分析区域存在的环境问题及产生的原因。

　　区域污染源调查：选择建设项目常规污染因子和特征污染因子、影响评价区环境质量的主要污染因子和特殊污染因子作为主要调查对象，注意不同污染源的分类调查；调查污染源排放污染物的种类、数量、方式、途径及污染源的类型和位置。

　　（6）环境影响预测与评价

　　环境影响预测与评价的时段、内容及方法均应根据工程特点与环境特性、评价工作等级、当地的环境保护要求确定。

　　预测和评价的因子应包括反映建设项目特点的常规污染因子、特征污染因子和生态因子，以及反映区域环境质量状况的主要污染因子、特殊污染因子和生态因子。一般包括大气环境影响预测及评价、地表水环境影响预测及评价、地下水环境影响预测及评价、声环境影响预测及评价、土壤环境影响预测及评价、生态环境影响预测及评价、固体废物环境影响分析、振动及电磁波的环境影响分析、累积环境影响分析。

　　应考虑环境质量背景与环境影响评价范围内在建项目同类污染物环境影响的叠加。对于环境质量不符合环境功能要求或环境质量改善目标的，应结合区域限期达标规划对环境质量变化进行预测。

预测与评价方法主要有数学模型法、物理模型法、类比调查法等。

应重点预测建设项目生产运行阶段正常工况和非正常工况等情况的环境影响。当建设阶段的大气、地表水、地下水、噪声、振动、生态以及土壤等影响程度较重、影响时间较长时，应进行建设阶段的环境影响预测和评价。可根据工程特点、规模、环境敏感程度、影响特征等选择开展建设项目服务期满后的环境影响预测和评价。

当建设项目排放污染物对环境存在累积影响时，应明确累积影响的影响源，分析项目实施可能发生累积影响的条件、方式和途径，预测项目实施在时间和空间上的累积环境影响。

对以生态影响为主的建设项目，应预测生态系统组成和服务功能的变化趋势，重点分析项目建设和生产运行对环境保护目标的影响。

对存在环境风险的建设项目，应分析环境风险源项，计算环境风险后果，开展环境风险评价。对存在较大潜在人群健康风险的建设项目，应分析人群主要暴露途径。

（7）环境保护措施及其可行性论证

明确提出建设项目建设阶段、生产运行阶段和服务期满后（可根据项目情况选择）拟采取的具体污染防治、生态保护、环境风险防范等环境保护措施，包括大气污染防治措施、废水治理措施、固废及噪声控制措施、生态恢复措施、风险防范措施。分析论证拟采取措施的技术可行性、经济合理性、长期稳定运行和达标排放的可靠性、满足环境质量改善和排污许可要求的可行性、生态保护和恢复效果的可达性。

给出各项污染防治、生态保护等环境保护措施和环境风险防范措施的具体内容、责任主体、实施时段，估算环境保护投入，明确资金来源。

环境保护投入应包括为预防和减缓建设项目不利环境影响而采取的各项环境保护措施和设施的建设费用、运行维护费用，直接为建设项目服务的环境管理与监测费用以及相关科研费用。

（8）环境影响经济损益分析

以建设项目实施后的环境影响预测与环境质量现状进行比较，从环境影响的正负两方面，以定性与定量相结合的方式，对建设项目的环境影响后果（包括直接和间接影响、不利和有利影响）进行货币化经济损益核算，估算建设项目环境影响的经济价值。

环境影响经济损益分析一般要从社会效益、经济效益、环境效益相统一的角度论述建设项目的可行性，目前还处于探索阶段，有待持续研究。

（9）环境管理与监测计划

按建设项目建设阶段、生产运行、服务期满后（可根据项目情况选择）等不同阶段，针对不同工况、不同环境影响和环境风险特征，提出具体环境管理要求。

给出污染物排放清单，明确污染物排放的管理要求。包括工程组成及原辅材料组分要求，建设项目拟采取的环境保护措施及主要运行参数，排放的污染物种类、排放浓度和总量指标，污染物排放的分时段要求，排污口信息，执行的环境标准，环境风险防范措施以及环境监测等。给出应向社会公开的信息内容。

提出建立日常环境管理制度、组织机构和环境管理台账相关要求，明确各项环境保护设施和措施的建设、运行及维护费用保障计划。

环境监测计划应包括污染源监测计划和环境质量监测计划，内容包括监测因子、监测网点布设、监测频次、监测数据采集与处理、采样分析方法等，明确自行监测计划内容。

（10）环境影响评价结论

对建设项目的建设概况、环境质量现状、污染物排放情况、主要环境影响、公众意见采纳情况、环境保护措施、环境影响经济损益分析、环境管理与监测计划等内容进行概括总结，结合环境质量目标要求，明确给出建设项目的环境影响可行性结论。

对存在重大环境制约因素、环境影响不可接受或环境风险不可控、环境保护措施经济技术不满足长期稳定达标及生态保护要求、区域环境问题突出且整治计划无法落实或不能满足环境质量改善目标的建设项目，应给出环境影响不可行的结论。

（11）附件、附图及参考文献

附件主要有项目依据文件、相关技术资料、引用文献等，包括环境影响评价委托书、项目备案文件、环境质量现状监测报告、已有或在建工程（如有）的环评批复及验收文件、排污许可证等。

附图有项目地理位置图、四邻关系图、信息底图、环境质量现状监测点位图、项目平面布置图、各类预测图件等。在图、表特别多的报告书中可编附图分册。

参考文献应给出作者、文献名称、出版单位、版次、出版日期等基础信息。

第4章

生态环境分区管控

4.1 生态环境分区管控概述

生态环境分区管控是以保障生态功能和改善环境质量为目标，实施分区域差异化精准管控的环境管理制度，是提升生态环境治理现代化水平的重要举措，在生态环境源头预防体系中具有基础性作用。通过"一张图""一清单"落实管控污染物排放、防控环境风险、提高资源能源利用效率等要求，构建生态环境分区管控体系，为发展"明底线""划边框"。

4.1.1 背景及意义

生态文明建设是关系中华民族永续发展的根本大计，生态环境分区管控成为新时期改革发展背景下的新探索。一方面，随着经济社会的快速发展，环境问题日益凸显，为了实现可持续发展，需要从传统的高耗能、高污染的发展模式转向资源节约型、环境友好型社会。另一方面，面对生态退化和环境风险增加的挑战，需要构建稳定的生态安全屏障，维护国家生态安全。以保障生态功能和改善环境质量为目标，构建生态环境分区管控体系，加强环境治理体系现代化建设，深化"放管服"改革，落实生态文明建设，以生态环境高水平保护推进经济高质量发展。

生态环境分区管控是优化国土空间开发保护格局的重要手段。在国土空间治理的新体系下，生态环境分区管控体系将充分发挥"划框子、定规则、抓落实"的作用，建立一套多要素综合、多分区叠加、落地可实施的生态环境分区管控策略，支撑经济高质量发展和生态环境高水平保护。同时，其对于国土空间规划也是重要支撑，特别是在环境质量目标、污染物排放管控要求、生态环境管控分区及准入清单管控要求等方面，应作为空间规划的资源环境承载力评价的重要依据和参考。

生态环境分区管控是环境管理制度的新突破。当前，我国生态保护和环境治理正在向系统化、精准化和信息化转型，环境管理体系改革的任务艰巨。生态环境分区管控具有显著的空间化、集成化、信息化优势，作为源头防控体系的重要组成，结合现行规划环评和项目环评实时性、灵活性特点，其对于促进环评管理改革，深化"放管服"改革，进一步提升环评管理效率，实现生态环境精细化管控和提升生态环境管理水平具有重要意义。

4.1.2　发展历程

（1）孕育阶段（1990—2010 年）

20 世纪 90 年代起，我国开始探索地表水、大气和噪声环境功能区划。2000 年以后，逐步认识到系统综合的重要性，开始探索编制全国主体功能区规划，陆续出台国家生态、水、大气、噪声等环境功能区划分技术规范。

（2）探索阶段（2011—2016 年）

在此期间，国家扩大了环境功能区要素范围，探索编制近岸海域环境功能区划分技术规范。2011 年《国务院关于加强环境保护重点工作的意见》提出，划定生态红线，对各类主体功能区分别制定相应的环境标准和环境政策。2012 年国家开始探索生态保护红线的概念、内涵、划定技术与方法，开展生态保护红线划定试点。2015 年《中共中央　国务院关于加快推进生态文明建设的意见》强调树立底线思维，提出设定并严守资源利用上线、环境质量底线、生态保护红线，将各类开发活动限制在资源环境承载能力之内。2016 年吸收战略环境影响评价经验，探索建立以生态保护红线、环境质量底线、资源利用上线为核心的区域战略环境影响评价和管理机制。

（3）发展阶段（2017—2019 年）

为加快制定"三线一单"技术规范，2017 年初，环境保护部将连云港、鄂尔多斯、济南、承德作为试点区域；2017 年 12 月，在开展市级试点的基础上，启动长江经济带 11 省（市）及青海省 12 个省级试点工作；2018 年，结合长江流域 12 省（市）工作，生态环境部出台了"三线一单"编制技术要求、岸线分类管控技术说明、"三线一单"数据规范、区域空间生态环境评价工作实施方案等文件，逐步建立健全生态环境分区管控的技术体系和管理体系。2019 年，按照生态环境部环评改革要求，将"三线一单"作为战略和规划环评"划框子、定规矩"的重要手段，全面启动其他 19 省（区、市）及兵团的"三线一单"编制工作，长江经济带战略环评"三线一单"成果完成汇总。同时，国家"三线一单"数据共享系统建成并上线。

（4）完善阶段（2020—2021 年）

2020 年，19 省（区、市）及兵团的"三线一单"生态环境分区管控成果全部通过生态环境部审核；国家将制定生态环境分区管控方案和生态环境准入清单纳入《中华人民共和国长江保护法》。2021 年 4 月，全国 31 省（区、市）和新疆生产建设兵团"三线一单"生态环境分区管控方案通过省级人民政府审议并发布；12 月，全国市级"三线一单"生态环境分区管控方案全面完成并经市级人民政府发布实施。至此，全国初步形成了一套全域覆盖的生态环境分区管控体系。为加强对"三线一单"生态环境分区管控制度实施和落地应用的指导，生态环境部印发《关于实施"三线一单"生态环境分区管控的指导意见（试行）》（2024 年 3 月 6 日废止），推动生态环境分区管控要求纳入相关法律法规、标准、政策等制定、修订中，发挥"三线一单"成果在优化产业布局、规范园区管理等决策中的战略引导作用，探索与国土空间规划的衔接路径，以及重点区域开发规划编制、重点项目落地指引等服务，启动"三线一单"减污降碳协同管控试点工作。

（5）确立阶段（2022—2023 年）

2022 年，国家将制定黄河流域生态环境分区管控方案和生态环境准入清单纳入《中华人民共和国黄河保护法》。全国各省份完成省级生态环境分区管控数据共享与应用系统的建设，鼓励建设市级数据共享与应用系统，鼓励开发移动端。2023 年，自然资源部宣布国家生态保护红线的划定工作全面完成。同年，国家启动并完成了首次全国范围内的生态环境分区管控成果动态更新工作。2024年3月6日，中共中央办公厅、国务院办公厅印发《关于加强生态环境分区管控的意见》。至此，我国生态环境分区管控制度基本完善，更新调整、跟踪评估、成果数据共享服务等机制基本确定，数据共享与应用系统服务功能基本完善，在规划编制、产业布局优化和转型升级、环境准入等领域的实施应用机制基本建立，推动生态环境高水平保护格局基本形成。

4.2　生态环境分区管控技术方法

4.2.1　技术路线

在系统收集梳理区域生态环境及经济社会等数据的基础上，开展资源环境生态系统与经济社会系统综合分析，明确生态保护红线、环境质量底线、资源利用上线，确定环境管控单元，制定环境准入清单。生态环境分区管控的技术流程主要包括区域现状评价；明确生态保护红线，识别生态空间；确定环境质量底线，测算污染物允许排放量；确定资源利用上线，明确管控要求；综合各类分区，确定环境管控单元；统筹分区管控要求，制定环境准入清单六个阶段。

生态环境分区管控技术路线见图4-1。

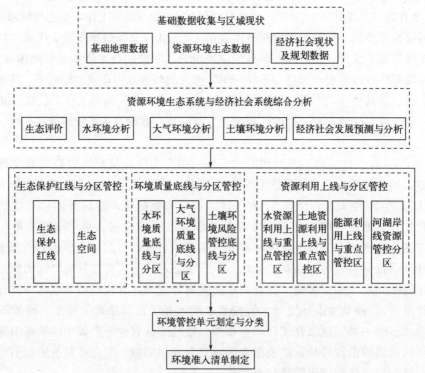

图4-1　生态环境分区管控技术路线图

4.2.2　生态保护红线及生态空间

生态保护红线：指在生态空间范围内具有特殊重要生态功能、必须强制性严格保护的区域，是保障和维护国家生态安全的底线和生命线，通常包括具有重要水源涵养、生物多样性维护、水土保持、防风固沙、海岸生态稳定等功能的生态功能重要区域，以及水土流失、土地沙化、石漠化、盐渍化等生态环境敏感脆弱区域。

按照"生态功能不降低，面积不减少，性质不改变"的原则，生态保护红线衔接自然资源部门生态保护红线评估调整后的最新数据。此外，需要根据自然保护地优化调整成果、国土"三调"成果，完善各类自然保护地和法律法规确定的需要保护的各类区域，优化一般生态空间。在生态保护红线基础上，按照"应划则划"的原则划定生态空间。生态空间识别应充分考虑水源涵养、生物多样性维护、水土保持、防风固沙生态功能重要性评估和水土流失、土地沙化生态环境敏感性评估等内容，原则上应包括但不限于以下几类区域：

① 生态保护红线划定过程中，评估出的生态功能重要区和极重要区、生态环境敏感区和极敏感区。

② 国家公园和各级自然保护区、森林公园、风景名胜区、地质公园、世界文化和自然遗产地、湿地公园、饮用水水源保护区、水产种质资源保护区、海洋特别保护区等自然保护地。

③ 自然岸线、河湖生态缓冲带、海岸带、湿地滩涂、重要湖库、富营养化水域、天然林和生态公益林等重要林地、基本草原、珍稀濒危野生动植物天然集中分布区、极小种群物种分布栖息地，以及重要水生生物的自然产卵场、索饵场、越冬场和洄游通道和水土流失重点防治区、沙化土地封禁保护区、荒漠戈壁、雪山冰川、高山冻原、无居民海岛、特别保护海岛、重要滨海旅游区、海域。

④ 地方各类法律、法规等确定的需要保护的各类保护地等。

生态保护红线与一般生态空间技术路线见图 4-2。

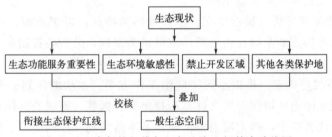

图 4-2 生态保护红线与一般生态空间技术路线图

4.2.3 环境质量底线

遵循环境质量不断优化的原则，以环境质量改善为核心，充分衔接相关规划的环境质量目标和达标期限要求，构建"污染源-环境质量目标-允许排放量控制-分区管控要求"的逻辑关系，建立全口径污染源清单，评估污染源排放对环境质量的影响，明确基于环境质量底线的污染物排放控制和重点区域环境管控要求。环境质量底线分为水环境质量底线、大气环境质量底线和土壤环境风险管控底线。

（1）水环境质量底线

水环境质量底线是将国家、省份确立的控制单元进一步细化，按照水环境质量分阶段改善、实现功能区达标和水生态功能修复提升的要求，结合水环境现状和改善潜力，对水环境质量目标、允许排放量控制和空间管控提出的明确要求。水环境质量底线技术路线见图4-3。

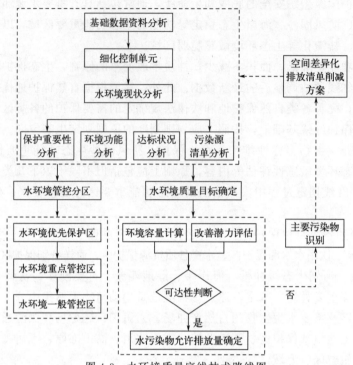

图 4-3　水环境质量底线技术路线图

① 水环境控制单元细化。在国家确定的控制单元基础上，与水环境功能区衔接，以区县为最小行政单位细化水环境控制单元。

② 污染物排放特征分析。根据水文、水质及污染特征，以工业源、城镇生活源、农业面源及其他污染源等构成的全口径污染源排放清单为基础，分析各控制单元内相关污染源等对水环境质量的影响，确定各控制单元、流域、行政区的主要污染来源。

③ 水环境质量目标确定。根据水污染防治工作方案、水功能区划、重点流域水污染防治规划、重点流域水生态环境保护等文件，衔接国家、区域、流域及其他相关规划、行动计划对水环境质量的改善要求，确定覆盖全流域，基本落实到各控制断面、控制单元的分阶段水环境质量目标。

④ 水污染物允许排放量测算。以各控制单元水环境质量目标为约束，采用一维模型对流域子单元内化学需氧量、氨氮、总磷环境容量进行计算。同时，在污染源现状统计及预测的基础上，根据经济社会发展、产业结构调整、污染控制水平、环境管理水平等因素，利用线性优化方法，确定各控制子单元化学需氧量、氨氮、总磷总量分配建议指标，核算超标污染物削减量。

⑤ 水环境管控分区。将饮用水水源保护区、湿地保护区、江河源头、珍稀濒危水生生物及重要水产种质资源的产卵场、索饵场、越冬场、洄游通道和河湖及其生态缓冲带等所属的控制单元作为水环境优先保护区。根据水环境评价和污染源分析结果，将工业用水区、水质超标功能区、各地主城区、主要农业区等划分为水环境重点管控区。其余区域作为一般管控区。

以实现水环境质量目标为导向，制定符合地方实际情况、可操作的分区管控要求。水环境优先保护区应重点明确空间布局要求，重点管控区应重点明确污染物排放管控、环境风险防控等要求。

（2）大气环境质量底线

以改善大气环境质量为核心，识别大气污染重点问题，更新大气污染源清单，解析重点城市大气污染来源，分析区域传输特征，按照气象扩散、污染排放、人居安全等因素，划分大气环境优先保护区、重点管控区、一般管控区。以空气质量目标为约束，根据污染物减排潜力、社会经济发展趋势等，测算重点大气污染物允许排放量，模拟评估空气质量目标可达性，提出差异化管控措施。大气环境质量底线技术路线见图4-4。

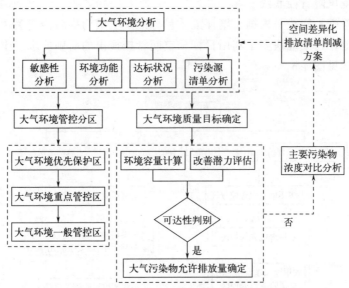

图 4-4　大气环境质量底线技术路线图

① 大气污染现状分析。评估区域大气环境质量总体水平，辨析关键环境制约因素，分析大气污染现状特征与发展趋势。基于污染源普查数据、环境统计数据，在对大气污染源进行全面调查的基础上，建立基准年涵盖固定源、移动源、无组织排放源在内的，包含颗粒物、二氧化硫、氮氧化物、挥发性有机物及温室气体等主要大气污染物的高分辨率排放清单，识别大气污染源排放重点行业与主要来源，分析污染气象影响特征与传输特征，识别大气污染重点问题。

② 大气环境质量目标确定。以国家、省份、各市（区）、各县（区）发布的环境保护相关规划、计划、实施方案等文件的要求为指导，结合大气环境质量限期达标规划、专项整治行动等对本区域内大气环境质量改善的要求，合理制定各辖区分阶段的大气环境质量改善目标。

③ 大气污染物允许排放量测算。基于污染控制措施、经济发展趋势测算重点行业减排潜力、新增排放量，测算目标年各项污染物排放情景。建立空气质量模拟系统，采用 WRF-CMAQ 等模型模拟系统进行现状年及情景年的空气质量模拟，评估空气质量目标可达性。基于大气环境质量改善潜力和环境质量目标可达性，并预留一定的安全余量，测算以环境质量为约束的排放总量控制目标要求。

④ 大气环境管控分区。将环境空气一类功能区作为大气环境优先保护区，包括自然保护区、风景名胜区和其他需要特殊保护的区域等。基于区域气象扩散条件、地理特征等自然

因素，识别弱扩散区；识别出布局污染源易对区域空气质量造成严重影响的区域，划定布局敏感区；基于城镇开发边界划定受体敏感区；基于污染物排放强度识别和涉气工业园区分布划定大气污染物高排放区。综合气象扩散、布局敏感、污染排放、人居安全等因素，划定大气环境重点管控区。将其余区域作为一般管控区。

以实现大气环境质量目标为导向，优化制定符合地方实际情况、可操作的分区管控要求。大气环境优先保护区应重点明确空间布局要求，重点管控区应重点明确污染物排放管控、环境风险防控等要求。

（3）土壤环境风险管控底线

土壤环境风险管控底线是根据土壤环境质量标准及土壤污染防治相关规划、行动计划要求，对受污染耕地及污染地块安全利用目标、空间管控提出的明确要求。土壤环境风险管控底线确定技术路线见图 4-5。

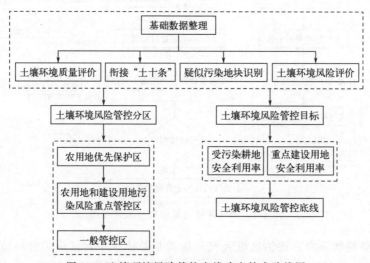

图 4-5　土壤环境风险管控底线确定技术路线图

① 土壤环境污染现状分析。利用自然资源、农业、生态环境等部门的土壤环境监测调查数据，参考《土壤环境质量　农用地土壤污染风险管控标准（试行）》《土壤环境质量　建设用地土壤污染风险管控标准（试行）》等相关标准，对农用地、建设用地土壤污染状况进行分析评价，确定土壤污染的潜在风险和严重风险区域。

② 土壤环境风险管控底线确定。衔接相关环境保护规划及土壤污染相关工作方案，以受污染耕地及重点建设用地安全利用率为主。

③ 土壤环境风险管控分区。衔接农用地土壤调查分类，农用地划分为优先保护类、安全利用类和严格管控类，将优先保护类农用地集中区作为农用地优先保护区，将严格管控类和安全利用类区域作为农用地污染风险重点管控区。将纳入全省污染地块管理名录的污染地块和本行政区域环境监管重点单位名录涉及的土壤污染重点监管单位纳入建设用地污染风险重点管控区。其余区域为一般管控区。

结合各省（区、市）土壤环境管理相关政策，针对农用地优先保护区、农用地与建设用地污染风险重点管控区，分别提出农用地分类管理、建设用地准入管理等土壤环境分区管控要求。

4.2.4　资源利用上线

以改善环境质量、保障生态安全为目的，确定水资源开发、土地资源利用、能源消耗的总量、强度、效率等要求，建立资源利用与生态环境之间的响应关系。

（1）水资源利用上线

衔接最严格水资源管理制度，梳理水资源开发利用管理要求（用水量、万元产值用水量、万元产值增加值用水量等），作为水资源利用上线；将涉及重要生态服务功能、断流、严重污染、水利水电梯级开发等河段的生态需水量，纳入水资源利用上线。

评价现状年水资源开发利用效率和强度，将水资源承载力未达标、生态用水保障不足及临界区域和地下水超采区，纳入水资源重点管控区，提出水资源分区管控措施和开发利用建议。水资源利用上线确定技术路线见图4-6。

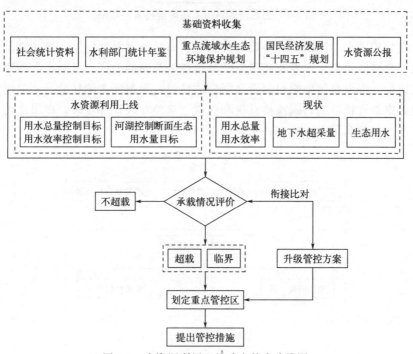

图 4-6　水资源利用上线确定技术路线图

（2）土地资源利用上线

土地资源利用上线是衔接国土空间总体规划相关指标，确定的本行政区划内土地利用控制指标。土地资源利用重点管控区应结合国土空间规划和工业园区核定情况，将本辖区内合规工业园区（总规划或控制性详规及审查意见、规划环评及审查意见齐全）、最新污染地块等纳入重点管控分区，结合地方土地资源管理相关政策，针对工业园区、污染地块集中区域等分别提出细化的管控要求。土地资源利用上线确定技术路线见图4-7。

（3）能源利用上线

综合分析区域能源禀赋和能源供给能力，衔接国家、省份、市（区）能源利用相关政策与法规、能源开发利用规划、能源发展规划、节能减排规划，梳理能源消费总量和消费强度要求，作为能源利用上线管控要求。

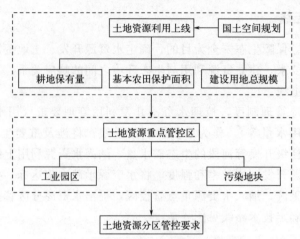

图 4-7　土地资源利用上线确定技术路线图

　　能源重点管控区重点识别高污染燃料禁燃区。高污染燃料禁燃区边界是遵从各辖区划定的高污染燃料禁燃区边界；未发布高污染燃料禁燃区范围的地区，可结合人口密集分布情况和污染排放强度，提出高污染燃料禁燃区划分的建议。根据能源消耗总量和强度调控、能源结构和利用效率等管控措施，碳排放总量和强度"双控"政策等要求，提出高污染燃料禁燃区的管控要求。能源利用上线确定技术路线见图 4-8。

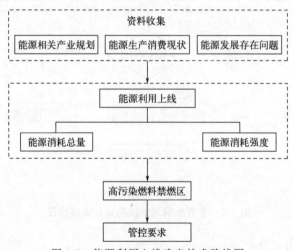

图 4-8　能源利用上线确定技术路线图

　　（4）江河湖库岸线资源分区管控

　　依据生态环境部《"三线一单"岸线生态环境分类管控技术说明》，充分衔接水利部门的河湖岸线保护和利用规划，结合本辖区实际，确定岸线资源利用上线，划定岸线资源管控分区（分为优先保护岸线、重点管控岸线、一般管控岸线）。依据区域水域和陆域生态环境要求、开发利用现状、存在问题等特征，明确岸线资源管控分区的管控要求。技术路线见图 4-9。

4.2.5　环境管控单元

　　将行政区划、工业园区（集聚区）等边界与生态、水、大气、土壤等各类管控分区进行

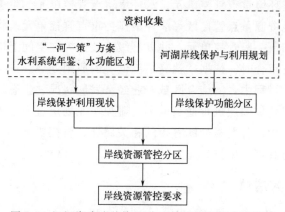

图 4-9　江河湖库岸线资源分区管控确定技术路线图

叠加拟合，划定全域覆盖的生态环境管控单元，包含优先保护单元、重点管控单元和一般管控单元（表 4-1）。

表 4-1　环境管控单元分类

生态环境空间分区	管控单元分类		
	优先保护	重点管控	一般管控
生态空间分区	生态保护红线	—	
	一般生态空间		
水环境管控分区	水环境优先保护区	水环境工业污染重点管控区	
		水环境城镇生活污染重点管控区	
		水环境农业污染重点管控区	
大气环境管控分区	大气环境优先保护区	大气环境高排放重点管控区	
		大气环境布局敏感重点管控区	其他区域
		大气环境弱扩散重点管控区	
		大气环境受体敏感重点管控区	
土壤环境污染风险管控分区	农用地优先保护区	农用地污染风险重点管控区	
		建设用地污染风险重点管控区	
自然资源管控分区	—	土地资源重点管控区	
		水资源承载力重点管控区、生态用水补给区	
		地下水开采重点管控区	
		高污染燃料禁燃区	
	优先保护岸线	重点管控岸线	

将生态保护红线、一般生态空间、水环境优先保护区、大气环境优先保护区、农用地优先保护区等，取并集作为优先保护单元。其中，各类法定保护地均自成单元，将其规划边界

作为单元边界；将大气环境重点管控单元、水环境重点管控单元、生态用水补给区、地下水开采重点管控区、土地资源重点管控区等取并集作为重点管控单元。将优先保护单元和重点管控单元之外的区域归入一般管控单元，并以县级行政边界在空间上进行划分。各环境要素中各类区域管控级别有重合时，依据"就高不就低"的原则处理。

环境管控单元划定过程中，需结合区域产业经济发展状况、生态环境主导功能与主要生态环境问题等因素，对叠加图层进行适当取舍，避免单元划定过于破碎。

环境管控单元划定中，各要素分区管控的相关属性、管控要求等内容依然保留，作为开展具体地块或区域环境管理的依据。

4.2.6　生态环境准入清单

生态环境准入清单包括总体准入要求和环境管控单元准入要求两部分。其中总体准入要求以省份、地市为单元提出，区域、流域共性要求可单独提出。

省级生态环境准入清单以"三线"划定环境管控分区及管控要求为基础，衔接国家、省级产业准入及生态环境管理相关的法律法规、政策文件、相关规划，从空间布局约束、污染物排放管控、环境风险防控和资源利用效率四个方面制定省级生态环境准入清单。

市级生态环境准入清单编制应以区域环境质量改善为目标，聚焦重点环境问题，坚持目标和问题导向，结合"三线"细化成果，在省级"一单"的基础上，梳理整合当地各项产业发展规划、行业准入要求、相关正负面清单等现行有效规定，以辖区内最终确定的环境管控单元为单位，结合实际突出清单的针对性、适用性和可操作性，优化完善生态环境准入清单具体内容。在此基础上，进一步汇总归纳各环境管控单元环境准入清单，整合完善形成县（区）环境准入清单，进而聚类凝练形成市级总体环境准入清单。

生态环境准入清单编制技术路线见图 4-10。

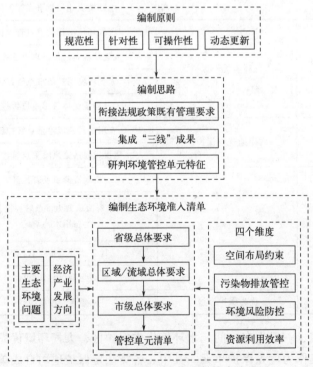

图 4-10　生态环境准入清单编制技术路线图

4.3 生态环境分区管控成果

生态环境分区管控成果包括以环境管控单元和环境要素分区为主要内容的空间数据库、对应环境管控单元的生态环境准入清单及生态环境分区管控研究报告等。成果可作为地方党委和政府综合决策的重要依据，在编制工业、农业、畜牧业、林业、能源、水利、交通、城市建设、旅游、自然资源开发等专项规划时作为重要参考。遵循系统管控、分类指导，坚守底线、严格管理，共享共用、提升效能，更新调整、持续优化四项基本原则，将生态环境分区管控成果通过万维网地理信息系统（WebGIS）技术搭建的生态环境分区管控平台展示，提供生态环境分区管控"一张图"展示查询和生态环境准入管控智能研判分析功能，支撑生态环境分区管控数据管理、更新调整、实施应用、跟踪评估和监督管理，可作为服务环保领域及社会的主要载体，为企业项目准入研判和公众环境咨询提供良好服务。

4.3.1 生态环境分区管控成果环评应用要求

规划环评、项目环评落实生态环境分区管控要求是成果的最基本应用方式。生态环境部门（行政审批部门）在审查审批环境影响报告书（表）时，首先重点关注规划、建设项目与区域"三线一单"生态环境分区管控要求的符合性分析内容，强化源头宏观管控，避免出现"硬伤"。将规划或建设项目空间范围数据与辖区内发布的区域生态环境分区管控方案中环境管控单元矢量文件进行叠加对照，用于分析规划或建设项目空间范围与优先保护单元、重点管控单元和一般管控单元的位置关系。根据对照分析结果，从空间布局、污染物排放、环境风险、资源开发利用四个方面，明确区域生态环境管控单元准入清单，给出规划或建设项目范围涉及的环境管控单元管控要求，为论证规划或建设项目的符合性提供基础，强化生态环境分区管控在环境影响评价领域的应用。

4.3.2 生态环境分区管控成果应用案例

详细内容可扫描二维码查看。

二维码1 生态环境分区管控成果应用案例

第5章

建设项目工程分析

5.1 工程分析概述

工程分析是建设项目环境影响因素分析的简称，是建设项目环境影响评价工作的必备基本专题。其主要任务是通过对项目工程组成、工程特征和污染特征的全面分析，论述项目建设与国家及地方法规、产业政策的符合性，从总体上纵观开发建设活动与环境全局的关系。通过工程分析，识别和筛选出建设项目的主要污染源和主要污染物，为环境影响预测与评价提供基础数据，为建设项目环保设计提供优化建议并规定相应的污染防治措施，为建设项目的环境决策和环境管理提供服务。工程分析贯穿于整个评价工作全过程，因此，常把工程分析作为评价工作的独立专题设置。

由于建设项目对环境影响的表现不同，可以分为以污染影响为主的污染型建设项目工程分析和以生态破坏为主的生态影响型建设项目工程分析两种。前者如钢铁、有色金属冶炼、石油化工、火电等新建、扩建和技术改造项目的工程分析，后者如高速公路、高铁线路、输油输气管道、矿山开采、大型水利枢纽工程等的工程分析。

5.1.1 工程分析的作用

(1) 工程分析是项目决策的重要依据

工程分析是项目决策的重要依据之一。污染型项目工程分析从环保角度对项目建设性质、产品结构、生产规模、原料路线、工艺技术、设备选型、能源结构、技术经济指标、总图布置方案、占地面积等基础资料分析入手，确定工程建设和运行过程中的产污环节，核算污染源强、计算污染物排放总量。从环境保护的角度分析技术经济的先进性、污染治理措施的可行性、总图布置的合理性、达标排放的可靠性。衡量建设项目是否符合国家产业政策、环境保护政策和相关法律法规的要求，确定项目建设的环境可行性。但是，在下列情况下，通过工程分析若发现不符合有关政策、法规规定时，可以据此直接作出项目建设可行与否的结论。

① 在特定或敏感的环境保护地区，例如，生活居住区、文教区、疗养区、风景名胜区、世界文化和自然遗产地、饮用水水源保护区、海洋特别保护区、自然保护区及其他生态保护

红线管控范围等法定界区内，布置有污染影响并且足以构成危害的建设项目时，可以直接作出否定的结论。

② 对于在自净能力差或环境容量接近饱和的地区安排建设项目，通过工程分析，发现该项目的污染物排放量可增大现状负荷，而且又无法从区域进行调整控制的，原则上可作出否定的结论。

③ 在水资源紧缺的地区布置大量耗水建设项目，若无妥善解决供水的措施，可以作出改变产品结构和限制生产规模或否定建设项目的结论。

④ 通过工程分析发现改、扩建项目与技术改造项目实施后，污染状况比现状有明显改善时，一般可作出肯定的结论。

（2）为各专题预测评价提供基础数据

工程分析专题是环境影响评价的基础。工程分析给出的产污环节、污染源坐标、源强、污染物排放方式和排放去向等技术参数是环境空气、地表水、地下水、土壤、声环境及环境风险影响评价预测计算的依据。一般建设项目可行性研究报告中仅对项目主要生产工艺进行了初步研究，而对其在生产过程中产污环节没有具体的说明，特别是有关生产工艺过程中产污强度的估算数据仅能作为参考，其排污数据的完整性和可靠性不能满足环境影响评价对源强计算的要求，故在环境影响评价工作中需对各生产工艺的产污环节重新进行仔细分析，对各产污环节的排污源强进行核算，从而为各环境要素的环境影响预测、污染排放总量控制及污染防治对策提供可靠的基础数据。为定量评价建设项目对环境的影响程度和范围提供了可靠的保证。

（3）为环保设计提供优化建议

建设项目的环境保护工程设计是在已知生产工艺过程中产生污染物的环节和数量的基础上，采用必要的治理措施，实现达标排放，一般很少考虑对环境质量的影响，对于改扩建项目则更少考虑原有生产装置环保"欠账"问题以及环境承载能力。建设项目工程分析需要对生产工艺进行优化论证，提出满足清洁生产要求的生产工艺方案，对技改项目实现"增产不增污"或"增产减污"的目标，使环境质量得以改善，对环保设计起到优化的作用。分析所采取的污染防治和环境风险防范措施的先进性、可靠性，必要时要提出进一步完善、改进治理措施的建议，对改扩建项目尚需提出"以新带老"的措施，并反馈到设计当中去予以落实。

（4）为项目的环境管理提供建议和科学数据

工程分析筛选的主要污染因子是建设单位和环境管理部门日常环境管理的对象，所提出的环境保护措施是工程竣工环保验收的重要依据，为保护环境所核定的污染物排放总量是开发建设活动进行污染控制的目标。

5.1.2 工程分析应遵循的技术原则

（1）体现政策性

在国家已颁布的法律法规及有关产业政策中，对建设项目的环境要求都有明确规定，贯彻执行这些规定是评价单位义不容辞的责任。所以，在开展工程分析时，首先要学习和掌握有关政策法规要求，并以此为依据去剖析建设项目对环境产生影响的因素，针对建设项目在产业政策、能源政策、资源利用政策、环保技术政策等方面存在的问题，为项目决策提出符合环境政策法规要求的建议。这是工程分析的灵魂。

（2）具有针对性

工程特性的多样性决定了影响环境因素的复杂性。为了把握住评价工作重点，工程分析应根据建设项目的性质、类型、规模，污染物种类、数量、毒性、危害特性、排放方式、排放去向等工程特征，通过全面系统的分析，从众多的污染因素中筛选出对环境干扰强烈、影响范围大，并有致害威胁的主要因子作为评价对象，尤其应明确项目特征污染因子。

（3）应为各专题评价提供定量而准确的基础资料

工程分析是决定评价工作质量的关键。工程分析资料是各专题评价的基础，所提供的特征参数，特别是污染物最终排放量是开展各专题环境影响预测的基础数据。所以工程分析提出的定量数据一定要准确可靠；定性资料要力求可信；复用资料要经过精心筛选，注意时效性。

（4）应从环保角度为项目选址、工程设计提出优化建议

① 根据国家和地方颁布的环保法律法规、工程所在地的环境功能区划、当地环境规划等条件，有理有据地提出优化选址、合理布局建议。

② 根据环保技术政策分析生产工艺的先进性，根据资源利用政策分析项目原料消耗、水耗及燃料消耗的合理性，同时探索把污染物排放量压缩到最低限度的途径。

③ 根据当地环境条件对工程设计提出合理建设规模和污染排放有关建议，防止只顾经济效益而忽视环境效益。

④ 分析拟定的环保措施方案的可行性，提出必须保证的污染防治措施，使项目既能实现正常投产，同时又能保护好环境。

5.1.3 工程分析的方法

一般地讲，建设项目的工程分析应根据建设项目规划、可行性研究和设计方案等技术资料进行工作。但是，有些建设项目，如大型水利工程建设、资源开发以及国外引进项目，在可行性研究阶段所能提供的工程技术资料不能满足工程分析需要时，可以根据具体情况选用其他适用的方法进行工程分析，有时还需要采用两种或两种以上的方法进行相互校核和互为补充完善。目前可供选用的方法有类比法、物料衡算法、排污系数法、产污系数法和实测法等。

（1）类比法

类比法是对与拟建项目类型相同的现有项目的设计资料或实测数据进行工程分析的常用方法，为提高类比数据的准确性，应充分注意分析对象与类比对象间的相似性和可比性，包括以下几个方面：

① 工程一般特征的相似性。一般特征包括项目建设性质、车间组成、生产规模、产品结构、工艺路线、生产方法、设备类型、原料燃料成分与消耗量、用水量等。

② 污染物排放特征的相似性。包括污染物排放类型、浓度、数量、排放方式与去向，以及污染方式与途径等。

③ 环境特征的相似性。包括气象条件、地貌状况、生态特点、区域环境功能、区域污染情况等。在生产建设中常会遇到这种情况，即某污染物在甲地是主要污染因素，在乙地则可能是次要因素，甚至是可被忽略的因素。

类比法常用单位产品的经验排污系数计算污染物的排放量。但用此法应注意一定要根据生产规模等工程特征和生产管理及外部因素等实际情况进行必要的修正。

经验排污系数法公式：

$$A = AD \times M \tag{5-1}$$

$$AD = BD - (aD + bD + cD + dD) \tag{5-2}$$

式中　A——某污染物的排放总量；

AD——单位产品某污染物的排放定额；

M——产品总产量；

BD——单位产品投入或生成的某污染物量；

aD——单位产品中某污染物的量；

bD——单位产品所生成的副产物、回收品中某污染物的量；

cD——单位产品分解转化掉的污染物量；

dD——单位产品被净化处理掉的污染物量。

（2）物料衡算法

此法是用于计算污染物排放量的常规方法，其基本原则是依据质量守恒定律，即在生产过程中投入系统的物料总量必须等于产出的产品量和物料流失量之和。在项目提供的基础资料比较翔实或对生产工艺熟悉的条件下，应优先采用物料衡算法计算污染物的排放量，该方法理论上是最精确的。其计算通式如下：

$$\sum G_{投入} = \sum G_{产品} + \sum G_{流失} \tag{5-3}$$

式中　$\sum G_{投入}$——投入系统的物料总量；

$\sum G_{产品}$——产出产品总量；

$\sum G_{流失}$——物料流失总量。

当投入的物料在生产过程中发生化学反应时，可按下列总量法公式进行衡算：

① 总物料衡算公式：

$$\sum G_{排放} = \sum G_{投入} - \sum G_{回收} - \sum G_{处理} - \sum G_{转化} - \sum G_{产品} \tag{5-4}$$

式中　$\sum G_{投入}$——投入物料中的某污染物总量；

$\sum G_{产品}$——进入产品中的某污染物总量；

$\sum G_{回收}$——进入回收产品中的某污染物总量；

$\sum G_{处理}$——经净化处理掉的某污染物总量；

$\sum G_{转化}$——生产过程中被分解、转化的某污染物总量；

$\sum G_{排放}$——某污染物的排放量。

② 单元工艺过程或单元操作的物料衡算。对某单元过程或某工艺操作进行物料衡算，可以确定这些单元工艺过程、单元操作的污染物产生量。例如对管道输送、反应过程、吸收过程、分离过程等进行物料衡算，可以核定这些工艺过程的物料损失量，从而了解污染物产生量。

工程分析中常用的物料衡算有：总物料衡算、有毒有害物质物料衡算、有毒有害元素物料衡算。

（3）排污系数法

排污系数法是指根据不同的原辅料及燃料、产品、工艺、规模和治理措施，选取相关行业污染源源强核算技术指南给定的排污系数，结合单位时间产品产量直接计算确定污染物单位时间排放量的方法。

（4）产污系数法

产污系数法是指根据不同的原辅料及燃料、产品、工艺、规模，选取相关行业污染源源强核算技术指南给定的产污系数，依据单位时间产品产量直接计算污染物产生量，并结合所采用的治理措施情况，核算污染物单位时间排放量的方法。

（5）实测法

实测法是通过对某种污染源的现场实测，得到外排废水或废气的流量和废水或废气中污染物浓度，然后计算污染物的绝对排放量的方法。采用实测法进行源强核算时，应同步记录监测期间生产装置的运行工况参数，如物料投加量、产品产量、燃料消耗量、副产物产生量等。进行废水污染源源强核算时，还应详细记录调质前废水的来源、水量及污染物浓度等情况。对于改扩建项目，生产工艺和产品与现有工程相同的，可采用实测法来确定污染源的源强。但要注意监测现有工程的生产负荷，如不是满负荷生产，则应将监测时的数据折算到满负荷状态再使用。

实测污染源强计算公式为：

$$Q_i = C_i V_s \tag{5-5}$$

式中　Q_i——i 污染物的排放量；

　　　C_i——实测的污染物平均浓度；

　　　V_s——废水或烟气流量，若生产过程中废水或废气排放量是变化的，其流量应取平均值。

5.2　污染型建设项目工程分析

5.2.1　工程分析的工作内容

对于环境影响以污染因素为主的建设项目来说，原则上工程分析的工作内容应根据建设项目的工程特征（包括建设项目的类型、性质、规模、开发建设方式与强度、能源与资源用量、污染物排放特征以及项目所在地的环境条件）来确定。其工作内容通常包括六部分，见表 5-1。

表 5-1　污染型建设项目工程分析的主要内容

工程分析项目	工作内容
项目概况	项目一般特征简介(项目名称、建设性质、规模、建设地点等) 项目组成及建设内容 产品方案和副产品名称、产量 物料来源及成分(尤其是重金属含量)、能源消耗及成分(尤其是硫含量) 建设周期、总投资及环境保护投资
工艺流程及产污环节分析	分析工艺流程及污染物产生环节,绘制污染源分布流程图
污染源分析与源强核算	污染源分布(有组织及无组织) 污染源源强核算(有组织及无组织) 物料平衡(硫、重金属等有毒有害物质的平衡)与水平衡 有组织污染物源分布统计及分析 无组织污染物源统计及分析 非正常排放污染物源强统计及分析

续表

工程分析项目	工作内容
环保措施的可行性分析	环保措施方案、所选工艺及设备的先进水平和可靠程度分析 处理工艺有关技术经济参数的合理性分析 污染物最终去向及受纳环境可接受性分析 环保设施投资构成及其在总投资中占有的比例
总平面布置的合理性分析	分析厂区与周围的保护目标之间所定防护距离的安全性 根据气象、水文等自然条件分析工厂和车间布置的环境合理性 分析对环境敏感点（保护目标）处置措施的可行性
补充措施与建议	优化总图布置的建议 用水及节水措施建议 废渣综合利用建议 环保设备选型和适用参数建议

5.2.1.1　项目概况

给出工程一般特征简介，包括主体工程、辅助工程、公用工程、环保工程、储运工程以及依托工程等。以污染影响为主的建设项目应明确项目组成、建设地点、原辅料、生产工艺、主要生产设备、产品（包括主产品和副产品）方案、平面布置、建设周期、总投资及环境保护投资等。通过项目组成分析找出项目建设存在的主要环境问题，为项目产生的环境影响分析和提出可行的污染防治措施奠定基础。根据项目组成和生产工艺，给出主要原料与辅料的名称和来源、单位产品消耗量、年总消耗量，对于有毒有害物质的原料、辅料，还应给出其组分及理化性能指标。

对于分期建设项目，则应按不同建设期分别说明建设规模及建设时间。改扩建及异地搬迁建设项目还应包括现有工程的基本情况、污染物排放及达标情况、排污许可证申领情况、存在的环境保护问题及拟采取的整改方案等内容，并说明依托关系。

5.2.1.2　工艺流程及产污环节分析

工艺流程应在设计单位或建设单位的可行性研究或设计文件基础上，根据工艺过程的描述及同类项目生产的实际情况进行绘制。环境影响评价工艺流程图有别于工程设计工艺流程图，环境影响评价关心的是工艺过程中产生污染物的具体部位、污染物的种类和数量。所以绘制污染工艺流程图应包括产生污染物的装置和工艺过程，不产生污染物的过程和装置可以简化，有化学反应发生的工序要列出主要化学反应和副反应方程式，并在总平面布置图上标出污染源的准确位置，以便为其他专题评价提供可靠的污染源资料。

例如，燃煤发电工程生产工艺流程及产污环节见图5-1。

5.2.1.3　污染源分析与源强核算

（1）污染物分布及污染物排放量核算

污染源分析和污染物类型及排放量是各专题评价的基础资料，必须按建设期、运营期两个时期详细核算和统计。根据项目评价需要，一些项目还应对服务期满后（退役期）影响源强进行核算。因此，污染源分析应根据已经绘制的污染流程图，并按排放点编号，标明污染物排放部位，然后列表统计各种污染物的排放强度、浓度及数量。对于最终进入环境的污染物，按照项目运行的最大负荷核算，确定其是否达标排放。比如燃煤锅炉烟尘、二氧化硫及氮氧化物排放量，必须以锅炉最大产汽量时所耗的燃煤量为基础进行核算。

废气可按照点源、线源、面源进行核算，并说明源强、排放方式和排气筒高度。废水则

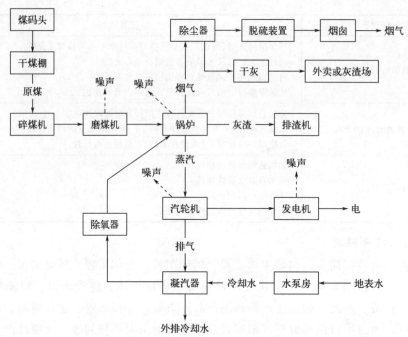

图 5-1 燃煤发电工程生产工艺流程及产污环节图

说明种类、成分、浓度、排放方式及排放去向。对固体废物进行分类，废渣应说明有害成分、浸出物浓度、是否属于危险废物、排放量、处理处置方式和储存方法，废液应说明种类、成分、浓度、是否属于危险废物、处理方式和处置去向。噪声和放射性污染应列表说明源强、剂量及分布。

① 新建项目污染物排放量统计。废气和废水污染物排放总量应分别统计，固体废物按照一般固体废物和危险废物分别统计，并应算清生产过程中污染物的产生量、实现污染防治措施后的污染物削减量及污染物的最终排放量。工程主要排污环节分析要结合工艺流程图，对每一装置、每一生产单元进行分析，统计时应以车间或工段为核算单元，对于泄漏和放散量部分，原则上要求实测，实测有困难时，可以利用年均消耗定额的数据进行物料平衡推算。并给出污染物的产生排放一览表，进行污染物排放量的统计。

② 技改扩建项目污染物排放量统计。对于技改扩建项目，在统计污染物排放量的过程中，应核算新老污染源排放"三本账"，即技改扩建前污染物排放量、技改扩建项目污染物排放量、技改扩建完成后污染物排放量（包括"以新带老"削减量），还要给出工程技改扩建前后污染物排放量的变化情况，尽可能做到增产不增污或增产减污。

（2）污染源源强核算

源强指对产生或排放污染物强度的度量，包括废气源强、废水源强、噪声源强、振动源强、固体废物源强等。废气、废水源强是指污染源单位时间内产生的废气、废水污染物排出产生有害影响的场所、设备、装置或污染防治（控制）设施的数量，通常包括废气和废水污染源正常排放和非正常排放，不包括事故排放。噪声源强是指噪声污染源的强度，即反映噪声辐射强度和特征的指标，通常用辐射噪声的声功率级或确定条件、确定距离的声压级（均含频谱）以及指向性特征来表示。振动源强是指振动污染源的强度，即反映振动源强度的加速度、速度或位移等特征指标，通常用参考点垂直于地面方向的Z振级表示。固体废物源强是指污染源单位时间内产生的固体废物的数量。

污染源源强核算技术指南体系由污染源源强核算准则和火电、造纸、水泥、钢铁等行业污染源源强核算技术指南组成。对纳入排污许可管理的行业，其污染物排放量采用行业污染源源强核算技术指南规定的方法计算；未纳入排污许可管理的行业排污单位，采用《未纳入排污许可管理行业适用的排污系数、物料衡算方法（试行）》进行计算。除前两项外其他行业排污单位的污染物排放量计算方法，根据各省级环境保护主管部门制定的方法计算。

根据污染物产生环节（包括生产、储存、装卸、运输）、产生方式和治理措施，核算建设项目有组织与无组织、正常工况与非正常工况下的污染物产生和排放强度，给出污染因子及其产生和排放的方式、浓度、数量等。对改扩建项目污染物排放量（包括有组织与无组织、正常工况与非正常工况）的统计，应分别按现有、在建、改扩建项目实施后等几种情形汇总污染物产生量、排放量及变化量，核算改扩建项目建成后最终的污染物排放量。

① 燃烧废气污染源强和排放参数计算方法。固体、液体及气体燃料在燃烧过程中均产生含有烟尘、二氧化硫、氮氧化物等的废气，根据燃料来源、燃烧方式等的不同，污染物的产生及排放情况各异，可按物料用量、成分分析报告、环保设施的效率等核算污染物源强。

② 工艺尾气污染源强和排放参数的确定。工艺尾气污染源强的确定主要来自工程设计中的物料衡算，大多数设计单位在进行工艺计算时，都要利用有关软件进行模拟计算，给出的数据比较准确可靠。没有设计资料的可采用类比的方式，但要注意分析对象与类比对象间的相似性和可比性。

③ 无组织排放源强的确定。无组织排放在大多数建设项目，尤其是化工项目中都存在，但难以定量描述。源强的确定通常采用估算法和经验公式计算法给出。

a. 估算法。按原料年用量或产品年产量的 0.01%～0.04% 计算。这种估算比较粗略。即使是规模相同的两个项目，管理水平不同，无组织排放量的差别很大。

b. 经验公式计算法。

Ⅰ. 装置区无组织排放量的计算。无组织排放主要来自生产过程中的"跑、冒、滴、漏"，工艺设备的先进程度和生产的操作管理水平是控制无组织排放的关键。下面以化工企业的无组织排放来说明。根据对工程生产工艺及物料性质的分析，其无组织排放产生的环节主要是液氨、甲醇、CO 的生产装置、装卸、贮存、压缩、输送等，H_2S 主要是生产装置。正常情况下，排放点主要来自静态密封点和动态密封点。液氨和甲醇泄漏后挥发为气体，但其使用、贮存都是液态，因此，其无组织排放量采用液体泄漏速度计算公式进行估算，计算公式如下：

$$Q = C_d A \rho \sqrt{\frac{2(P - P_0)}{\rho} + 2gh} \tag{5-6}$$

式中　Q——液体泄漏速度，kg/s；

C_d——液体泄漏系数，取 0.64；

A——泄漏口面积，m^2；

ρ——泄漏液体密度，kg/m^3；

P——容器内介质压力，Pa；

P_0——环境压力，Pa；

g——重力加速度，$9.8m/s^2$；

h——泄漏口之上液位高度，m。

对于常压下的液体泄漏速度，取决于泄漏口之上液位的高低；对于非常压下的液体泄漏速度，主要取决于容器内介质压力与环境压力之差和液位高低。由于工程中液氨及甲醇多为非常压贮存、使用，而且大多数静态密封点泄漏口在管线上，泄漏口上液位较小，因此在计算中忽略该项。

Ⅱ. 罐区无组织排放量的计算。罐区无组织排放是贮罐贮料蒸发损耗形成的排放废气，物料蒸发损耗分为两种情况。其一是当气温升降，罐内空间蒸气和空气的蒸气分压增加或者减小，因而使物料、蒸气和空气通过呼吸阀或通气孔形成呼吸过程，称为小呼吸。不同的贮罐，其无组织排放差别较大，浮顶罐比固定顶罐的小呼吸损耗小，一般是固定顶罐的 2/3 左右。其二是贮罐物料收发作业时，液体升降使气体容积增减，导致静压差变化，这种罐内液面变化而形成的呼吸称为大呼吸。对于固定顶罐可以按照以下公式计算。

单贮罐小呼吸损耗废气排放量：

$$L_B=0.191\times M[P/(100910-P)]^{0.68}\times D^{1.73}\times H^{0.51}\times \Delta T^{0.45}\times F_p\times C\times K_c \qquad (5\text{-}7)$$

式中　L_B——固定顶贮罐的呼吸排放量，kg/a；

　　　M——贮罐内蒸气摩尔质量；g/mol，甲醇 32g/mol，甘油 92g/mol，生物柴油 300g/mol；

　　　P——大量液体状态下，真实蒸气压力，Pa；

　　　D——罐的直径，m；

　　　H——平均蒸气空间高度，m；

　　　ΔT——1 天之内平均温度差，℃；

　　　F_p——贮罐涂层系数，无量纲，浅灰时取 1.33；

　　　C——小直径罐的调节因子，无量纲，直径为 0～9m 的罐体，$C=1-0.0123(D-9)^2$；

　　　K_c——产品因子，石油原油取 0.95，其他有机液体取 1.0。

单贮罐大呼吸损耗废气排放量：

$$L_w=4.188\times10^{-7}\times M\times P\times K_N\times K_c \qquad (5\text{-}8)$$

式中　L_w——固定顶罐的工作损失量，kg/m³；

　　　K_N——贮料周转因子，无量纲。

K_N 取值按年周转次数（K）确定：$K\leqslant36$，$K_N=1$；$36<K\leqslant220$，$K_N=11.467\times K^{-0.7026}$；$K>220$，$K_N=0.26$。

5.2.1.4　物料平衡和水平衡

（1）物料平衡

工程分析中应根据不同行业的性质和特点，选择若干有代表性的物料为对象进行物料平衡核算，由此可以估算出废物产生量的大致范围，在对有代表性的物料进行核算的同时，还需要建立特征有毒有害物质的平衡关系。

（2）水平衡

① 基本概念。

新鲜水量。指取自建设项目外部的水量，来源主要包括地表水、地下水、自来水、海水、城市污水及其他水源。建设项目新鲜水量包括生产用水和生活用水。生产用水又包括间接冷却水、工艺用水和锅炉等公用工程用水等。

　　重复用水量。指建设项目内部循环使用和循序使用的总水量。

　　损失水量。也称耗水量，指整个工程项目损失掉的新鲜水总和，包括间接冷却水系统损失量、洗涤用水损失量、生产过程其他环节损失量以及生活用水损失量。

　　废水排放量。指排出生产厂区进入地表水环境的废水量总和，包括工艺废水排放量和生活污水排放量。

　　单位产品新鲜水用量＝年新鲜水用量/年产品总产量，单位为 m^3/t。

　　单位产品循环水用量＝年循环水用量/年产品总产量，单位为 m^3/t。

　　工业水重复利用率＝重复用水量/用水总量×100%（其中：重复用水量＝间接循环水用量＋循序用水量；用水总量＝重复用水量＋新鲜水用量），单位为%。

　　间接冷却水循环率＝间接冷却水循环量/(间接冷却水循环量＋循环系统补充水量)×100%，单位为%。

　　工艺水回用率＝工艺水回用量/(工艺水回用量＋工艺水补充新水量)×100%，单位为%。

　　② 水量平衡。即新鲜水量、重复用水量、损失水量和废水排放量之间的平衡。水平衡式见式（5-9）：

$$Q+A=H+P+L \tag{5-9}$$

式中各符号意义及关系见图 5-2。

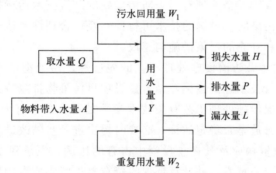

图 5-2　式（5-9）中各符号意义及关系

　　其中 H 指整个项目消耗掉的新鲜水量总和，即：

$$H=Q_1+Q_2+Q_3+Q_4+Q_5+Q_6 \tag{5-10}$$

式中　Q_1——产品含水，即由产品带走的水；

　　　Q_2——间接冷却水系统补充水量；

　　　Q_3——洗涤用水（包括装置、场地冲洗水）、直接冷却水和其他工艺用水量之和；

　　　Q_4——锅炉等公用工程运转消耗的水量；

　　　Q_5——水处理用水量；

　　　Q_6——生活用水量。

　　③ 水平衡分析计算。下面以实例来分析水量平衡并计算有关指标。

　　【例 5-1】　某企业年耗新鲜水量为 $300×10^4 m^3$；重复用水量为 $150×10^4 m^3$，其中工艺水回用量为 $80×10^4 m^3$，冷却循环水量为 $20×10^4 m^3$，污水回用量为 $50×10^4 m^3$；间接冷却水系统补充新鲜水量为 $45×10^4 m^3$；工艺取用新鲜水量为 $120×10^4 m^3$。计算该企业的工业水重复利用率、间接冷却水循环率、工艺水回用率。

解：

计算步骤和方法如下：

工业水重复利用率＝重复用水量/用水总量×100％＝150/(150＋300)×100％＝33.33％。

间接冷却水循环率＝间接冷却水循环量/(间接冷却水循环量＋循环系统补充水量)×100％
＝20/(20＋45)×100％＝30.77％。

工艺水回用率＝工艺水回用量/(工艺水回用量＋工艺水补充新鲜水量)×100％
＝80/(80＋120)×100％＝40％。

④ 水量平衡图。水量平衡图是用图来表达出新鲜水量、重复用水量、损失水量和废水排放量之间的平衡关系。

在水量平衡图的绘制过程中应注意以下两点：一是总用水量之间的平衡，体现出 $Q+A=H+P+L$；二是每一节点进出的水量都要平衡。

5.2.1.5 环保措施的可行性分析

环保措施分析包括两个层次：一是对项目可行性研究报告等文件提供的污染防治设施进行技术先进性、经济合理性及运行可靠性的分析评述；二是若所提污染防治设施不能满足相关标准规范的要求，则需提出切实可行的改进措施建议，必要时进行替代方案分析。具体分析评价内容如下：

① 分析建设项目可行性研究阶段环保措施方案的技术经济可行性。根据建设项目产生的污染物特点，充分调查同类企业现有污染防治设施的经济技术运行指标，分析建设项目可行性研究阶段所采用的污染防治设施的技术可行性、经济合理性及运行可靠性，在此基础上进一步提出完善、改进和补充的对策措施与建议。

② 分析项目采用的污染防治设施处理工艺的先进性，污染物排放达标的可靠性。根据现有同类环保设施的运行技术经济指标，结合建设项目污染物排放特点和所采用的污染防治设施，分析建设项目环保设施处理工艺有关技术参数是否合理，有无承受耐冲击负荷能力，能否稳定运行，污染物排放是否稳定达标，必要时提出进一步的改进和补充对策建议。

③ 分析环保设施投资构成及其在总投资中占有的比例。汇总建设项目各项环保设施的投资，给出环保设施投资一览表，并计算环保投资在总投资中所占的比例。

对于技改扩建项目，环保设施投资一览表中还应包括"以新带老"的环保投资内容。

④ 污染防治设施依托的可行性分析。对于改扩建项目，原有工程的环保设施有相当一部分是可以利用的，如现有污水处理厂、固体废物填埋厂、焚烧炉等。原有环保设施是否能满足改扩建后的环保要求，需要认真核实，分析其依托的可靠性。对于项目产生的废水，经过简单处理后排入区域或城市污水处理厂进一步处理或排放的项目，除了对其采用的污染防治技术的可靠性、可行性进行分析评价外，还应对接纳排水的污水处理厂处理工艺的合理性进行分析，分析其是否与项目排水的水质相容，项目排水中特征污染物能否影响污水处理厂的处理效果等。对于可以进一步利用的废气，要结合所在区域的社会经济特点，分析其集中、收集、净化、利用的可行性。对于固体废物，则要根据项目所在地的环境、社会经济特点，分析综合利用的可能性。对于危险废物，则要按有关规定要求，分析能否得到妥善处置。

5.2.1.6 总图布置方案与外环境关系分析

① 分析厂址与周围的保护目标之间所定环境防护距离的保证性。合理布置建设项目的各构筑物及生产设施，给出总图布置方案与外环境关系图。

② 根据气象、水文等自然条件分析工厂和车间布置的环境合理性。在充分掌握项目建设地点的气象、水文和地质资料的条件下，认真考虑这些因素对总图布置的限制性影响，合理布置工厂和车间，尽可能减少环境对项目的不利影响。

③ 分析对周围环境敏感点处置措施的可行性。分析项目产生的污染物的特点及环境影响预测结果，结合现有的有关资料，确定建设项目对附近环境敏感点的影响程度，在此基础上提出切实可行的处置对策（如搬迁、防护、另选厂址等）。

5.2.2　工程分析与可行性研究报告及工程设计的关系

工程分析的基础数据来源于项目的可行性研究报告，但不能完全照抄。由于可行性研究报告编制单位的专业水平、行业特长等方面的差异，部分可行性研究报告的质量不能满足工程分析的要求，出现这种情况应及时与项目建设单位的工程技术人员及可行性研究报告编制单位的技术人员交流沟通，以使工程分析的有关数据能正确反映工程的实际情况。

对于没有编制可行性研究报告而直接进行工程设计的建设项目，可由设计单位将工程分析所需的有关资料详细列出，交与建设单位。

工程分析完成后，尤其是有现有工程的建设项目，可将完成的初稿交与建设单位和设计单位，广泛征求意见，并对有关数据进行核实。

5.2.3　工程分析的阶段

建设项目实施过程可以分为不同的阶段，包括施工期、运营期和服务期满（即退役期）。根据建设项目的不同性质和实施周期，可选择其中的不同阶段进行工程分析。

① 所有的建设项目都应分析运行阶段产生的环境影响，包括正常工况和非正常工况两种情况。对服务运行期长或是随时间的变化其环境污染、生态影响可能增加或是变化较大，同时环境影响评价工作等级和环境保护要求较高时，可根据建设项目的具体特性将运行阶段划分为运行初期和运行中后期进行影响分析。

② 部分建设项目的建设周期长、影响因素复杂且影响区域广，需进行建设期的工程分析。

③ 个别建设项目由于运行期的长期影响、累积影响或毒害影响，会造成项目所在区域的环境发生质的变化，如核设施退役或矿山退役等，此类项目需要进行服务期满的工程分析。

④ 对某些在实施过程中由于自然或人为原因易酿成爆炸、火灾、中毒等，且后果十分严重的、会造成人身伤害或财产损失事故的建设项目，应根据工程性质、规模、建设项目所在地的环境特征、事故后果以及必要性和条件具备情况，决定是否进行环境风险评价。

5.2.4　工程分析的结论、措施与建议

（1）工程分析结论

工程分析结论中，要明确给出拟建项目从工程分析角度的可行性，并列表给出工程完成后污染物的排放总量。

（2）措施与建议

为保证当地经济和环境的协调发展，实现污染物总量控制、合理布局、持续发展，保证项目的顺利实施，从工程措施上，要规定或提出以下建议，并进一步说明采取这些措施后工

程的排污达标情况及对环境的影响情况，论证并确认环保设施，尤其是环评提出或规定的环保措施、对策的技术可行性和经济合理性。

① 合理的产品结构与生产规模的建议：合理的产品结构和生产规模可以有效地降低单位污染物的处理成本，提高企业的经济效益，有效地降低建设项目对周围环境的不利影响。

② 优化总图布置的建议：充分利用自然条件，合理布置建设项目的生产设施及构筑物，以减轻建设项目对周围环境的不良影响，降低环境保护投资。

③ 节约用地的建议：根据各个构筑物的工艺特点和结构要求，做到合理布置，节约利用土地。

④ 用水平衡及节水措施建议：根据用水平衡图，充分考虑废水回用，提高水的重复利用率，减少新鲜水用量和废水排放量。

⑤ 废渣综合利用建议：根据固体废物的属性，选择有效的利用方法，进行合理的综合利用。

⑥ 污染物排放方式改进建议：污染物的排放方式直接关系到污染物对环境的影响，通过对排放方式的改进往往可以有效地降低污染物对环境的不利影响。

⑦ 环保设备选型和适用参数建议：根据污染物的排放量、排放规律以及排放标准的基本要求，结合对已有工程资料的全面分析，提出污染物的处理工艺和基本工艺参数。

⑧ 替代方案：能够达到与拟建项目或方案同样目的和效益的建设项目规模、选址（线）的可替代方案，其中也包括项目环境保护措施的多方案比较。

⑨ 其他建议：针对具体工程的特征，提出与工程密切相关的、有较大影响的其他建议。

5.3　生态影响型项目工程分析

5.3.1　生态影响型项目工程分析的基本内容

生态影响型项目的工程分析内容应结合项目工程特点，提出工程施工期和运营期的环境影响和潜在影响因素，在此基础上，进行污染源源强核算和生态环境影响强度的分析，能量化的要给出量化指标。生态影响型项目工程分析的基本内容如下。

（1）工程概况

工程分析应介绍建设项目的工程名称、建设地点、建设性质、占地规模和工程特征、总投资及环境保护投资等，并给出工程特性表。

工程的项目组成及施工布置：按工程的特点给出工程的项目组成表，并说明工程不同时期的主要活动内容；阐明工程的主要设计方案，介绍工程的总平面及现场布置、施工方式、施工时序、建设周期和运行方式。

（2）施工计划

结合项目的工程建设进度计划，介绍工程的施工计划，对与生态破坏和生态环境保护有重要关系的施工建设内容和施工进度计划要做详细介绍。

（3）生态环境影响源项分析

生态环境影响源项分析是生态影响型建设项目工程分析的核心内容，应结合建设项目特点和区域环境特征，通过调查，对项目建设可能造成生态环境影响的活动（影响源或影响因素）的强度、范围、方式进行分析，重点为影响程度大、范围广、历时长或涉及环境敏感区的作用因素和影响源，关注间接性影响、区域性影响、长期性影响以及累积性影响等特有生态影响因素的分析。可定量的要给出定量数据，如建设项目占地面积与类型（耕地、林地、湿地、滩涂等）、植被类型和破坏量（特别是珍稀植物的破坏量）、淹没面积、移民搬迁数量、水土流失量等。

（4）主要污染源与污染物源强分析

重点关注给生态环境带来不利影响的工程建设中产生的废水和废气污染物、固体废物的排放量和噪声发生源源强，尤其应注意取土场、弃土场、弃渣场、尾矿库、一般固体废物填埋场、垃圾填埋场、危险废物填埋场等场所的污染源分析。须给出生产废水和生活污水的排放量和主要污染物排放量；给出废气排放源点位，说明排放源性质（固定源、移动源、连续源、瞬时源）、主要大气污染物产生量；给出固体废物（工程弃渣和生活垃圾）的产生量；噪声则要给出主要噪声源的种类和声源声压级。

（5）拟采取的生态保护措施方案分析

生态保护措施分析应包括生态保护、生态恢复、生态补偿及生态建设等内容。首先，对建设项目可行性研究报告等技术文件提出的生态保护措施的技术先进性、经济合理性和运行可靠性进行分析论述。其次，如果拟采取的生态保护措施不能满足相关法规、标准的要求时，应指出其存在的问题，并有针对性地提出完善、改进和补充的对策措施和建议。

（6）替代方案分析

对建设项目可行性研究报告、工程设计等技术文件提出的选址、选线方案，从生态环境保护角度进行比较分析，评价其合理性和可行性，并推荐有利于生态环境保护的方案。

5.3.2　生态环境影响评价工程分析技术要点

生态环境影响评价的工程分析一般要把握如下几点要求：

（1）工程组成完全

把所有工程活动都纳入工程分析中，一般建设项目工程组成有主体工程、辅助工程、配套工程、公用工程和环保工程。有的将作业场等支柱性工程称为"大临"工程（大型临时工程），或分出储运工程系列。但必须将所有的工程建设活动，无论是临时的还是永久的，直接的还是相关的，施工期的还是运营期的，都考虑在内，不能遗漏。工程组成中，一般主体工程和配套工程在设计文件中都有详细内容，注意选取与环境有关的内容。重要的是对辅助工程内容也要进行详细了解，主要的辅助工程有：

① 对外交通。如水电工程的对外交通公路，大多数需新修或改建扩建，有的达数万米长，需了解其线路走向和占地类型与面积、匡算土石方量、分析修筑方式。有的大型项目，对外交通单列项目环境影响评价，则按公路建设项目进行环境影响评价。有的项目环境影响评价前已修建对外交通公路，则要做现状调查，阐明对外交通公路基本工程情况，并在环境影响评价中进行回顾性环境影响分析和采取补救性环保措施。

② 施工道路。连接施工场地、营地，运送各种物料和土石方，都有施工道路问题。施工道路在大多数设计文件中是不具体的，经常需要在环境影响评价中做深入的调查分析。对于已设计施工道路的工程，具体说明其布线、修筑方法，是否影响到敏感保护目标，是否注意了植被保护，其弃土是否进入河道等。对于尚未设计施工道路或仅有一般设想的工程，则

需明确选线原则，提出合理的修建原则与建议，例如禁止线路占用基本农田或自然保护地等。

③ 料场。包括土料场、石料场、砂石料场等。需明确各种料场的地点、规模、采料作业时期及方法，尤其需明确有无爆破等特殊施工方法。料场还有运输方式和运输道路问题，如皮带运输、汽车运输等，根据运输量和运输方式，可估算出诸如车流密度等数据，这也就是环境影响源的"源强"（噪声源强、干扰或阻隔效应源强等）。

④ 工业场地。包括工业场地布设、占地面积、主要作业内容等。一个项目可能有若干个工业场地，应逐一说明。一般应给出工业场地布置图，说明各项作业的具体安排，以及使用的主要加工设备（如碎石设备、混凝土搅拌设备、沥青搅拌设备等）采取的环保措施等。工业场地布置在不同的位置和占用不同的土地，它的环境影响是不同的，所以在选址合理性论证中，工业场地的选址是重要论证内容之一。

⑤ 施工营地。集中或单独建设的施工营地，无论大小，都需纳入工程分析中。与生活营地配套建设的供水、采暖供热、供电以及炊事、环卫设施，都需一一说明。施工营地占地类型、占地面积，事后进行恢复的设计，是工程分析的重点。

⑥ 弃土弃渣场。包括设置点位、弃土弃渣量、弃土弃渣方式、占地类型与数量，以及事后复垦或进行生态恢复的计划等。弃土弃渣场的合理选址是环境影响评价重要论证内容之一，在工程分析中需说明弃渣场坡度、径流汇集情况，以及拟采取的安全设计措施和防止水土流失措施等。对于采矿和选矿工程项目，其弃渣场尤其是尾矿库是专门的设计内容，是在一系列工程地质、水文地质工作的基础上进行选择的，在环境影响评价中亦作为专题进行工程分析与影响分析。

（2）重点工程明确

造成环境影响的主要工程应作为工程分析的重点对象，明确其名称、地点、建设规模、施工方案、运营方式等。由于同样的工程发生在不同的环境中，其影响作用是不相同的，故还应将工程所涉及的环境作为分析对象。

重点工程是指工程规模比较大，影响范围大或时间比较长，或位于环境敏感区附近的，虽然规模不是最大，但造成的环境影响却不小的工程。每个建设项目都有各自的重点工程，环境影响评价也主要针对重点工程进行。

重点工程需在全面了解工程组成的基础上确定。重点工程确定的方法有：一是研读设计文件并结合环境现场踏勘；二是类比调查并核查设计文件；三是通过列入投资核算中的所有内容了解；四是从环境敏感性调查入手再反推工程，类似于影响识别的方法。须特别注意设计文件以外的工程，如水利工程的复建道路（淹没原路而补修的山区公路）、公路修建时的保通工程（草原上无保通工程会造成重大生态破坏）、矿区的生活区建设等。

以高速公路工程为例，其重点工程主要是：

① 隧道：点位、长度、单洞或双洞、土石方量、施工方式、隧道弃渣利用方式与利用量、隧道弃渣点、占地类型与面积、设计的弃渣场生态恢复措施等。

② 大桥、特大桥：桥位、长度、跨度、桥型、施工方式（作业场地或施工营地）、施工作业期、材料来源、拟采取的环保措施等。

③ 高填方路段：分布线位、长度与填筑高度、占地类型与面积、土方来源或取土场设置、通道或涵洞设置、边坡设计等。高填方段是环境影响评价中需要论证环境可行性和合理性的路段，有时需要给出替代方案。节约占地主要从这样的地段考虑，湿地保护、基本农田

保护等也常发生于这样的路段。

④ 深挖方路段：分布线位、长度和最大挖深、岩性或地层概况、挖方量、利用量、弃土场设置（点位、弃土量、占地类型与面积、边坡稳定方案、设计的水土保持措施和生态恢复措施）等。深挖方路段也是需进行环境合理性分析的重点，其可能的环境问题有水文隔断、生物阻隔（沟堑式阻隔）、景观美学影响、边坡水土流失以及弃渣占地等，有时还有挖方导致的滑坡、塌方等地质不稳定性问题。

⑤ 互通立交桥：桥位、桥型、占地类型与面积、土石方量及来源、主要连接通道等。立交桥占地面积大，经常设计在平整土地或坪坝内，占据大量良田，因而是土地利用合理性分析的重点工程，必要时需寻求替代方案。互通立交桥常有诱导地区城市化的倾向，因而不宜设立在某些环境敏感区边缘。

⑥ 服务区：位置、占地类型与面积、服务设施或功能设计、绿化方案等。服务区的排污问题是主要评价内容，因而对服务区的设施应有明确工程分析。

⑦ 取土场：位置、占地面积、占地类型、取土方式、复垦计划等。大多数建设项目在可研阶段尚不明确取土场的设置，环境影响评价可建议取土场设置原则，尤其需指出不宜设置取土场的地区（点）或禁止设置取土场的保护目标，并对合理设置和使用取土场、事后进行生态恢复的方向等提出建议。

⑧ 弃土场：隧道或深挖方路段会产生弃土场，山区修路尤其是路基设计在坡面上时会有大量弃土产生。弃土方式应明确，禁止随挖随弃的施工方式。

（3）全过程分析

生态影响型项目不同时期有不同的生态环境问题需要解决，必须做全过程分析。一般可将全过程分为选址选线期（工程预可研期）、设计方案期（初步设计与工程设计）、建设期、运营期和运营后期（结束期、闭矿、设备退役和渣场封闭）。

选址选线期在环境影响评价时一般已经过去，其工程分析内容体现在已给出的建设项目内容中。

设计方案期与环境影响评价基本同时进行，环境影响评价工程分析中需与设计方案编制形成一个互动的过程，不断相互反馈信息，尤其要将环境影响评价发现的设计方案中的环境影响问题及时提出，还可提出建议修改的内容，使设计工作及时纳入环境影响评价内容，同时须及时了解设计方案的进展与变化，并针对变化的方案进行环境合理性分析。当评价中发现选址选线在部分区域、路段或全线有重大环境不合理情况时，应提出合理的环境替代方案，对选址选线进行部分或全线调整。

施工方案一般根据规范进行设计，而规范解决的是共性问题，所以施工方案的介绍应关注一些特殊性问题，如可能影响环境敏感区的施工区段施工方案分析。也须注意一些非规范性问题的分析，例如施工道路的设计、施工营地的设置等。施工方案在不同的地区应有不同的要求，例如在草原地带施工，机动车辆通行道路的规范化就是最重要的。

需说明运营期的运营方式，例如水电站的调峰运行情况、矿业项目采掘情况等。此种分析除重视主要问题（或主要工程活动）的分析说明外，还需关注特殊性问题，尤其是不同环境条件下特别敏感的工程活动内容。例如，旅游区有季节性高峰问题，应明确高峰期的工程设计和应急措施。

设备退役、矿山闭矿、渣场封闭等后期的工程分析，虽然可能很粗疏，但对于落实环境责任是十分重要的。如果设计中缺失这部分内容，则应在工程分析中补充完善，应提出对后期的污染控制、生态恢复、环境监测与管理方案的建议。这部分工作亦可以放在环保措施中。如果设计中已经有了这部分内容，则分析其是否全面与充分，并提出补充建议。

需要注意的是，工程分析与后续的环境影响识别以及其后的现状调查与评价、环境影响预测与评价是一个相互联系和互动的过程，因为工程分析虽然着眼于工程，但分析重点的确定是和工程所处的环境密切相关的。处于环境敏感区或其附近的工程必须是分析的重点，调查中发现有重要环境影响的工程内容亦是进行工程分析的重点。环境影响评价是一个不断评价、不断决策、多次反馈、不断优化的过程。所以既不能将工程分析与其他环境影响评价程序混为一谈，也不能将工程分析与其他环境影响评价程序截然割裂，评价中需理清概念，把握各自的重点，并特别注意其过程性特点。

（4）污染源分析

明确主要污染源、污染物类型、源强、排放方式和纳污环境等。污染可能发生于施工建设阶段，亦可能发生于运营期。污染源的控制要求与纳污的环境功能密切相关，因此，必须同纳污环境联系起来做分析。大多数生态影响型建设项目的污染源强较小，影响亦较小，可以利用类比资料，并以充足的污染防治措施为主。污染源分析一般有锅炉（开水锅炉或出力型采暖锅炉）污染物排放量、车辆扬尘量、生活污水排放量、工业场地废水排放量、固体废物、生活垃圾、土石方平衡、矿井废水量等。

（5）其他分析

施工建设方式、运营方式不同，都会对环境产生不同影响，需要在工程分析时给予考虑。有些发生可能性不大，但一旦发生将会产生重大环境影响者，可作为环境风险问题考虑。例如，公路运输危险化学品等，车辆可能在跨越水库或水源地时发生事故性泄漏等。

5.4 工程分析案例

工程分析专题的工作内容原则上应根据建设项目的工程特征（一般包括项目类型、建设性质、规模、开发建设方式与强度、工艺路线与生产方法，原材料性质、规格和能源结构、组成成分及用量，污染物产生种类、数量及排放特征）及项目所在地区的环境特征，并结合建设项目环境保护分类管理要求来确定。由于建设项目的类别较多，其工程分析所要求的内容和深度也具有相应的差异。对于轻度影响类和影响很小类的建设项目所要求编报的环境影响报告表和环境影响登记表来说，生态环境部已经规定了正式表格，评价中可按规定要求进行编报，其中需要进行专项评价的，其内容应符合环境影响评价技术导则的要求。

对于重大影响类的建设项目来说，由于工程特征的多样性决定了环境影响因素的复杂性，其环境影响报告书则要求对建设项目产生的污染和环境影响进行全面、详细评价。因此，对于此类项目的工程分析专题内容必须具有相应的深度和广度。

需要注意的是，工程分析专题内容与环保措施可行性论证、总量控制分析，以及固体废物处置等专题常常出现混为一谈的现象，为了避免重复，突出各自的特点，如果《环境影响报告书》中的专题设置已把上述各项列为专题时，应在各自的专题中评述其专题内容，而工程分析中可以不再评述。

关于工程分析的分期问题，由于环境影响评价要求包括项目开发或建设期的环境影响、生产运行期的环境影响和服务期满后的环境影响恢复措施三部分，所以，在工程分析专题中也应根据其具体方案或情况为影响评价分别提供工程特征和有关污染影响的特征因素与源强。

对于工业污染类的建设项目来说，由于生产运行期的环境影响占据主要地位，其影响面常涉及诸多环境要素，而污染影响因素又极为复杂，所以此类建设项目的工程分析是环境影响评价专题中的重点。

但是，由于尚未颁布实施工程分析专题评价技术导则，其工作内容的深度和广度有待规范。为了克服当前评价中因缺乏导则指导而存在的自行其是等混乱现象，为了便于理解，列举典型污染型建设项目工程分析的参考纲目作为示例，具体内容可扫描二维码查看。

二维码2　工程分析案例

第6章

大气环境影响评价

6.1 大气环境基础知识

6.1.1 大气与环境空气

国际标准化组织（ISO）对大气和空气的定义是：大气（atmosphere）是指环绕地球的全部空气的总和；环境空气（ambient air）是指人类、植物、动物和建筑物等暴露于其中的室外空气。可见，"大气"所指的范围更大一些，"环境空气"所指的范围相对小一些。通常所称的"大气环境影响评价"或"环境空气影响评价"含义基本相同，主要是针对与人类关系最密切、最直接的近地面层环境空气质量的评价。

大气是因重力关系包围在地球最外部的一层混合气体，也称为大气圈或大气层，是地球五大圈（水圈、土圈、岩石圈、生物圈和大气圈）之一，是地球上一切生命赖以生存的气体环境。大气层的厚度在 1000 千米以上，没有明显的界限，在离地表 2000～16000 千米高空仍有稀薄的气体和基本粒子；在地下土壤和某些岩石中也会有少量气体，它们也可认为是大气圈的一个组成部分。

地球大气由多种气体混合组成的气体及浮悬其中的液态和固态杂质所组成，其中氮气（N_2）、氧气（O_2）和氩气（Ar）三者合占大气总体积的 99.96%，其他气体则含量甚微。大气层的空气密度随高度增加而减小，越高空气越稀薄。

《环境空气质量标准》（GB 3095）中，环境空气的定义是"指人群、植物、动物和建筑物所暴露的室外空气"。

空气质量（air quality）是为了反映空气污染程度而设定的指标，它是依据空气中污染物浓度的高低来判断的。空气污染是一个复杂的现象，在特定时间和地点，空气污染物浓度受到许多因素影响。来自固定和流动污染源的人为污染物排放是影响空气质量的最主要因素之一，其中包括车辆、船舶、飞机的尾气和工业污染、居民生活和取暖、垃圾焚烧等。城市的发展密度、地形地貌和气象等也是影响空气质量的重要因素。

6.1.2 大气污染

大气污染，又称为空气污染，根据 ISO 的定义：空气污染通常是指人类活动和自然过程引起某些物质进入大气中，呈现出足够的浓度，达到了足够的时间，并因此危害了人体的舒适、健康和福利，或危害了环境的现象。所谓人体的舒适、健康的危害，主要包括对人体正常生理机能的影响，引起急性病、慢性病，甚至死亡等；而所谓福利，则包括与人类协调并共存的生物、自然资源以及财产等。换言之，只要是某些物质存在的量、性质及时间足够对人类或其他生物、财物产生影响的，就可以称其为空气污染物，而其存在造成的现象，就是空气污染。

大气（空气）本身具有一定的自净作用，如风、降雨、降雪、雾、植物光合作用等物理、化学和生物机能清除过程。因此，只有当大气中的污染物质浓度超过大气的自净能力时才会造成大气污染。

按污染涉及的范围，典型的大气污染包括：单一的工业企业排放大气污染物可能造成的局部地区污染；城市、工业区等相对集中的众多污染源可能造成的地区性污染；大气污染物远距离输送可能造成的广域性污染；全球性的大气污染（温室效应、臭氧层破坏和酸雨等）。

6.1.3 大气污染物

大气污染物是指由于人类活动或自然过程排入大气的并对人和环境产生有害影响的物质。大气污染物的时空分布及浓度与污染物排放源的分布、排放量及地形、地貌、气象等条件密切相关。

按大气污染物来源可分为自然过程排放污染物和人类活动排放污染物两大类，其中引起公害的往往是人为排放污染物，它们主要来源于燃料燃烧、大规模的工矿企业、城市交通汽车尾气等。按大气污染物存在形态可分为颗粒污染物和气态污染物，其中粒径小于 $15\mu m$ 的污染物可划为气态污染物。按大气污染物的理化性质可分为无机污染物、有机污染物。按污染物是否为污染源直接排放可分为一次污染物（直接从污染源排放的污染物质）、二次污染物（由一次污染物在大气中经化学反应或光化学反应形成的与一次污染物的物理、化学性质完全不同的新的大气污染物）。按污染物是否为某个建设项目特有可分为常规污染物、特征污染物。此外，还可分为建设项目大气污染物、室内空气污染物等。

大气污染物的种类很多，目前引起人们注意的有 100 多种。历史监测数据表明，在我国大气环境中，影响普遍的广域污染物为总悬浮颗粒物（TSP）、二氧化硫（SO_2）、氮氧化物（NO_x）、一氧化碳（CO）和臭氧（O_3）等。

（1）颗粒污染物

在我国大多数区域尤其是北方地区，环境空气中首要的污染物就是颗粒物。由于几乎所有的生产过程都可以产生和排放颗粒物，其对环境和人体健康可造成广泛的危害（如肺尘埃沉着病、呼吸系统肿瘤等），因此，颗粒物是空气中最主要的一大类污染物之一，也是大气环境影响评价应重点关注的污染物。

按颗粒污染物进入大气环境的来源途径，可分为自然性、生活性、生产性颗粒物三大类，其中生产性颗粒物通常称为粉尘或烟尘。

颗粒污染物的天然来源主要包括：地面扬尘（大风或其他自然作用扬起灰尘）、火山爆发、地震灰和森林火灾灰，海浪溅出的浪沫、海盐粒等，生物界颗粒物如花粉、孢子等。颗粒污染物的人为来源主要包括工业生产、破碎、运输、装卸、堆存、燃烧等过程中产生的粉尘、烟尘、飞灰等。

根据颗粒物的粒径大小通常可分为降尘、总悬浮颗粒物、可吸入颗粒物（PM_{10}）、粗颗粒物、细颗粒物（PM$_{2.5}$）等，但对环境空气质量监测和采用模型进行的大气环境影响预测评价工作来讲，一般以 TSP、PM$_{10}$、PM$_{2.5}$ 等来分类表示不同粒径的颗粒物。

（2）气态污染物

气态污染物分为无机污染物和有机污染物两大类，其中有机污染物的种类占多数。

无机气态污染物包括含硫化合物（SO$_2$、SO$_3$、H$_2$S 等）、含氮化合物（NO、NO$_2$、N$_2$O、N$_2$O$_3$、NH$_3$ 等）、卤代化合物（HCl、HF 等）、碳氧化物（CO、CO$_2$ 等）、臭氧、过氧化物等六大类。化石燃料（煤、石油、天然气等）和生物质能源等，在燃烧过程中会排放出有害的无机气态污染物。

有机气态污染物包括碳氢化合物（芳烃、烷烃等）、含氧有机物（醛、酮、酚等）、含氮有机物（芳香胺类化合物、腈等）、含硫有机物（硫醇、噻吩、二硫化碳等）、含氯有机物（氯化烃、氯醇、有机氯农药等）等五大类。进入空气中的有机污染物种类很多，比无机物要多得多。大体上可分为挥发性有机物（VOCs）和半挥发性有机物（SVOCs）。挥发性有机物是指那些沸点在 260℃ 以下的有机物，它们在空气中有较高的蒸气压，容易挥发，以气态形式存在于环境空气中。

半挥发性有机化合物多吸附在颗粒物上，目前的分类依据模糊，从城市环境空气中检出的半挥发性有机污染物主要有以下三大类。①多环芳烃类，包括苯并［a］芘等，均为致癌物。这些多环芳烃是煤炭、石油、木柴燃烧及垃圾焚烧过程中产生的副产物，燃油汽车尾气也排放出一定数量的多环芳烃。②有机氯农药和多氯联苯类，其中有机氯污染物包括六六六（BHC）、DDT 等，有许多是属于难降解的持久性有机污染物（POPs），是必须禁止生产、禁止使用或限期淘汰的有毒有害化学物质。③邻苯二甲酸酯类，实验研究显示此类物质是环境激素类污染物。

（3）一次污染物和二次污染物

一次污染物，也称初次污染物，是指直接从污染源排放到大气中、未发生化学变化的原始污染物质。如燃煤排放出的 SO$_2$、NO、CO、CO$_2$ 等是一次污染物，化工生产过程排放出的 NO$_2$ 也是一次污染物。一次污染物主要有含硫化合物、含氮化合物、碳氧化物、有机化合物、卤素化合物等。可分为非反应性物质，其性质较稳定；反应性物质，其性质不稳定，在大气中常与其他物质发生化学反应或作为催化剂促进其他污染物发生化学反应。

二次污染物是指由污染源排放出的一次污染物进入空气后，在物理、化学因素或生物的作用下发生变化，或与环境中的其他物质发生反应所形成的物理、化学性状与一次污染物不同的新污染物。例如，SO$_2$ 进入空气中并被氧化生成 SO$_3$，SO$_3$ 与 H$_2$O 反应生成 H$_2$SO$_4$，H$_2$SO$_4$ 再与空气中 NH$_3$ 反应生成（NH$_4$）$_2$SO$_4$ 等，则 SO$_3$、H$_2$SO$_4$、（NH$_4$）$_2$SO$_4$ 等均是二次污染物。再比如汽车排气中的氮氧化物、碳氢化合物在日光照射下发生光化学反应生成臭氧、过氧乙酰硝酸酯、甲醛和酮类等二次污染物。二次污染物主要有硫酸盐烟雾、硝酸盐烟雾、光化学烟雾等。

二次污染物对环境和人体的危害通常比一次污染物严重，例如甲基汞比汞或汞的无机化合物对人体健康的危害要大得多，光化学氧化剂对人体也有较大危害。二次污染物的形成机制往往很复杂，在光化学烟雾和酸雨的形成研究中，对二次污染物形成机制的研究是重要的内容。

（4）室内空气污染物

人有 90％ 的时间是在室内度过的，因此室内环境空气质量与人们的生活息息相关。

SO_2、NO、CO、颗粒物、VOCs 和油烟等是室内主要的污染物。吸烟会产生烟雾污染及数百种微量有害成分，如 CO、NO、CO_2、焦油、尼古丁、多环芳烃、甲醛等。

室内装修产生的有害污染物持续时间长、排放种类多、对人体健康的危害大，已经越来越受到人们的关注，包括有致癌活性的甲醛和致白血病的苯，以及乙醛、二甲苯、三甲苯、四氯乙烯等。一般装修后经过一年至数年，这些有害物质释放量才逐渐减少到可接受的程度。建筑物使用的石材、瓷砖、水泥及石膏等，若含有较高背景浓度的镭，在自然蜕变过程中会释放出放射性氡，也可能引起室内氡的污染。

除化学物质污染外，由于人们和其他生物的活动，室内还存在生物污染。如螨虫使人过敏，真菌、细菌、病毒往往吸附在颗粒物上并悬浮在空气中，人们通过呼吸而受到感染，可引起哮喘、过敏性鼻炎和过敏性皮炎、荨麻疹等。

室内污染物浓度的高低，除了与产生的数量有关外，还与污染物进入室内空气后受到的环境影响以及污染物自身的理化特性有关。例如建筑物的密闭程度、室内小气候状况、空调系统的性能、污染物氧化还原性能等因素，均能影响室内污染物的浓度。

（5）温室气体、持久性有机污染物、重金属

西方部分发达国家已经将温室气体、持久性有机污染物和重金属等纳入环境质量控制与评价体系中，我国近年来也正在逐步加强和完善环境保护管理体系，如对重金属、二噁英、氟利昂、四氯化碳等一系列污染物的严格控制。

① 温室气体（greenhouse gas，GHG）。温室气体指的是大气中能吸收地面反射的长波辐射，并重新发射辐射的一些气体。《京都议定书》中规定控制的 6 种温室气体为：二氧化碳（CO_2）、甲烷（CH_4）、氧化亚氮（N_2O）、氢氟碳化合物（HFCs）、全氟碳化合物（PFCs）、六氟化硫（SF_6）。

② 持久性有机污染物（POPs）。指人类合成的能持久存在于环境中，通过生物食物链（网）累积，并对人类健康造成有害影响的化学物质。它具备 4 种特性：高毒性、持久性、生物积累性、远距离迁移性。主要包括多环芳烃（PAHs）、二噁英和呋喃（PCDD/F）、多氯联苯（PCBs）、农药类、短链氯化石蜡（SCCP）、多氯联萘（PCN）、多溴联苯醚（PBDEs）等。

③ 重金属。大气中的重金属污染是指吸附在大气颗粒物上的有毒有害金属成分，主要包括砷、镉、铬、铜、铅、汞、镍、钒、锌等。生态环境部与国家卫生健康委联合发布的《有毒有害大气污染物名录（2018 年)》中，包含了镉及其化合物、铬及其化合物、汞及其化合物、铅及其化合物、砷及其化合物等 5 种重金属污染物。

大气中的重金属具有来源广泛且复杂、不可降解、生物富集、持久毒性、催化协同作用等特征，前几年发生的血铅事件、镉污染事件等，使重金属对人体健康的影响研究得到越来越多的重视。

6.1.4 大气污染源的分类方式

大气污染源是指向大气排放足以对环境产生有害影响物质的生产过程、设备、物体或场所。它具有两层含义，一方面是指"污染物的发生源"，另一方面是指"污染物的来源"。

大气污染源可分为自然的和人为的两大类。自然污染源是由于自然原因（如森林火灾、火山爆发、风起扬尘等）形成的，人为污染源是由于人们从事生产和生活活动（如工业废气、生活燃煤、汽车尾气等）而形成的。人为污染源普遍存在，所以相比于自然污染源更为

人们所密切关注。人为污染源所造成的污染，主要过程由污染源排放、大气传播、人与物受害这三个环节构成。

为满足污染源调查、大气环境影响评价、污染治理、环境保护与管理等方面的需要，对人为污染源的分类方式也就多种多样。按污染源存在的形式可分为固定污染源和移动污染源，按污染源排放空间可分为高架源和地面源，按污染物排放时间可分为连续源、间断源和瞬时源，按污染物产生的类型可分为工业污染源、农业污染源、生活污染源和交通污染源等，按大气预测模式的模拟形式可分为点源、面源、线源、体源等，按污染源排放方式可分为有组织排放源和无组织排放源，按建设项目运行工况及污染源排放状态可分为正常排放源、非正常排放源等。

《环境影响评价技术导则　大气环境》（HJ 2.2—2018）中，根据不同的评价要求对大气污染源的分类主要包括以下四种典型的方式：一是按大气预测模式的模拟形式分类；二是按污染源排放方式分类；三是按运行工况分类；四是按预测内容和情景分类。

（1）按预测模式的模拟形式

分为点源、面源、线源、体源四种类别。

点源：通过某种装置集中排放的固定点状源（含火炬源），如烟囱、排气筒等。

面源：在一定区域范围内，以低矮密集的方式自地面或近地面的高度排放污染物的源，如工艺过程中的无组织排放、堆场及渣场等排放源。

线源：污染物呈线状排放或者由移动源构成线状排放的源，如城市道路、高速公路的机动车排放源等。

体源：源本身或附近建筑物的空气动力学作用使污染物呈一定体积向大气排放的源，如焦炉炉体、屋顶天窗等。

（2）按污染源排放方式

分为有组织排放源和无组织排放源。

有组织排放，即大气污染物经过排气筒有规律地集中排放。以这种形式排放的废气几乎都是工业生产产生的废气，经过处理后排放浓度低，并向高空排放，扩散相对较容易。

无组织排放是指在生产过程中无密闭设备或密封措施不完善而泄漏，废气不经过排气筒或烟囱，污染物向环境直接排出，或从露天作业场所、废物堆放场所等扩散出来。无组织排放的废气日积月累，对环境的危害不容忽视，其排放源高度低，污染面积集中，呈地面弥漫状，持续时间长，危害大。

大气环评中，对污染源"无组织排放"的表述是相对于"有组织排放"而言的，主要针对废气排放，表现为生产工艺过程中产生的污染物没有进入收集和排气系统，而通过厂房天窗或直接弥散到环境中。一般来说，有组织排放是指点源，即大气污染物通过各种类型的装置（如烟囱、集气筒等）以有组织的形式排放到环境中。而无组织排放包括面源、线源、体源和低矮点源。通常将有排气筒（烟囱、集气筒等）且其高度高于15m（含15m）的排放视为有组织排放，将没有特定排气筒或虽有排气筒但其高度低于15m的排放视为无组织排放。

（3）按项目运行工况及污染源排放状态

分为正常排放源、非正常排放源。

正常排放，是指建设项目及其环保治理设施正常运行状态下的污染物排放，一般按满负荷排放工况核算正常排放的污染源强。

非正常排放，是指非正常工况下的污染物排放，如开停车（工、炉）、设备检修、工艺设备运转异常、污染物排放控制措施达不到应有效率等情况下的排放。

（4）按预测内容和情景

分为以下四类：①新增加污染源，又细分为正常排放和非正常排放两种情况；②削减污染源；③"以新带老"污染源；④其他在建、拟建污染源。

6.1.5 源强计算

大气污染物源强核算是进行建设项目大气环境影响评价的基础，而工程分析是整个环境影响报告书编制的基础，也是大气污染源调查分析、源强计算的基础。

对于以大气污染因素为主的建设项目，其工程分析的主要内容应至少包括工程概况、工艺流程及产污环节、污染物分析、环保措施方案分析、总图布置方案合理性分析、防护距离分析等。在此基础上，从项目建设性质、产品结构、生产规模、原料路线、工艺技术、设备选型、能源结构、技术经济指标、总图布置方案等基础资料入手，确定工程建设和运行过程中的产污环节，核算污染源强，计算污染物排放总量。

另外，对于涉及"以新带老""上大关小""区域替代"等项目，应调查改造、关停、替代工程的污染源情况和相关措施落实的时间、进度等。

6.2 大气环境影响评价概述

6.2.1 大气环境影响评价基本内容

大气环境影响评价是建设项目环境影响评价的重要组成部分之一，是从预防大气污染、保证大气环境质量的目的出发，通过调查、预测等手段，分析、评价拟进行的开发活动、建设项目、城市或地区的规划在施工期或建成后的生产期所排放的主要大气污染物对大气环境质量可能造成的影响程度、范围和频率，提出避免、消除或减少负面影响的对策，为建设项目的场址选择、排放量核算、大气污染预防措施的制定及其他有关工程设计提供科学依据或指导性意见。

由于大气环境影响通常将环境空气中污染物浓度的变化看作对人体健康和自然环境影响程度的参数，因此，大气环境影响预测主要内容是污染物落地质量浓度分布的情况。

污染物落地浓度的时空分布主要取决于污染源强和大气的扩散、输送与稀释作用。大气环境影响预测是通过建立空气质量数学模型、现场观测试验等，来模拟各种气象条件、下垫面与地形条件下的污染物在大气中输送、扩散、转化和清除等物理、化学机制，采用大气扩散模式来定量计算污染物在评价范围内的时空分布，然后再选用合适的评价标准对预测结果进行评价。

大气环境影响评价的基本内容包括：

① 进行项目污染源调查。通过工程分析、对类似项目现场调研等方式，得到项目的大气污染源参数（污染因子的筛选，排放源的数量、源强、源高、排放方式、排放温度、排烟速度、排污种类等），并得到污染源治理前后的源参数调整情况。应根据评价项目的特点和当地大气污染状况对污染因子进行筛选，污染因子数一般不宜多于5个。

② 环境空气保护目标调查。环境空气保护目标是指评价范围内按 GB 3095 规定划分为

一类区的自然保护区、风景名胜区和其他需要特殊保护的区域，二类区中的居住区、文化区和农村地区中人群较集中的区域。

③ 对环境空气质量现状进行调查。通过收集资料和必要的补充现状监测，得到环境空气质量现状值，并对其进行评价。明确评价区内各环境功能区是否满足相应空气质量标准的要求，区域环境空气质量是否有容量等。

项目所在区域达标判定，优先采用国家或地方生态环境主管部门公开发布的评价基准年环境质量公告或环境质量报告中的数据或结论。

④ 收集或观测评价区的气象资料和地形数据，得到大气环境影响预测所必需的气象和地形资料，并绘制图件。

⑤ 根据 HJ 2.2 要求，使用估算模式进行初步预测，并进一步选择适用于评价区和项目大气污染物排放特征的大气扩散预测模式，并确定模式中的相关参数。

⑥ 预测评价区污染物浓度时空分布。模拟计算建设项目投产后或区域开发后的大气污染物浓度分布，得到浓度预测影响值，确定评价标准，评价预测结果。明确现有、在建、拟建项目污染源是否满足达标排放的要求，项目完成后当地的环境空气质量是否能满足环境功能区的要求等。

⑦ 确定大气环境防护距离或卫生防护距离等。

⑧ 根据大气环境影响预测结果，结合项目选址、污染源排放强度与排放方式、大气污染控制措施、总量控制等方面进行综合评价，明确给出大气环境影响可行性结论，并提出改善环境空气质量的对策和建议。

6.2.2　工作任务和工作程序

大气环境影响评价的工作任务是：通过调查、预测等手段，对项目建设施工期、建成后运营期等阶段所排放的大气污染物对环境空气质量影响的程度、范围和频率进行分析、预测和评估，为项目的厂址选择、排污口设置、大气污染防治措施制定以及其他有关的工程设计、项目实施环境监测等提供科学依据或指导性意见。

大气环境影响预测及评价，应当解决建设项目在大气环境保护方面的以下问题：

① 项目的厂址选择是否合理、可行，必要时应提供优选方案。项目的总图布置或布局是否合理、可行，必要时应提供优化方案。

② 项目正常工况、非正常工况下，有组织、无组织排放污染源所排放的大气污染物排放量、排放浓度和环境空气质量等能否达标；项目对周围环境空气质量影响的程度、范围和频率是否可以为环境所接受。

③ 项目排气筒的设置高度、设置位置是否合理可行，必要时应提供优化方案。

④ 项目的大气污染控制措施能否保证污染源的排放浓度及速率符合排放标准的规定。项目的工程设计方案能否满足大气环境保护方面的要求。

⑤ 项目是否应设置合理的大气环境防护距离、卫生防护距离。

⑥ 项目完成后污染物排放总量控制指标能否满足环境管理方面的要求。

大气环境影响评价的工作程序包括三个阶段，具体见 HJ 2.2 的 4.2 工作程序。

6.2.3　大气环境影响评价文件的编写

大气环境影响评价报告内容的总体要求：应根据《环境影响评价技术导则　大气环境》

（HJ 2.2—2018）的规定，做到编排结构合理、评价重点突出、项目大气污染特点突出、实用性和指导性强；基础数据要可靠；预测模式和参数的选择要合理；结论观点要明确可信；措施、建议要客观可行；语言通顺，文字简练，条理清楚，图文并茂。

根据不同项目、不同污染源、不同评价工作等级，大气环境影响评价文件包含的内容不尽相同，但基本内容如下：

① 编制依据；

② 评价工作等级、评价范围的确定，评价因子的筛选与识别，评价标准的确定；

③ 工程分析与污染源调查、源强确定，区域污染源调查；

④ 环境空气质量现状调查与评价；

⑤ 气象资料调查与评价，常规气象分析，区域地形调查；

⑥ 大气环境影响预测与评价，大气环境防护距离、卫生防护距离的确定；

⑦ 污染物排放量核算结果，大气环境影响评价自查表；

⑧ 环境保护治理设施的有效性、可行性分析及方案比选；

⑨ 污染源监测计划、环境质量监测计划；

⑩ 结论建议；

⑪ 基本信息底图等附图、附表、附件。

6.3 大气环境影响评价工作内容

6.3.1 评价基准年筛选

应依据评价所需环境空气质量现状、气象资料等数据的可获得性、数据质量、代表性等因素，选择近 3 年中数据相对完整的 1 个日历年作为评价基准年。

6.3.2 确定评价标准

6.3.2.1 大气环境保护标准的种类

大气环境标准按性质和用途可分为环境空气质量标准、大气污染物排放标准、大气污染控制技术标准等，按其使用范围可分为国家标准、地方标准和行业标准等。

（1）环境空气质量标准

是以保障人体健康和正常生活、防止生态系统破坏为目标，环境空气中各种污染物最高允许浓度的限度；是进行环境空气质量管理，确定大气环境评价工作等级，进行环境空气质量评价，确定大气环境防护距离，制定大气污染物排放标准和大气污染防治规划，计算大气环境容量，实行总量控制等工作的依据。

我国的大气环境质量标准主要有以下几项：

①《环境空气质量标准》（GB 3095—2012）及其修改单。该标准规定了 SO_2、NO_2、CO、O_3、PM_{10}、$PM_{2.5}$ 等 6 项环境空气污染物基本项目的浓度限值，以及 TSP、NO_x、Pb、苯并 [a] 芘等 4 项其他项目的浓度限值，同时在附录 A 中给出了镉（Cd）、汞（Hg）、砷（As）、六价铬 [Cr（Ⅵ）]、氟化物等 5 项污染物的参考浓度限值。该标准将环境空气质量功能区分为两类：一类区为自然保护区、风景名胜区和其他需要特殊保护的区域；二类区

为居住区、商业交通居民混合区、文化区、工业区和农村地区。一、二类功能区分别执行一、二级浓度限值。

②《室内空气质量标准》（GB/T 18883—2022）。该标准对室内空气中 19 项与人体健康有关的物理、化学、生物和放射性参数的标准值进行了规定，明确提出"室内空气"应无毒、无害、无异常嗅味。

（2）大气污染物排放标准

大气污染物排放标准是实现环境空气质量改善目标，保护人体健康和生态环境，结合技术经济条件和环境特点，限制排入环境中的大气污染物的种类、浓度或数量或对环境造成危害的其他因素而依法制定的，各种大气污染物排放活动应遵循的行为规范，具有强制效力。它是控制污染物排放量和进行净化装置设计的依据，是控制大气污染的关键，同时也是环境保护管理部门的执法依据。

大气污染物排放标准体系由行业型、通用型和综合型三类排放标准构成。

① 综合型排放标准。综合型大气污染物排放标准适用于没有行业型和通用型大气污染物排放标准的企业，以《大气污染物综合排放标准》（GB 16297—1996）为代表，该标准规定了 33 种大气污染物的排放限值，其指标体系为最高允许排放浓度、最高允许排放速率和无组织排放监控浓度限值，任何一个排气筒必须同时满足最高允许排放浓度和最高允许排放速率两项指标，否则为超标排放。

② 行业型排放标准。行业型大气污染物排放标准适用于特定行业企业，按照综合型排放标准与行业型排放标准不交叉执行的原则，有行业标准的企业应执行本行业的标准，其他污染源则执行综合排放标准。

主要的大气污染行业标准有《火电厂大气污染物排放标准》（GB 13223）、《水泥工业大气污染物排放标准》（GB 4915）、《炼焦化学工业污染物排放标准》（GB 16171）以及垃圾焚烧污染物排放标准等。

③ 通用型排放标准。通用型大气污染物排放标准适用于多个行业的通用设备、通用操作过程或生产装置。

通用型大气污染物排放标准主要有《锅炉大气污染物排放标准》（GB 13271）、《工业炉窑大气污染物排放标准》（GB 9078）、《恶臭污染物排放标准》（GB 14554）以及电镀、铸造大气污染物排放标准等。

在具体执行排放标准时，同属国家/地方污染物排放标准的，行业型污染物排放标准优先于综合型和通用型污染物排放标准。如 SO_2 的排放限值，在各排放标准中均有体现，但若是电厂项目，则优先执行《火电厂大气污染物排放标准》（GB 13223）。

6.3.2.2　评价标准的确定原则

① 根据评价范围各环境要素的环境功能区划分，确定各环境要素评价因子所采用的环境质量标准，进而确定相应污染物排放标准。

② 有地方污染物排放标准的，应优先执行地方污染物排放标准。

③ 国家污染物排放标准中没有进行规定的污染物，可采用国际通用标准。

④ 对国内没有国家标准或地方标准的污染物，可参照国外有关标准选用，但应作出说明，报环保主管部门批准后执行。《环境影响评价技术导则　大气环境》（HJ 2.2—2018）中 5.2.3 规定："对上述标准中都未包含的污染物，可参照选用其他国家、国际组织发布的环境质量浓度限值或基准值，但应作出说明，经生态环境主管部门同意后执行。"如二噁英

是一种具有较强生物毒性的有机化合物，也是垃圾焚烧企业排放的特征污染物，我国的《危险废物焚烧污染控制标准》（GB 18484）、《生活垃圾焚烧污染控制标准》（GB 18485）均有相应的排放限值，但尚未出台二噁英的环境质量标准，一般参照执行日本环境省环境标准限值（年均浓度标准 0.6pgTEQ/m³）。

6.3.3 环境空气保护目标调查

环评应调查建设项目大气环境评价范围内主要环境空气保护目标。在带有地理信息的底图中标注，并列表给出环境空气保护目标内主要保护对象的名称、保护内容、所在大气环境功能区划以及与项目厂址的相对距离、方位、坐标等信息。

环境空气保护目标调查相关内容与格式要求见表6-1。

表 6-1 环境空气保护目标

名称	坐标/m		保护对象	保护内容	环境功能区	相对厂址位置	相对厂界距离/m
	x	y					
目标1							
目标2							
...							

6.3.4 评价工作等级判定

评价工作等级的判定是大气环境影响评价中最基础的工作之一，因为不同的评价工作等级，其对应的评价范围、评价内容和要求、评价工作量、预测计算模式、污染源调查与分析、环境空气质量调查与分析、气象观测资料的调查与分析、大气环境影响预测评价内容、大气环评报告编写要求内容和基本附图等均差别很大。

要进行大气环境评价工作等级的判定，应当做好以下准备工作：

① 在研究有关文件和进行项目初步工程分析的基础上，确定项目正常排放的主要污染物及排放参数，判断项目是否属于高耗能行业。

② 根据环境空气质量现状调查、环境空气敏感区调查、气象特征调查、地形特征调查的初步结果，判别项目所在区域属于乡村还是城市。

③ 在进行大气环境影响因素识别的基础上，筛选出建设项目的1～3个大气环境影响评价因子，包括常规污染物和特征污染物。

④ 确定各评价因子所执行的环境保护标准，包括环境空气质量标准、大气污染物排放标准、大气污染控制技术标准及其他有关标准与具体限值等。

6.3.4.1 P_i 及 $D_{10\%}$ 的计算

根据拟建项目正常工况时排放的主要污染物及排放参数，采用《环境影响评价技术导则 大气环境》（HJ 2.2）推荐的估算模型，计算各污染物的最大影响程度和最远影响范围，然后按导则中规定的评价工作分级判定方法，将大气环境影响评价工作等级划分为一、二、三级。

结合项目的初步工程分析、污染源初步调查结果，选择正常排放的主要污染物及排放参数计算各污染物的最大地面空气质量浓度占标率 P_i（第 i 个污染物），以及第 i 个污染物的地面空气质量浓度达到标准值的 10% 时所对应的最远距离 $D_{10\%}$。其中 P_i 定义为：

$$P_i = C_i / C_{0i} \times 100\% \tag{6-1}$$

式中　P_i——第 i 个污染物的最大地面空气质量浓度占标率，%；

　　　C_i——采用估算模型计算出的第 i 个污染物的最大 1h 地面空气质量浓度，$\mu g/m^3$；

　　　C_{0i}——第 i 个污染物的环境空气质量标准浓度，$\mu g/m^3$。

C_{0i} 一般选用 GB 3095 中 1h 平均质量浓度的二级浓度限值，如项目位于一类环境空气功能区，应选择相应的一级浓度限值。对仅有 8h 平均质量浓度限值、日平均质量浓度限值或年平均质量浓度限值的，可分别按 2 倍、3 倍、6 倍折算为 1h 平均质量浓度限值。

最大地面空气质量浓度占标率 P_i 按上式计算，如污染物数 i 大于 1，取 P 值中最大者（$P_{\max}$）。

6.3.4.2　估算模型

大气环境影响评价的等级判定采用导则推荐模型中的估算模型（AERSCREEN）。AERSCREEN 为美国环保署开发的基于 AERMOD 估算模型的单源估算模型，适用污染源包括点源（含火炬源）、矩形面源、圆形面源、体源，可以模拟熏烟和建筑物下洗，可以输出 1 小时、8 小时、24 小时平均及年均地面浓度最大值，评价源对周边空气环境的影响程度和范围。

具体应用中应明确估算模型计算参数和选项（具体见 HJ 2.2 表 C.2），应列表给出估算模型计算结果（具体见 HJ 2.2 表 C.3）。

6.3.4.3　分级方法

大气环境影响评价工作等级按表 6-2 的分级判据进行划分。

表 6-2　评价工作等级的划分方法

序号	分级判据指标	评价工作等级划分的确定判据	备　　注
1	计算占标率 P_i	$P_{\max} \geqslant 10\%$ 确定为一级评价；$P_{\max} < 1\%$ 确定为三级评价；其他则确定为二级评价	
2	多源排放项目	同一项目有多个（两个以上，含两个）污染源排放同一种污染物时，则按各污染源分别确定其评价等级，并取评价级别最高者作为项目的评价等级	
3	机场项目	对新建及飞行区扩建的枢纽及干线机场项目，应考虑机场飞机起降及相关辅助设施排放源对周边城市的环境影响，评价等级取一级	HJ 2.2 中的规定
4	公路、铁路项目	对于公路、铁路等项目，应分别按项目沿线主要集中式排放源（如服务站、车站等大气污染源）排放的污染物计算其评价等级	
5	隧道工程	对于新建包含 1km 及以上隧道工程的城市快速路、主干路等城市道路项目，按项目隧道主要通风竖井及隧道出口排放的污染物计算其评价等级	
6	高耗能行业的多源项目	编制报告书的项目评级等级提高一级	高耗能行业的范围在不断调整中

6.3.4.4　评价工作等级划分技术要点

在采用估算模型进行计算时，应当注意以下几个问题：

① 应采用正常排放、连续排放且满负荷工况下的主要污染物的污染源排放参数进行评

价工作等级的确定，不包括非正常排放、事故排放等情况。其中，对于周期性排放的污染源，应在调查周期性排放系数的基础上区别不同情况进行判别。

② 编制环境影响报告书的项目在采用估算模型计算评价等级时，应输入地形参数。

③ 为避免出现偏差，应对项目每个污染源的每种污染物都进行计算，然后再筛选最大占标率，列表给出详细结果。

6.3.5 评价范围确定

评价工作等级判定和评价范围的确定是统一的，根据估算模型计算建设项目排放大气污染物的地面空气质量浓度占标率、达标限值 10% 时所对应的最远距离 $D_{10\%}$，既是确定评价工作等级的判据之一，也是确定评价范围具体大小的判据之一。

（1）建设项目的大气评价范围

一级评价项目根据建设项目排放污染物的最远影响距离（$D_{10\%}$）确定大气环境影响评价范围，即以项目厂址为中心区域，自厂界外延 $D_{10\%}$ 的矩形区域作为大气环境影响评价范围。当 $D_{10\%}$ 超过 25km 时，确定评价范围为边长 50km 的矩形区域；当 $D_{10\%}$ 小于 2.5km 时，评价范围边长取 5km，即评价范围的边长 $5km \leqslant L \leqslant 50km$。

二级评价项目大气环境影响评价范围边长取 5km。

三级评价项目不需要设置大气环境影响评价范围。

对于新建、迁建及飞行区扩建的枢纽及干线机场项目，评价范围还应考虑受影响的周边城市，边长最大取 50km。对于以线源为主的城市道路等项目，评价范围可设定为线源中心两侧各 200m 的范围。

在实际评价中，还应考虑项目邻近区域是否有大中城区、自然保护区、风景名胜区等环境保护敏感区。如有，评价范围应将其包括在内。

（2）规划环评的大气评价范围

规划的大气环境影响评价范围是以规划区边界为起点，外延规划项目排放污染物的最远影响距离（$D_{10\%}$）的区域。应包括规划区内的全部范围，如规划区外邻近区域有环境空气敏感区，则评价范围还应包括界外的环境敏感区。

6.3.6 环境空气质量现状调查与评价

环境空气质量现状调查与评价是大气环境影响评价的重要组成部分。通过环境空气质量现状的调查与收集、补充监测和评价，了解评价范围内环境空气有质量标准的评价因子的背景数据及变化规律，为大气环境影响评价提供背景资料，以及分析计算环境空气保护目标和网格点的环境质量现状浓度。

6.3.6.1 数据来源

环境空气质量现状调查资料来源分三种途径，可视不同评价等级对数据的要求结合进行。

（1）基本污染物环境质量现状数据

基本污染物指 GB 3095 中所规定的污染物，包括二氧化硫（SO_2）、二氧化氮（NO_2）、可吸入颗粒物（PM_{10}）、细颗粒物（$PM_{2.5}$）、一氧化碳（CO）、臭氧（O_3）等六项。

项目所在区域达标判定，优先采用国家或地方生态环境主管部门公开发布的评价基准年环境质量公告或环境质量报告中的数据或结论。六项污染物全部达标则所在区域判定为环境空气质量达标区，有一项不达标则判定为非达标区。

采用评价范围内国家或地方环境空气质量监测网中评价基准年连续 1 年的监测数据，或采用生态环境主管部门公开发布的环境空气质量现状数据。评价范围内没有环境空气质量监测网数据或公开发布的环境空气质量现状数据的，可选择符合 HJ 664 规定，并且与评价范围地理位置邻近，地形、气候条件相近的环境空气质量城市点或区域点监测数据。

（2）其他污染物环境质量现状数据

其他污染物指除基本污染物以外的项目排放的污染物类型。

优先采用评价范围内国家或地方环境空气质量监测网中评价基准年连续 1 年的监测数据。评价范围内没有环境空气质量监测网数据或公开发布的环境空气质量现状数据的，可收集评价范围内近 3 年与项目排放的其他污染物有关的历史监测资料。在没有以上相关监测数据或监测数据不能满足规定的评价要求时，应按要求进行补充监测。

（3）补充监测

根据监测因子的污染特征，尽量选择污染较重的季节进行监测（一般为秋、冬季），应至少连续监测 7 天。对于部分无法进行连续监测的污染物，可监测其一次空气质量浓度，监测时间应满足所用评价标准的取值时间要求。

监测布点以近 20 年统计的当地主导风向为轴向，在厂址及主导风向下风向 5km 范围内设置 1～2 个监测点。监测方法应选择符合监测因子对应环境质量标准或参考标准所推荐的监测方法，并在评价报告中注明。

环境空气监测中的采样点、采样环境、采样高度及采样频率，按 HJ 664 及相关评价标准规定的环境监测技术规范执行。

6.3.6.2　环境空气质量现状调查的原则

不同的评价等级对环境空气质量现状资料调查的内容和范围要求区别较大，总体原则如下。

一级评价项目要求调查项目所在区域环境质量达标情况，作为项目所在区域是否为达标区的判断依据；调查评价范围内有环境质量标准的评价因子的环境质量监测数据或进行补充监测，用于评价项目所在区域污染物环境质量现状，以及计算环境空气保护目标和网格点的环境质量现状浓度。调查的范围一般超出评价区范围（包括评价范围和邻近评价范围）并需收集近 3 年与项目有关的历史监测资料（包括例行空气质量监测点资料、项目验收监测数据、环评监测数据及其他历史监测数据等），提供尽可能详尽的、定量化的调查数据及资料；优先采用国家或地方生态环境主管部门公开发布的评价基准年环境质量公告或环境质量报告中的数据或结论。

二级评价项目要求调查项目所在区域环境质量达标情况；调查评价范围内有环境质量标准的评价因子的环境质量监测数据或进行补充监测，用于评价项目所在区域污染物环境质量现状。调查的范围一般在评价区范围内，也需收集近 3 年与项目有关的历史监测资料（包括例行空气质量监测点资料、验收监测数据、环评监测数据及其他历史监测数据等），可采用定量与定性相结合的方式予以说明。优先采用国家或地方生态环境主管部门公开发布的评价基准年环境质量公告或环境质量报告中的数据或结论。

三级评价项目只调查项目所在区域环境质量达标情况。可简单收集例行监测点和项目历史监测资料，若评价范围内已有例行监测点位，或评价范围内有近 3 年的监测资料，且其监测数据有效性符合导则有关规定，并能满足项目评价要求的，可不再进行现状监测。优先采用国家或地方生态环境主管部门公开发布的评价基准年环境质量公告或环境质量报告中的数据或结论。

评价范围内没有环境空气质量监测网数据或公开发布的环境空气质量现状数据的，可选择符合 HJ 664 规定，并且与评价范围地理位置邻近，地形、气候条件相近的环境空气质量城市点或区域点监测数据。

6.3.6.3　监测资料统计内容与要求

《环境空气质量标准》（GB 3095）对各项污染物监测数据的有效性作了规定，大气环评现状监测的采样时间必须符合该标准的规定。各污染物 1h 平均浓度的采样时间均不得少于 45min；24h 平均浓度值一般每天至少要有 20h 的采样时间，其中总悬浮颗粒物（TSP）、苯并［a］芘和铅（Pb）每日的采样时间应为 24h；年平均浓度至少有 324 个日均浓度的平均值，其中总悬浮颗粒物、苯并［a］芘和铅至少有分布均匀的 60 个日均浓度值。

6.3.6.4　监测方案的制定

环境空气质量现状监测是环境空气质量现状调查的主要内容和途径。环境空气质量现状监测与评价需要开展的工作内容主要包括：①监测方案的制定；②监测因子的确定；③采样及分析规范的执行；④监测点的设置；⑤监测采样；⑥同步气象资料的收集；⑦监测结果的统计分析。

在进行环境空气质量现状监测布点前，应通过收集建设项目或规划的相关资料、现场实地踏勘、初步工程分析、污染源调查等工作，清晰了解评价区范围内及附近区域的有关情况，并根据项目或规划的污染物排放特点、监测与评价的主要工作内容等，制定完善的监测方案，监测方案的主要内容应包括：①监测对象、监测内容、监测要求；②监测点位的距离、方位（以表或图的形式表述）；③监测项目、监测分析方法；④监测时间与频率要求；⑤同步气象资料的收集要求。

监测方案制定必备的基础性工作包括：

① 了解建设项目或开发规划所在区域的功能区划、城市规划和环境规划，掌握评价区范围内及附近区域的环境空气敏感区和特殊保护区等的分布状况，并列表给出环境空气敏感区内主要保护对象的名称、大气环境功能区划级别与项目的相对距离、方位，以及受保护对象的范围和数量。

② 了解评价区范围内及其附近区域的风场特征，包括风频、风速及其随时间和空间的变化规律，尤其是复杂风场（如海陆风、山谷风等）。调查、收集评价范围近 20 年的主要气候统计资料，包括风向玫瑰图，对一级评价项目还应收集近 3 年内的至少连续 1 年的逐日、逐次长期气象条件，并进行常规气象分析，绘制全年和四季的风向玫瑰图。

③ 根据收集的地形图和实地考察初步了解评价区及其周围地形的复杂程度、地貌及土壤和植被状况。收集的地形图比例尺以 1∶5 万～1∶25 万为宜，并与卫星图片或航拍图片相比对，绘制基础信息底图，在污染源点位及环境空气敏感区分布图上清晰标注评价范围、项目污染源评价范围内其他污染源、环境空气保护目标等。

④ 筛选评价因子，并确定监测因子，以明确不同监测因子的不同监测布点方案。

⑤ 对存在无组织排放的现有改扩建工程应同时制定无组织排放监测方案（包括厂界和近距离敏感点），对需要进行污染源强（包括有组织和无组织）监测的应同时制定污染源监测方案。

6.3.6.5　监测结果的统计分析

在统计分析监测数据前，应先对采样结果的极值进行核实，对其采样、分析时的环境条件和质量控制条件进行检查，若确属失控值和异常值，应予以剔除。对于未检出值，可以以该分析方法最低检出下限的一半代之。

对监测数据的统计分析，应包括环评现状监测期间的监测数据、例行监测数据、历史监测数据等，以分析污染物浓度值的变化规律及达标情况。分析、评价方法按《环境空气质量评价技术规范（试行）》（HJ 663）执行。

6.3.7　区域气象资料调查

大气环境影响评价中，气象数据属于基础性资料。翔实的、有代表性的气象数据贯穿于整个环境影响评价的过程，包括项目选址合理性论证、项目总平面布置合理性论证、大气环境容量确定、大气环境防护距离的确定等。环境影响评价应针对不同项目的排放特征、大气环境评价等级、预测模型要求等，收集、分析有代表性的气象资料，按相关评价要求分析气象条件与项目的关系，结合模型预测结果进行科学客观评价。

（1）气象观测资料调查的基本原则

常规气象观测资料包括常规地面气象观测资料和常规高空气象探测资料。

对于各级评价项目均应调查评价范围 20 年以上的主要气候统计资料，包括年平均风速和风向玫瑰图、最大风速与月平均风速、年平均气温、极端气温与月平均气温、年平均相对湿度、年均降水量、降水量极值、日照等。

对于一级评价项目，还应调查逐日、逐时的常规气象观测资料及其他气象观测资料。

一般情况下，如果评价范围内有地面气象站和探空站，则可直接收集常规地面气象观测资料和常规高空气象探测资料。如果探空站不在评价区域内或地面气象站和探空站均不在评价区内，则收集离评价区最近的地面气象和探空站的资料。如果地面气象站或探空站与项目的距离均超过 50km 并且地面气象站与评价范围内的地理特征不一致时，需要进行补充地面气象观测，而高空气象资料可采用中尺度气象模型模拟 50km 以内的格点气象资料。

在我国，地面气象站一般是按行政区域设置的。我国已建成了世界上规模最大、覆盖最全的地面综合气象观测系统，每个县至少有一个地面气象站，全国有 1 万多个；而探空站全国有 124 个，每个省平均 3～4 个。对建设项目环评来说，一般情况下地面气象资料相对容易获取，而探空气象资料一般不易得到，加之探空气象数据在地面至 1500～3000m 高度上难以保证有足够层数的有效数据，所以对获取探空气象资料较可行的方案是直接采用中尺度气象模型（MM5、WRF 等）模拟 50km 以内的格点气象资料。

在地形比较复杂的地方，由于受地形的影响，风向和风速均会发生变化，因此用当地气象站的资料统计得到的风向频率、风速、气温等不一定能完全代表评价区的情况。在这种情况下，最好对当地的风场进行实测。如果没有条件实测，也要根据当地的地形特点进行分析，以使环境影响分析与评价比较客观地反映评价区的实际情况。

（2）气象数据的需求

使用不同的预测模型，对气象数据的要求不同。

① 估算模型（AERSCREEN）。该模型需要代入一些预测区域的长序列气象资料，如区域最高和最低环境温度、年均及最小风速等，一般需选取评价区域近 20 年的资料统计结果。最小风速可取 0.5m/s，风速计高度取 10m。

② AERMOD 和 ADMS 模型。使用这两种模型进行大气环境影响预测时，地面气象数据选择距离项目最近或气象特征基本一致的气象站的逐时地面气象数据，要素至少包括风速、风向、总云量和干球温度。根据预测精度要求及预测因子特征，可选择观测资料包括：湿球温度、露点温度、相对湿度、降水量、降水类型、海平面气压、地面气压、云底高度、水平能见度等。其中对观测站点缺失的气象要素，可采用经验证的模拟数据或采用观测数据进行插值得到。

高空气象数据选择模型所需观测或模拟的气象数据，要素至少包括一天早晚两次不同等压面上的气压、离地高度和干球温度等，其中离地高度 3000m 以内的有效数据层数应不少于 10 层。

③ AUSTAL2000 模型。地面气象数据选择距离项目最近或气象特征基本一致的气象站的逐时地面气象数据，要素至少包括风向、风速、干球温度、相对湿度，以及采用测量或模拟气象资料计算得到的稳定度。

④ CALPUFF 模型。地面气象资料应尽量获取预测范围内所有地面气象站的逐时地面气象数据，要素至少包括风速、风向、干球温度、地面气压、相对湿度、云量、云底高度。若预测范围内地面观测站少于 3 个，可采用预测范围外的地面观测站进行补充，或采用中尺度气象模拟数据。

高空气象资料应获取最少 3 个站点的测量或模拟气象数据，要素至少包括一天早晚两次不同等压面上的气压、离地高度、干球温度、风向及风速，其中离地高度 3000m 以内的有效数据层数应不少于 10 层。

（3）气象资料的分析

在规划或项目的大气环境影响评价中，应对评价区域的气温、风向、风速等的时空分布特征进行分析，了解区域大气污染物扩散、稀释的规律。

常规气象资料分析主要内容包括温度、风速、风向的时空分布特征，一般需要绘制风向玫瑰图、常年风速和温度的变化曲线等。

6.3.8 地形数据调查

地面具有不同的粗糙度，当气流沿地表流过时，必然要同各种地形地物发生摩擦作用，使风向、风速同时发生变化，其影响程度与地形地物的形状、高低、体积等有密切的关系。如山脉、河流、沟谷的走向对主导风向有较大的影响，气流将沿山脉、河谷流动；山脉的阻滞作用对风速也有很大影响，尤其是在封闭的山谷盆地，因四周群山屏障的影响，往往是静风、小风占很大比例，不利于大气污染物的扩散；城市中的高层建筑物、体形大的建筑物和构筑物都能造成气流在小范围内产生涡流，阻碍污染物质迅速扩散，而停滞在某一地段，加重污染。

（1）数字高程模型

数字高程模型（digital elevation model，DEM），是用一组有序数值阵列形式表示地面高程的一种实体地面模型，是数字地形模型（digital terrain model，DTM）的一个分支。一般认为，DTM 是描述包括高程在内的各种地貌因子（如坡度、坡向、坡度变化率等）的线性和非线性组合的空间分布，其中 DEM 是零阶单纯的单项数字地貌模型，其他地貌特性（坡度、坡向及坡度变化率等）可在 DEM 的基础上派生。

建立 DEM 的方法有多种。从数据源及采集方式讲有：①直接从地面测量，例如用全球定位系统（GPS）、全站仪、野外测量等；②根据航空或航天影像，通过摄影测量途径获取；③从现有地形图上采集，如网格读点法、数字化仪手扶跟踪及扫描仪半自动采集然后通过内插生成 DEM 等方法。DEM 内插方法很多，主要有分块内插、部分内插和单点移面内插三种。

目前应用最为广泛的 DEM 数据格式为 USGS DEM 数据格式。USGS 是美国地质调查局（US Geological Survey）的英文缩写，USGS 负责管理美国全国的数字地图数据的采集与分发。

（2）简单地形与复杂地形

距污染源中心点 5km 内的地形高度（不含建筑物）低于排气筒高度时，定义为简单地形，见图 6-1（a）。在此范围内地形高度不超过排气筒基底高度时，可认为地形高度为 0m。

距污染源中心点 5km 内的地形高度（不含建筑物）等于或超过排气筒高度时，定义为复杂地形，见图 6-1（b）。

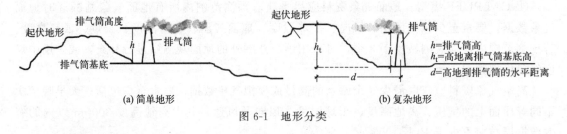

(a) 简单地形　　　　　　　　　　　　　(b) 复杂地形

图 6-1　地形分类

（3）地形数据要求

HJ 2.2 的要求：原始地形数据分辨率不得小于 90m。

（4）地表参数数据

估算模型 AERSCREEN 和 ADMS 的地表参数根据模型特点取项目周边 3km 范围内占地面积最大的土地利用类型来确定。

AERMOD 地表参数一般根据项目周边 3km 范围内的土地利用类型进行合理划分，或采用 AERSURFACE 直接读取可识别的土地利用数据文件。

AERMOD 和 AERSCREEN 所需的区域湿度条件划分可根据中国干湿地区划分进行选择。

CALPUFF 采用模型可以识别的土地利用数据来获取地表参数，土地利用数据的分辨率一般不小于模拟网格分辨率。

6.4　大气环境影响预测与评价

6.4.1　评价因子筛选

评价因子的筛选是进行环境影响评价的基础，而建设项目或规划区域污染因子的分析及确定，是评价因子、监测因子和预测因子确定的前提条件。

（1）筛选原则

依据环境影响因素识别结果，并结合区域环境质量要求或所确定的环境保护目标，筛选确定评价因子，并应重点关注环境制约因素。评价因子必须能够反映环境影响的主要特征和区域环境的基本状况与特点，并应满足国家与地方环境保护管理（如污染物排放总量控制、达标排放等）的要求。

符合下列基本原则之一的，应作为评价因子：①国家或地方法规、标准中限制排放的污染物；②列入国家或地方污染物排放总量控制指标的；③列入国家或地方规定"优先控制"名单的；④具有"三致"（致癌、致畸、致突变）毒理特性的；⑤具有明显恶臭影响特征的；⑥对生态环境影响敏感的；⑦受区域环境承载力制约的；⑧项目排放的环境影响特征污染物。

（2）筛选方法

根据建设项目的特点和当地大气污染状况，进行大气环境影响评价因子的筛选。

① 应选择建设项目等标排放量较大的污染物作为主要污染因子，等标排放量计算公式如下：

$$P_i = (Q_i/C_{0i}) \times 10^9 \tag{6-2}$$

式中 P_i——等标排放量，m^3/h；

Q_i——第 i 类大气污染物单位时间的排放量，t/h；

C_{0i}——第 i 类大气污染物的环境空气质量标准，mg/m^3，一般选用《环境空气质量标准》平均取样时间的 1h 标准浓度限值。

② 应考虑在评价区内已造成严重污染的污染物。

③ 列入国家主要总量控制指标的污染物，亦应将其作为评价因子。

④ 为预测评价区域二次污染物的生成及环境影响，HJ 2.2—2018 要求在建设项目排放的 SO_2 和 NO_x 排放量大于或等于 500t/a 时，评价因子须增加二次 $PM_{2.5}$。

6.4.2 大气环境影响预测模型

（1）预测模型

HJ 2.2 推荐的模型清单包括：估算模型、进一步预测模型（AERMOD、ADMS、CALPUFF、CMAQ 等）和大气环境防护距离计算模型。

推荐模型是指 HJ 2.2 附录 A 所列的大气环境影响预测模型。推荐模型原则上采取互联网等形式发布，发布内容包括模型的使用说明、执行文件、用户手册、技术文档等，可到环境质量模型技术支持网站下载。

① 根据估算模型确定项目的评价等级和评价范围，确定评价工作等级的同时应说明估算模型计算参数和选项。

② 一级评价应选择推荐模型清单中的进一步预测模型进行大气环境影响预测工作；二、三级评价可不进行大气环境影响预测工作，直接以估算模型的计算结果作为预测与分析依据，但二级评价还需对污染物排放量进行核算。

③ 如果使用的模型版本为 HJ 2.2 附录 A 推荐版本的后续升级版，应说明不同版本间的差异。如果使用不在 HJ 2.2 附录 A 推荐清单中的模型，需提供模型技术说明和验算结果。

（2）高斯模型

高斯模型是估算大气污染物扩散浓度的烟流模型中最常用的一种模型。由于其概念清晰、使用方便而成为应用最为广泛的小尺度扩散公式。

该模型的基本假设是：a. 扩散物质（污染物）的平均浓度分布和湍流脉动速度分布接近高斯分布（正态分布）；b. 烟雨中污染物的浓度分布是稳定的；c. 风场稳定，风速均匀，风向平直；d. 污染物源强是连续、稳定的。

① 高斯烟羽模型。经过推理得出无限空间连续点源的高斯烟羽模型的计算公式：

$$C(x,y,z) = \frac{q}{2\pi u \sigma_y \sigma_z} \exp\left[-\frac{1}{2}\left(\frac{y^2}{\sigma_y^2} + \frac{z^2}{\sigma_z^2}\right)\right] \qquad (6-3)$$

式中　C——空间点 (x,y,z) 的污染物的浓度值，mg/m^3；

　　　q——污染物排放源强，g/s；

σ_y、σ_z——水平、垂直方向的标准差，即 y、z 方向的扩散参数；

　　　u——平均风速，m/s；

　　　x——风向轴上空间点到排放源的距离，m；

　　　y——风向轴垂直方向上空间点到排放源的距离，m；

　　　z——空间点的高度，m。

σ_y、σ_z 与大气稳定度和水平距离 x 有关，并随 x 的增大而增加。具体可查阅《制定地方大气污染物排放标准的技术方法》（GB/T 3840—1991）。

② 高架连续点源地面浓度。在点源的实际扩散中，污染物可能受到地面障碍物的阻挡，因此应当考虑地面对扩散的影响。处理的方法是：假定污染物在扩散过程中的质量不变，到达地面时不发生沉降或化学反应而全部反射，或者污染物没有反射而被全部吸收。实际情况应在这两者之间。

经过推理，可得到高架连续点源的地面浓度计算公式：

$$C(x,y,0,H) = \frac{q}{\pi u \sigma_y \sigma_z} \exp\left[-\frac{1}{2}\left(\frac{y^2}{\sigma_y^2} + \frac{H^2}{\sigma_z^2}\right)\right] \qquad (6-4)$$

式中　H——排气筒高度，m。

以上公式经进一步推理，可得到高斯模型的地面连续点源、连续面源、线源的计算公式。

（3）估算模型

估算模型适用于建设项目评价等级及评价范围的确定工作。

估算模型 AERSCREEN 是单源高斯烟羽模型，由美国环保署（EPA）开发，可计算点源、火炬源、面源和体源的最大地面浓度以及下洗和岸边熏烟等特殊条件下的最大地面浓度。估算模型中嵌入了多种预设的气象组合条件，包括一些最不利的气象条件，所以经估算模型计算出的是某一污染源对环境空气质量的最大影响程度和影响范围的保守结果。

严格意义上讲，估算模型与进一步预测模型的浓度计算结果并无可比性，进一步预测模型考虑的计算条件及相关参数是实际发生的（如多个污染源、考虑地形、考虑建筑物下洗、地表特征参数、网格精度、长期气象条件、边界层参数等），而估算模型主要为简明化确定评价工作等级和评价范围（单个污染源、不考虑地形、不考虑建筑物下洗，假定参数与气象条件等）。

（4）AERMOD 模型

AERMOD 是由美国环保署联合美国气象学会组建法规模式改善委员会（AERMIC）开发的。该委员会的目标是开发一个能完全替代 ISC3 的法规模型，新的法规模型 AERMOD 应用了大气边界层理论、大气扩散理论和计算机技术更新 ISC3 计算机程序，并保证能够模拟 ISC3 所能模拟的大气过程与排放源。该模型以扩散统计理论为出发点，假设污染物的浓度分布在一定程度上服从高斯分布。模型系统可用于多种排放源（包括点源、线源、面源和体源）的排放，也适用于乡村环境和城市环境、平坦地形和复杂地形、地面源和高架源等多种排放扩散情形的模拟和预测，可以计算干、湿沉降等清除过程。

（5）ADMS 模型

ADMS 是由英国剑桥环境研究公司（CERC）与英国气象局、萨里（Surrey）大学等合作开发的新一代空气质量模型。ADMS 中的每一个模型都经过了严格的验证，是一个可综合处理多种类型污染源的系统，可同时模拟单个或多个工业源（包括点源、面源、线源、体源）和交通源。适用于建设项目环境影响评价、交通道路环境影响评价、区域规划政策环境影响评价、大气环境容量计算等项目。

（6）CALPUFF 模型

CALPUFF 是一个烟团扩散模型系统，也由美国环保署开发，主要包括 CALMET（气象预处理模块）、CALPUFF（非稳态拉格朗日高斯烟团模型）、CALPOST（后处理程序），以及一系列对气象数据、地形数据进行处理后与模型系统进行接口的预处理程序。

CALPUFF 可以处理三维流场随时间和空间变化时的点源、面源、线源、体源的污染物的输送、转化和清除，适用于粗糙、复杂地形和复杂风场条件下的模拟，适用于几十至几百公里范围的评价，可以预测一小时到几年的污染物浓度。

CALPUFF 烟团模型与 ADMS、AERMOD 烟羽模型的区别主要为烟团模型考虑了气象条件的时空分布与变化，而烟羽模型基于的定场模型的气象条件在一定时刻空间分布无变化，因此 CALPUFF 模型更加复杂，需要更多气象、地表参数的支持。

CALPUFF 适于较大区域（如评价范围大于或等于 50km 的一级评价项目，或复杂风场下的一级评价项目）的环境质量预测，对于项目环评预测，一般采用 ADMS-EIA、AERMOD 模型。

（7）CMAQ 模型

综合多尺度空气质量模型（community multi-scale air quality，CMAQ），本着"一个大气"（one atmosphere）的设计理念，融入了许多当前大气化学和大气环境领域的研究成果，将区域对流层大气作为整体，周密地考虑所有已知的物理和化学过程，综合考虑了不同物种之间的相互影响与转化，最大限度地模拟真实的大气环境，可用于局地到区域多种尺度光化学烟雾及区域酸沉降、大气颗粒物质等大气污染问题的理论研究与业务预报。

CMAQ 的最大特色是"一个大气"的观念，打破了传统模型对单一物种的模拟。将复杂的空气污染情况如对流层的臭氧、PM、有毒物质、酸沉降及能见度等问题综合处理，用于多尺度、多污染物的空气质量预报、评估和决策政策等。CMAQ 是目前国际领先水平的空气质量模型系统。

目前国内主要使用的进一步预测模型的对比见 HJ 2.2 的表 A.1。

6.4.3 大气环境影响预测与评价步骤

根据建设项目或规划的计算排污量、污染物的排放特征，在确定了大气环境影响评价工作等级、范围后，结合污染源调查与分析、环境空气质量现状调查与评价、气象观测资料调查与分析、地形数据的调查等工作内容，可以开展大气环境影响预测与评价工作。

在环境影响评价报告大气章节的编写过程中，应根据导则规定的步骤和具体评价技术方法，条理清晰地论述和编写评价相关内容。

① 确定预测因子。预测因子应主要根据评价因子的类型而确定，选取有环境空气质量

标准的评价因子作为预测因子。预测因子除包括常规污染物（GB 3095 中的 6 项基本污染物）外，还应选择有代表性的、能突出项目或规划污染物排放和环境影响特点的特征污染物作为预测因子。对于评价区域环境空气污染物浓度已经超标的因子，如果拟建项目或规划也排放该类污染物，即使排放量较小，也应该确定为预测因子。

② 确定预测范围。预测范围应覆盖整个评价范围，同时还应根据污染源的排放高度、高浓度落区、评价范围的主导风向及地形和周围重要环境敏感区的位置等进行适当调整。确定预测范围之前，应首先采用估算模型对评价工作等级和评价范围予以核实确认，评价范围是确定预测范围的基础。如选择 AERMOD 或 CALPUFF 模型系统进行预测，应保证预测范围略大于评价范围，以避免气象预处理时可能产生的边界效应对浓度分布的影响。

对于评价范围内包含环境空气功能区一类区的，预测范围应覆盖项目对一类区最大环境影响。

③ 确定计算点。大气环境影响预测的计算点一般可分三类：环境空气敏感区、预测范围内的网格点以及预测区域内的最大地面浓度点。对环境空气敏感区，应选择其区域中的环境空气保护目标作为计算点。对预测范围内的网格点，预测网格可以根据具体情况采用直角坐标网格或极坐标网格，并应覆盖整个评价范围及预测范围。对各类计算点，应充分结合图表、文字说明分类表述并简要论述确定的理由，明确各计算点的相对位置及属性。结合报告书的基本信息底图，给出主要计算点相对位置分布图，并同时在图上叠加项目位置、评价范围和与项目有关的污染源位置、主要环境空气敏感区（环境空气保护目标）、环境空气质量现状监测点等。如厂区范围较大，还应在图上叠加总平面布置及厂界范围等。

④ 确定污染源输入清单。应根据工程分析及污染源调查结果，详细列出项目的污染源清单。可采用专家经验判断、类比同类项目分析与控制标准和有关技术规范对比等方法，对正常排放和非正常排放的各有组织、无组织排放污染源参数逐一进行核实。应当结合设定的预测情景，对各类污染源进行详细描述，列表给出不同预测方案下参与预测的污染源排放参数。

⑤ 确定计算气象条件。选择近三年内一个完整年份的逐时地面气象数据导入模型内。计算小时平均浓度时，需采用长期气象条件进行逐时或逐次计算，预测模型会自动选择污染最严重的（针对所有计算点）小时气象条件作为典型小时气象条件。计算日平均浓度时，需采用长期气象条件进行逐日平均计算，预测模型会自动选择污染最严重的（针对所有计算点）日气象条件作为典型日气象条件。

⑥ 确定地形数据。地形数据的来源与格式、精度应当符合环评导则的要求，应当给出预测范围的地形图。

⑦ 确定预测内容。大气环境影响预测内容应依据项目所在区域的达标性质、评价工作等级和建设项目的特点而定，详见 HJ 2.2 的 8.7 节。

⑧ 选择预测模型。选择 HJ 2.2 附录 A 推荐模型清单中的模型进行预测，并说明选择的理由。选择模型时，应结合模型的适用范围和对参数的要求进行合理选择。如果使用非导则推荐清单中的模型，还需提供模型技术说明和验算结果。

确定模型中的相关参数。模型参数的选择对浓度预测结果影响较大，在进行大气环境影响预测时，应对预测模型中的有关参数的默认值或实际取值进行说明，并简要说明选择确定的理由，以确认参数选择的合理性。

⑨ 进行大气环境影响预测分析与评价。按确定的预测内容分别进行模拟计算。根据计

算结果进行大气环境影响预测分析与评价。主要内容包括：分析各环境空气敏感区的环境影响；分析区域最大地面质量浓度点的环境影响；叠加现状背景值分析项目建成后最终的区域环境质量状况，即新增污染源预测值＋现状监测值－"以新带老"污染源计算值（如果有）－区域削减污染源计算值（如果有）＋其他在建、拟建污染源（如有）＝项目建成后最终的环境影响；分析典型小时气象条件下项目对环境空气敏感区和评价范围的最大环境影响，分析是否超标、超标程度、超标位置，分析小时质量浓度超标概率和最大持续发生时间，并绘制评价范围内出现区域小时平均质量浓度最大值时所对应的质量浓度等值线分布图；分析典型日气象条件下，对环境空气敏感区和评价范围的最大环境影响，分析是否超标、超标程度、超标位置，分析日平均质量浓度超标概率和最大持续发生时间，并绘制评价范围内出现区域日平均质量浓度最大值时所对应的质量浓度等值线分布图；分析长期气象条件下，对环境空气敏感区和评价范围的环境影响，分析是否超标、超标程度、超标范围及位置，并绘制预测范围内的质量浓度等值线分布图。

⑩ 填写项目大气环境影响评价自查表（HJ 2.2 的附录 E）。

6.5　防护距离的计算

建设项目大气环境防护距离和卫生防护距离的确定是涉及建设规划、项目选址、工程建设总平面布置、环境卫生等方面的一项综合性工作。从改善环境空气质量的角度来说，防护距离的主要作用就是为无组织排放的大气污染物提供一段扩散或稀释距离，使之到达大气环境敏感目标最近边界时，有害污染物的浓度能符合环境空气质量标准的有关限值，不影响长期居住区人群的身体健康。

大气环境防护距离和卫生防护距离是两个概念，前者属于生态环境保护部门的环境管理规定并应按 HJ 2.2 规定执行，后者属于卫生部门的管理规定并应按国家颁布的各行业卫生防护距离标准执行。

6.5.1　大气环境防护距离

（1）确定原则

对于项目厂界浓度满足大气污染物厂界浓度限值，但厂界外大气污染物短期贡献浓度超过环境质量浓度限值的，可以自厂界向外设置一定范围的大气环境防护区域，以确保大气环境防护区域外的污染物贡献浓度满足环境质量标准。对于项目厂界浓度超过大气污染物厂界浓度限值的，应要求削减排放源强或调整工程布局，待满足厂界浓度限值后，再核算大气环境防护距离。大气环境防护距离内不应有长期居住的人群。

对已发布环境防护距离规定的建设项目，应严格执行。对未发布环境防护距离规定的建设项目，应按照 HJ 2.2 和《关于建设项目环境影响评价工作中确定防护距离标准问题的复函》（环函〔2009〕224 号）的要求执行。

① 根据国家环境保护法律法规的有关规定和建设项目环境管理工作的特点和要求，建设项目的环境防护距离应综合考虑经济、技术、社会、环境等相关因素，根据建设项目排放污染物的规律和特点，结合当地的自然、气象等条件，通过环境影响评价确定。

② 在建设项目环境影响评价过程中，应按照有关法律法规和《国家环境标准管理办法》的规定，严格执行国家和地方的环境质量标准、污染物排放标准及相关的环境影响评价导则

等环保标准。其他标准或规范性文件中依法提出的防护距离要求若与上述环保标准要求不一致，应从严掌握。

（2）确定方法

采用进一步预测模型模拟评价基准年内，项目所有污染源（改建、扩建项目应包括全厂现有污染源）对厂界外主要污染物的短期贡献浓度分布。厂界外预测网格分辨率不应超过 50m。

在底图上标注从厂界起所有超过环境质量短期浓度标准值的网格区域，以自厂界起至超标区域的最远垂直距离作为大气环境防护距离。

6.5.2 卫生防护距离

2020 年 11 月发布的《大气有害物质无组织排放卫生防护距离推导技术导则》（GB/T 39499—2020）中卫生防护距离的定义是：为了防控通过无组织排放的大气污染物的健康危害，产生大气有害物质的生产单元（生产车间或作业场所）的边界至敏感区边界的最小距离。可见，卫生防护距离是指：在正常生产条件下，无组织排放的大气污染物自生产单元（生产区、车间或工段）边界，到敏感区的最小距离。在卫生防护距离内不得设置经常居住的房屋、学校、医院等对大气污染比较敏感的区域。

卫生防护距离的结果是否客观科学，取决于大气污染物无组织排放源强参数的确定是否客观真实。

GB/T 39499—2020 中的卫生防护距离计算公式如下：

$$\frac{Q_c}{c_m}=\frac{1}{A}(BL^C+0.25r^2)^{0.50}L^D \tag{6-5}$$

式中　c_m——大气有害物质的环境空气质量标准限值，mg/m^3；

　　　L——大气有害物质卫生防护距离初值，m；

　　　r——大气有害物质无组织排放源所在生产单元的等效半径，m，$r=\sqrt{S/\pi}$，确定工业企业无组织排放源面积 S（m^2）时，只将产生某种大气污染物的生产单元算作面源面积，不应将整个厂区全部计入，当无组织排放源为大于一个互不相连的区域时，应作为几个面源分别处理；

A、B、C、D——卫生防护距离初值计算系数，无量纲，根据工业企业所在地区 5 年平均风速及大气污染源构成查表（GB/T 39499—2020 表 1）获得；

　　　Q_c——大气有害物质的无组织排放量，kg/h。

卫生防护距离实际是无组织排放源所在的生产单元（生产区、车间或工段）的边界与居住区边界之间的最小直线距离，而非厂界至居住区之间的距离。卫生防护距离初值在 100m 以内时级差为 50m；大于或等于 100m 但小于或等于 1000m 时级差为 100m；超过 1000m，级差为 200m。

当企业某生产单元的无组织排放存在多种特征大气有害物质时，如果分别推导出的卫生防护距离初值在同一级别，则该企业的卫生防护距离终值应提高一级；卫生防护距离初值不在同一级别的，以卫生防护距离终值较大者为准。

卫生防护距离确定后应根据项目评价区地理位置图或厂区平面布置图，画出以卫生防护距离为半径的包络线，并根据实际情况判定是否可以达标，且作为以后规划及建设的科学依据。卫生防护距离范围内不得规划建设居住区、学校、医院等敏感保护目标。

6.6　大气环境影响评价案例

大气环境影响二级评价案例、一级评价案例及污染物浓度分布等值线图、卫生防护距离计算案例，详细内容可扫描二维码查看。

二维码3　大气环境影响评价案例

第7章

地表水环境影响评价

7.1 地表水环境基础知识

7.1.1 水体与水体污染

7.1.1.1 水体

水是环境中最活跃的自然要素之一，是一切生命体的组成物质，也是生命代谢活动所必需的物质。如果地球上没有水，就很难有整个生物界。水是人类不可缺少的非常宝贵的自然资源，它对人类的社会发展起着很重要的作用。水体是水集中的场所，水体又称为水域。按水体所处的位置可分为三类：地表水水体、地下水水体、海洋。这三种水体中的水通过自然界的大循环和小循环是可以实现相互转化的。

地表水水体主要指江、河、湖泊、沼泽、水库等。地表水水体的概念不仅包括水，还包括水中的悬浮物、底泥和水生生物。它是完整的生态系统或自然综合体。

地表水水体按使用目的和保护目标可划分为五类：Ⅰ类主要适用于源头水和国家自然保护区的水体；Ⅱ类主要适用于集中式生活饮用水地表水源地一级保护区内的水体，以及珍稀水生生物栖息地、鱼虾类产卵场、仔稚幼鱼的索饵场的水体；Ⅲ类主要适用于集中式生活饮用水地表水源地二级保护区和鱼虾类越冬场、洄游通道、水产养殖区等渔业水域及游泳区的河段；Ⅳ类主要适用于一般工业用水区及人体非直接接触的娱乐用水；Ⅴ类适用于农业用水及一般景观要求水域。一个水体往往具有多种用途，例如一条江或河，其中一段具有一种到两种用途，而另一段又具有另外一种到两种用途。水体的用途不同，对其水质的要求也不相同。

7.1.1.2 水体污染

水体受到人类或自然因素或因子（物质或能量）的影响，使水的感官性状（色、嗅、味、浊）、物理化学性能（温度、酸碱度、电导度、氧化还原电位、放射性）、化学成分（无机、有机）、生物组成（种类、数量、形态、品质）及底质情况等恶化，污染指标超过地表水环境质量标准，称为水体污染。水体污染分为两类：一类是水体自然污染，另一类是水体人为污染。后者是主要的，更为人们所关注。

　　水体的自然污染是由自然原因造成的。如某一地区的地质化学条件特殊，某种化学元素大量富集于地层中，由于大气降水的地表径流，这种元素及其盐类溶解于水或夹杂在水流中被带入水体，造成水体污染。地下水在地下径流漫长的路径中，溶解了比正常水质多的某种元素（离子态）及其盐类，造成地下水的污染。当地下水以泉的形式涌出地面流入地表水体时，造成了地表水体的污染。水体的自然污染是很难控制的，往往是这一地区地方病发病的原因之一。

　　水体的人为污染是由于人类的生活和生产活动向水体排放的各类污染物质（或能量），其数量达到使水和水体底泥的物理、化学性质或生物群落组成发生变化的程度，从而降低水体原使用价值。

　　水体污染的发生及演变过程取决于污染源、污染物及承受水体三个方面的特征及相互作用。污染物进入水体后，发生两个相互关联的过程：一是水体污染的恶化过程，二是水体污染的净化过程。

　　水体污染的恶化过程包括以下几个过程：

　　① 溶解氧下降过程。排入水体中的有机物，在好氧细菌的作用下，复杂的有机物被分解为简单的有机物直至转化为无机物，要消耗大量溶解氧（DO），使水体中溶解氧下降，水质恶化。水体底部多为厌氧条件，底泥中的有机物在厌氧细菌的作用下，产生硫化氢、甲烷等还原性气体，这些气体上浮到水面的过程中要消耗溶解氧，导致水质恶化。水体中溶解氧的下降，威胁水生生物的生存。

　　② 水生生态平衡破坏过程。由于水体中溶解氧的下降，营养物质增多，耐污、耐毒、喜肥的低等水生动物、植物大量繁殖，鱼类等高等水生生物迁移或死亡。当水体中溶解氧低于 3mg/L 时，就会引起鱼类窒息死亡。因此，渔业水体中溶解氧不得低于 3mg/L。如鲤鱼要求溶解氧为 6～8mg/L，青鱼、草鱼、鲢鱼等均要求溶解氧保持在 5mg/L 以上。

　　③ 低毒变高毒过程。由于水体中 pH 值、氧化还原电位、有机负荷等条件的改变，低毒化合物转化为高毒化合物。如三价铬、五价砷和无机汞可转化为毒性更强的六价铬、三价砷和甲基汞。

　　④ 低浓度向高浓度转化过程。由于物理堆积和生物富集作用，低浓度向高浓度转化。如重金属、难分解有机物和营养物不断向底泥积累，使底泥污染物浓度升高。由于生物的食物链或营养链作用，污染物在鱼类或其他水生动物体里富集，造成污染物的高浓度。

　　水体自净是指水体中污染物浓度自然逐渐降低的现象。水体自净机制有三种：

　　① 物理净化：物理净化是由于水体的稀释、混合、扩散、沉积、冲刷和再悬浮等作用，污染物浓度降低的过程。

　　② 化学净化：化学净化是由于化学吸附、化学沉淀、氧化还原和水解等过程，污染物浓度降低的过程。

　　③ 生物净化：生物净化是由于水生生物特别是微生物的降解作用，污染物浓度降低的过程。

　　水体自净的三种机制往往是同时发生、相互交织在一起的。哪一方面起主导作用取决于污染物性质和水体的水文学和生物学特征。

　　水体污染恶化过程和水体自净过程是同时发生和存在的。但在某一水体的部分区域或一定的时间内，这两种过程总有一种过程是相对主要的过程，它决定着水体污染的总特征。这两种过程的主次地位在一定条件下是可相互转化的。如距污水排放口近的水域，往往表现为污染恶化过程，形成严重污染区；在下游水域，则以污染净化过程为主，形成轻度污染区；再向下游，逐渐恢复到原来水体质量状态。所以，当污染物排入清洁水体之后，水体一般会形成三个不同水质区，即水质恶化区、水质恢复区和水质清洁区。

7.1.1.3 水体污染物与水体污染源

（1）水体污染物

造成水体的水质、生物质、底质质量恶化的各种物质或能量都称为水体污染物。

水体污染物的种类繁多，从不同的角度可将水体污染物分为各种类型。按理化性质可分为：物理污染物、化学污染物、生物污染物、综合污染物。按形态可分为：离子态（阳离子、阴离子）污染物、分子态污染物、简单有机物、复杂有机物、颗粒状污染物。按污染物对水体的影响特征可分为：感官污染物、卫生学污染物、毒理学污染物、综合污染物。

（2）水体污染源

向水体排放或释放污染物的来源或场所称为水体污染源。

从不同的角度可将水体污染源分为不同的类型。按造成水体污染的自然属性可分为：自然污染源和人为污染源。按受污染水体的种类可分为：地表水污染源、地下水污染源和海洋污染源。按污染源排放污染物（或能量）种类可分为：物理污染源（热污染源、放射性污染源）、化学（无机物、有机物）污染源和生物污染源（如医院）。按污染源几何形状特征可分为点污染源（如城市污水排放口、工矿企业污水排放口）、线污染源（如雨水的地面径流）和面污染源。按污水产生的部门可分为：生活污水、工业污水、农业退水和大气降水。污染源的种类不同，导致水体污染的程度不同，从而污染物在水体中的迁移转化规律也不同。

7.1.2 水体污染物类型及危害

水体污染类型较多，主要有以下几类。

（1）有机耗氧性污染

生活污水和一部分工业废水中含有大量的碳水化合物、蛋白质、脂肪和木质素等有机物。这类物质进入水体，在好氧微生物的作用下，分解为简单无机物质，在此过程中消耗水体中的大量溶解氧。以碳水化合物为例，每分解 1mol 碳水化合物消耗 6mol 氧气。

$$C_6H_{10}O_5 + 6O_2 \longrightarrow 6CO_2 + 5H_2O \tag{7-1}$$

大量的有机物进入水体，势必导致水体中溶解氧急剧下降，从而影响鱼类和其他水生生物的正常生活。严重的还会引起水体发臭，鱼类大量死亡。绝大多数鱼类要求水体中的溶解氧含量为 3～12mg/L。当溶解氧低于 3mg/L 时，就会引起鱼类窒息死亡。此时，水体中好氧微生物开始死亡，厌氧微生物大量繁殖，使有机物的好氧分解过程转为厌氧分解过程，厌氧分解的产物如甲烷、硫化氢等，会严重破坏渔业生产，破坏水体的饮用和娱乐等使用价值。

（2）化学毒物污染

随着现代工农业生产的发展，每年排入水体的有毒物质越来越多。有毒污染物大体可分为四类：非金属无机毒物（CN^-、F^-、S^{2-} 等）；重金属及类重金属无机毒物（Hg^{2+}、Cd^{2+}、Cr^{3+}、Pb^{2+}、Mn^{2+} 等）；易分解有机毒物（挥发酚、醛、苯等）；难分解有机毒物（DDT、六六六、狄氏剂、艾氏剂、多氯联苯、多环芳烃、芳香胺等）。

① 非金属无机毒物。非金属无机毒物以氰化物和氟为代表。氰化物是剧毒物质，大多数氰的衍生物毒性更强。它能在人体内产生氢氰酸，使细胞呼吸受到麻痹引起窒息死亡。一

般人一次口服 0.1g 左右的氰化钠（钾）就会致死，敏感的人只需 0.06g 就会致死。氰化物对鱼类有很大的毒性，当水中含 0.3～0.5mg/L 时便会致死。氰化物对其他水生生物也具有毒性。氟过多地进入人体，会导致人体钙磷代谢紊乱，引起低血钙、氟斑牙、氟骨症等。

② 重金属及类重金属无机毒物。重金属类污染物突出的特点是不能被生物分解去毒，只有形态、价态的变化，在环境中不断迁移转化。水体中的重金属通常被生物富集，即由很低的浓度，通过动物（及植物）食物链的特殊作用，可以富集到极高的浓度，这是重金属污染物危害大的原因之一。如 1953 年在日本熊本县水俣市首次发现水俣病，是含甲基汞的工业废水污染了水俣湾的海水，使鱼中毒，人食毒鱼后引起的。

重金属在水中的毒性和水的物理、化学性质有关，例如：重金属离子在硬水中的毒性比在软水中的毒性小，在低温下的毒性比在高温下的毒性小。两种以上重金属离子同时作用时，有可能使毒性增大。例如，当 0.025mg/L 的铜和 1.0mg/L 的锌同时以硫酸盐的形式存在于软水中时，比单独存在 0.2mg/L 的硫酸铜或单独存在 8.0mg/L 的硫酸锌毒性还大。

③ 易分解有机毒物。易分解有机毒物以酚类污染物为代表。酚类属高毒污染物，为细胞原浆毒物，低浓度能使蛋白质变性，高浓度能使蛋白质沉淀，对各种细胞有直接损害作用，对皮肤和黏膜有强烈腐蚀作用。长期饮用被酚污染的水，可引起头昏、出疹、瘙痒、贫血及各种神经系统症状，甚至中毒。低浓度酚污染水体，能影响鱼类的洄游繁殖，仅 0.1～0.2mg/L 时，鱼肉就有酚味；高浓度时可使鱼类大量死亡，甚至绝迹。酚对其他水生生物包括微生物也有危害。

④ 难分解有机毒物。DDT、六六六农药在人体中累积，造成慢性中毒，影响神经系统，破坏肝功能，造成生理障碍。有机磷农药可引起人体肝功能障碍，有的还有致畸性。多氯联苯和稠环芳烃对人的肝脏和神经系统有毒害作用，并有致畸作用。

（3）石油污染

随着石油工业的迅速发展，油类对水体特别是海洋的污染越来越严重。目前由人类活动排入海洋的石油每年达几百万吨至上千万吨。海湾战争造成的石油污染是至今最大的石油污染事件。进入海洋的石油，在水面形成一层油膜，影响氧气扩散进入水中，对海洋生物的生长产生不良影响。石油污染对幼鱼和鱼卵危害极大，油膜和油块黏附在幼鱼和鱼卵上，使鱼卵不能成活或使幼鱼死亡。石油可使鱼虾类产生石油臭味，降低海产品的食用价值。石油污染破坏优美的海滨风景，降低了作为疗养、旅游地的使用价值。石油污染还可引起水体表面的火灾。

（4）放射性污染

水体中放射性物质主要来源于铀矿开采、选矿、冶炼、核电站和核试验以及放射性同位素的应用等。摄入人体内的放射性核素，通常会聚积在一些重要的机体组织中或进入蛋白质、核酸等生命体基本成分内。如 ^{225}Ra、^{90}Sr 易富集于骨骼中，^{137}Cs 易富集于肌肉内。它们可能损伤机体的功能，引起白血病、癌症和减少寿命，或作用于人类生殖细胞的染色体等，引起遗传疾病。如 2011 年日本福岛核电站发生灾难性核泄漏，福岛县在核事故后以县内所有儿童（约 38 万人）为对象实施了甲状腺检查，截至 2018 年 2 月，已诊断 159 人患癌，4 人疑似患癌。因此，从长远来看，放射性污染是人类所面临的重大潜在性威胁之一。

（5）富营养化污染

富营养化污染主要是指水流缓慢、更新期长的地表水体，因接纳大量氮、磷、有机碳等植物营养元素而引起的藻类等浮游生物急剧增殖的水体污染现象。

自然界湖泊也存在富营养化现象，由贫营养湖→富营养湖→沼泽→干地，但速率很慢。人为污染所致的富营养化，速率很快。在海洋水面上发生的富营养化现象称为"赤潮"，在陆地水体中发生的富营养化现象称为"水华"。在地下水中发生富营养化现象，称该地下水为"肥水"。一般认为，总磷和无机氮含量分别在 $20mg/m^3$ 和 $300mg/m^3$ 以上，就有可能出现水体富营养化过程。不同的研究者对水体富营养化的划分指标给出了不同的值。

7.1.3 污染物在水体中的迁移转化

7.1.3.1 混合

废水排入水体后，最先发生的过程是混合稀释。对大多数保守污染物来说，混合稀释是它们迁移的主要方式之一。对易降解的污染物来说，混合稀释也是它们迁移的重要方式之一。水体的混合稀释、扩散能力，与其水体的水文特征密切相关。下面只介绍河流的混合稀释、扩散过程。

（1）河流的混合稀释模型

当废水进入河流后，便不断地与河水发生混合交换作用，使保守污染物浓度沿流程逐渐降低，这一过程称为混合稀释过程。

污水排入河流的入河口称为污水注入点。污水注入点以下的河段，污染物在断面上的浓度分布是不均匀的，靠入河口一侧的岸边浓度高，远离排放口对岸的浓度低。随着河水的流逝，污染物在整个断面上的分布逐渐均匀。污染物浓度在整个断面上变为均匀一致的断面，称为水质完全混合断面。把最早出现水质完全混合断面的位置称为完全混合点。污水注入点和完全混合点把一条河流分为三部分。污水注入点的上游称为初始段，或背景河段；污水注入点到完全混合点之间的河段称为非均匀混合段；完全混合点的下游河段称为均匀混合段。图 7-1 为河流混合稀释模型图。

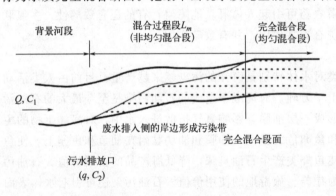

图 7-1　河流混合稀释模型图

设河水流量为 Q，污染物浓度为 C_1，废水流量为 q，废水中污染物浓度为 C_2；水质完全混合断面以前，任一非均匀混合断面上参与和废水混合的河水流量为 Q_i。把参与和废水混合的河水流量 Q_i 与该断面河水流量 Q 的比值定义为混合系数，以 a 表示。把参与和废水混合的河水流量 Q_i 与废水流量 q 的比值定义为稀释比，以 n 表示。数学表达式如下：

$$a = \frac{Q_i}{Q} \tag{7-2}$$

$$n = \frac{Q_i}{q} = \frac{aQ}{q} \tag{7-3}$$

在非均匀混合断面上的污染物平均浓度按下式计算：

$$C_i = \frac{C_1 Q_i + C_2 q}{q + Q_i} = \frac{C_1 aQ + C_2 q}{q + aQ} \tag{7-4}$$

在水质完全混合断面以下的任意断面 a、n 和 C_i 均为常数。

$$a = 1$$

$$n = \frac{Q}{q}$$

$$C_i = \frac{C_1 Q + C_2 q}{q + Q} \tag{7-5}$$

如果知道了某个断面参与混合的河水流量 Q_i，就能确定混合稀释的污染物浓度 C_i，看其是否满足水质标准进行评价。但 Q_i 值的确定十分复杂，简单的办法是测定排水口至完全混合断面的距离 L_m，假设混合系数与距离成正比，任一断面的混合系数按下式计算：

$$a = \frac{x}{L_m} \quad (x \leqslant L_m) \tag{7-6}$$

式中 x——任一断面距废水排入口的距离，m。

当废水在岸边排入河流时，废水靠岸边向下游流去，经过相当长的距离才能达到完全混合。在非均匀混合段废水排入一侧的岸边形成一个污染带。当完全混合距离 L_m 无实测数据时，可参考表 7-1 确定。表 7-1 列举了河流在岸边集中排入废水时，污水与河水达到完全混合所需的时间。从表 7-1 中查取所需时间与河水实际流速的乘积为完全混合距离。

表 7-1　废水排入河流与河水完全混合所需时间

河水量∶污水量	河水流量/(m³/s)			
	<5	5～50	50～500	>500
	从废水注入点到完全混合点的径流时间/h			
1∶1～5∶1	0.6	0.8	1.0	1.5
5∶1～25∶1	4.5	5.5	6.7	8.0
25∶1～125∶1	12.0	13.5	17.0	22.0
125∶1～600∶1	28.0	33.0	39.0	55.0
>600∶1	55.0	66.0	77.0	112.0

（2）混合过程段长度估算公式

《环境影响评价技术导则　地表水环境》中给出了混合过程段长度计算公式，见公式（7-7）。

$$L_m = \left\{ 0.11 + 0.7 \left[0.5 - \frac{a}{B} - 1.1 \left(0.5 - \frac{a}{B} \right)^2 \right]^{1/2} \right\} \frac{u B^2}{E_y} \tag{7-7}$$

式中　L_m——混合段长度，m；

　　　B——水面宽度，m；

　　　a——排放口到岸边的距离，m；

　　　u——断面流速，m/s；

　　　E_y——污染物横向扩散系数，m²/s。

7.1.3.2　扩散

污染物质在河流中的迁移可分为两类，即推流和扩散。推流是指污染物质随水质点的流动一起移到新的位置，也称平流、随流输移。扩散可分为分子扩散、湍流扩散、剪切流离散（弥散）和对流扩散，分述如下。

（1）分子扩散

分子扩散是指物质分子的随机运动（即布朗运动）而引起的物质迁移或分散现象。当水体中污染物质浓度分布不均匀时，污染物质将会从浓度高的地方向浓度低的地方移动。分子扩散系数一般很小。分子扩散引起的物质迁移与其他因素引起的物质迁移相比，分子扩散在水环境影响评价中往往被忽略。

（2）湍流扩散

河水中的流动都是湍流。当河流做湍流运动时，随机的湍流作用引起污染物的扩散，称为湍流扩散。湍流扩散系数比分子扩散系数大 7～8 个数量级。因此，在河流中污染物的迁移是以湍流扩散为主的。

（3）剪切流离散

当垂直于流动方向的横断面上流速分布不均匀或者说有流速梯度存在的流动称为剪切流。剪切流离散又称弥散，它是横断面上各点的实际流速不等而引起的。离散的产生是将流场做空间平均简化处理而引起的，如果不采用空间平均的简化过程，也不需计入离散作用。

（4）对流扩散

这里所说的对流扩散，专指温度差或密度分层不稳定而引起的垂直方向对流运动所伴随的污染物迁移。

在自然界的水体中，各种形式的扩散常常交织在一起发生，以上几种物质迁移方式仅仅是按照扩散的物理过程来分别进行描述的。除上述几种主要污染物迁移方式以外，还存在着冲刷、淤积和悬浮等多种形式。除分子扩散外，所有迁移方式都和水体流动特性有密切联系，因此，要研究物质的扩散输移规律应和研究水体的流动特性紧紧联系在一起。

（5）移流扩散方程

从流动的水体中，取一微分六面体。按照物质守恒原理，从微分六面体流进与流出的污染物质量之差应当等于同时段内微分六面体内质量的增量，从而导出三维的移流扩散方程为：

$$\frac{\partial C}{\partial t} + \left[\frac{\partial (uC)}{\partial x} + \frac{\partial (vC)}{\partial y} + \frac{\partial (wC)}{\partial z} \right]$$
$$= \frac{\partial}{\partial x}\left(E_x \frac{\partial C}{\partial x} \right) + \frac{\partial}{\partial y}\left(E_y \frac{\partial C}{\partial y} \right) + \frac{\partial}{\partial z}\left(E_z \frac{\partial C}{\partial z} \right) \tag{7-8}$$

对于二维问题，移流扩散方程为：

$$\frac{\partial C}{\partial t} + \left[\frac{\partial (uC)}{\partial x} + \frac{\partial (vC)}{\partial y} \right]$$
$$= \frac{\partial}{\partial x}\left(E_x \frac{\partial C}{\partial x} \right) + \frac{\partial}{\partial y}\left(E_y \frac{\partial C}{\partial y} \right) \tag{7-9}$$

对于一维问题，移流扩散方程为：

$$\frac{\partial C}{\partial t} + \frac{\partial (uC)}{\partial x} = \frac{\partial}{\partial x}\left(E_x \frac{\partial C}{\partial x} \right) \tag{7-10}$$

7.1.4 河流水质模型中参数的选择

河流水质模型中的参数是指河流中物理、化学和生物化学反应动力学过程的数学表达式中的常数。例如：横向扩散系数 E_y、纵向扩散系数 E_x、生化需氧量（BOD）的衰减系数 k_1 和水体复氧系数 k_2 等。当水质模型确定以后，参数估值的准确性就决定着水质模型预测结果的可靠性和准确性。因此，水质模型中参数的估值是十分重要的。

7.1.4.1 扩散参数的估值

泰勒曾提出扩散参数可以用下式表达：

$$E = \alpha h u^\circ \tag{7-11}$$

式中　E——扩散系数，m^2/s；

　　α——系数，由实验确定，无量纲；

　　h——河流平均水深，m；

　　u°——摩阻流速或剪切流速，m/s，$u^\circ = \sqrt{ghI}$ 或 $u^\circ = \overline{u}\dfrac{n\sqrt{g}}{h^{1/6}}$；

　　I——水面比降；

　　g——重力加速度，m/s^2；

　　n——河道粗糙系数；

　　$\overline{u}$——断面平均流速，m/s。

不同方向扩散系数中的 α 值是不相同的，同一方向扩散系数中的 α 值变化较大，不同的研究者给出不同的值。

（1）横向扩散系数 E_y 的估值

① 顺直河道横向扩散系数。菲希尔收集了 70 多个横向扩散系数的实验资料，对其进行了统计分析，发现几乎所有资料中 α 系数值都在 0.1～0.2 的范围内，因而提出用 α 系数值的平均值作为横向扩散系数估值的 α 系数，则有：

$$E_y = 0.15 h u^\circ \tag{7-12}$$

灌溉渠道的 α 系数值在 0.24～0.25 范围内。渠道灌溉的横向扩散系数为：

$$E_y = 0.245 h u^\circ \tag{7-13}$$

② 弯曲河道横向扩散系数。天然河道常常是不规则的，矩形断面的河道是极少的。河道的弯曲，水深的变化，两岸不规则，对横向扩散系数影响较大。影响的结果增大了横向扩散系数。

菲希尔曾提出，对于河道弯曲较缓、岸边的不规则程度属中等、α 系数值在 0.4～0.8 范围内的，建议采用 0.6，则有：

$$E_y = 0.6 h u^\circ \tag{7-14}$$

由于横向扩散的复杂性，横向扩散参数变化较大，其误差可达 ±50%。在有条件的情况下，实地观测确定 α 系数是很有必要的。

（2）纵向弥散系数 E_x 的估值

在河流中，由于湍流引起的纵向扩散系数和横向扩散系数大体相当，因而纵向扩散系数和横向扩散系数可能有相同量级。由于纵向扩散和纵向弥散（或称离散）作用混在一起，从实验量出的资料很难把它们分开，所以难以取得纵向扩散系数的值和纵向弥散系数的值。但因纵向弥散作用远大于纵向扩散作用，常常大几十倍之多，故常把实测得到的纵向系数称为弥散系数，忽略扩散系数。

在天然河流中，纵向弥散系数变化很大。一些研究者观测表明，对于河宽 15～60m 的天然河流，纵向弥散系数 E_x 在 14～650 之间（多数为 140～300）。对于河宽 200m 的河流，纵向弥散系数 E_x 可达 7500。对于平直渠道，纵向弥散系数 E_x 也都大于 5.9。

由于纵向弥散系数变化较大，很难准确估值。1975 年菲希尔提出了粗略估算纵向弥散系数的近似公式：

$$E_x = 0.011 \frac{\overline{u}^2 B^2}{h u^\circ} \tag{7-15}$$

该式的计算误差在四倍以内。

Liu H 于 1980 年提出下式：

$$E_x = 0.55 \frac{u^\circ A^2}{h^3} \tag{7-16}$$

式中　B——河宽，m；

　　　A——河流断面面积，m^2。

其他符号意义同前。

7.1.4.2　耗氧系数的估值

耗氧系数 k_1 值随河水中的生物与水文条件变化而变化。各条河流的 k_1 值均不相同，同一河流的各河段的 k_1 值也不相同。因此，在从已有资料中选用 k_1 值时应慎重，不能随意搬用。

（1）野外实测资料反推法

野外实测资料反推法也称为"两点法"。它是由 S-P 模型方程稍加变换得到的。估算公式为：

$$k_1 = \frac{1}{\Delta t} \ln \frac{L_0}{L} \tag{7-17}$$

式中　Δt——河水流经上、下断面的时间，d；

　　　L_0、L——实测的上、下断面的 BOD$_5$ 浓度，mg/L。

从式（7-17）可知，只要实测得到某一河段上、下游断面的各自平均 BOD$_5$ 浓度，以及河水从上游断面流至下游断面所需的时间，就可以估算出该河段的耗氧系数 k_1 值。实际上，需实测多组数据，求出耗氧系数 k_1 值的平均值作为该河段的耗氧系数 k_1 值。否则，误差较大。

（2）实验室测定 k_1 值

实验室测定耗氧系数 k_1 值的基本方法是对所研究的河段取水样，用测定 BOD$_5$ 的标准方法进行 BOD 的时间序列实验，如做 1～10d 序列培养样品，分别测定 1～10d 的 BOD 值，获得一组时间序列的 BOD 值数据。对取得的实验数据进行处理，估算出 k_1 值。数据处理方法有如下三种。

① 最小二乘法。最小二乘法的基本原理是，把 BOD 的实验数据与对应的观测时间在单位对数坐标纸上作图，点比较分散，设法拟合一条直线，使观测值离开均值的偏差平方和达到最小，这一条直线即为最佳拟合线。其斜率即为耗氧系数 k_1，而截距为 BOD 的终值。

若 BOD 值用 L 来表示，时间为 t、斜率为 m、截距为 b，直线方程为：

$$\lg L = mt + b \tag{7-18}$$

某时间 t，对应最佳拟合线上的点的坐标为 $\lg L$，观测值为 $\lg L'$，二者的差值称为偏差，用 R 表示，则偏差的平方总和为：

$$\sum R^2 = \sum (\lg L - \lg L')^2 = \sum (mt + b - \lg L')^2 \tag{7-19}$$

最小二乘法的特点是最佳拟合线应当使偏差 R 的平方和为最小。为满足这一条件，分别对 m 和 b 求偏导数，并令其等于零，于是得方程：

$$m \sum t^2 + b \sum t - \sum t \lg L' = 0 \tag{7-20}$$

$$m \sum t + nb - \sum \lg L' = 0 \tag{7-21}$$

求解得：

$$b = \frac{\sum \lg L' - m \sum t}{n} \tag{7-22}$$

$$m = \frac{\sum t \lg L' - \frac{1}{n} \sum \lg L' \sum t}{\sum t^2 - \frac{1}{n}(\sum t)^2} \tag{7-23}$$

求得 $m = -\dfrac{k_1}{2.3}$，则 $k_1 = -2.3m$。

实验室求得的 k_1 值往往比自然界河流中的 k_1 值小。这种差异主要是由于实验室和河流中生化降解条件不同，湍流及水力学条件不同。实验室求得的 k_1 值可通过波斯柯（Bosko）经验公式修正得到河流中的 k_1 值，修正公式为：

$$k_1 = k_1' + \alpha \frac{\overline{u}}{h} \tag{7-24}$$

式中　k_1——河流的耗氧系数，d^{-1}；

k_1'——实验室推求的耗氧系数，d^{-1}；

$\overline{u}$——平均流速，m/s；

h——平均水深，m；

α——与河流比降有关的参数，通过实验求得。

蒂尔尼（Tierney）和杨格（Young）1974 年提出，上述 α 系数与河流坡度 i 有下列关系（表 7-2）：

表 7-2　α 系数与河流坡度 i 的关系

$i/(\text{m/km})$	0.33	0.66	1.32	3.30	6.60
α	0.10	0.15	0.25	0.40	0.60

② 雷姆（Rhame）的两点法。由 S-P 模型基本方程 $\begin{cases} \dfrac{dL}{dt} = -k_1 L \\ \dfrac{dD}{dt} = k_1 L - k_2 D \end{cases}$ 得，从零时刻到 t 时刻的氧消耗量为：$y = L_0 [1 - \exp(-kt)]$。

若 $t = t_1$、$t = 2t_1$，则有方程组：

$$\begin{cases} y_1 = L_0 [1 - \exp(-k_1 t_1)] \\ y_2 = L_0 [1 - \exp(-k_1 \times 2t_1)] \end{cases} \tag{7-25}$$

其解为：$\begin{cases} k_1 = \dfrac{1}{t_1} \ln \dfrac{y_1}{y_2 - y_1} \\ L_0 = \dfrac{y_1^2}{2y_1 - y_2} \end{cases}$。

应用多组数据求出多个 k_1 值，取其平均值为实用值。如只用两组数据求出 k_1 值用于实践则误差较大。

③ 托马斯（Thomas）图解法。这种方法依据函数（$1-e^{-k_1t}$）与函数 $k_1t\left(1+\dfrac{k_1t}{6}\right)^{-3}$ 的幂级数展开式极为接近，认为这两个函数相等，并用作图方法解方程式，从而求出耗氧系数 k_1 值。

两函数按幂级数展开为：

$$y(t)=L_0(1-e^{-k_1t}) \tag{7-26}$$

$$y(t)=L_0\left\{k_1t\left[1-\frac{k_1t}{2}+\frac{(k_1t)^2}{6}-\frac{(k_1t)^3}{24}+\cdots\right]\right\} \tag{7-27}$$

又因 $k_1t\left(1+\dfrac{k_1t}{6}\right)^{-3}=k_1t\left[1-\dfrac{k_1t}{2}+\dfrac{(k_1t)^2}{6}-\dfrac{(k_1t)^3}{21.6}+\cdots\right]$

所以：

$$y(t)\approx L_0\left[k_1t\left(1+\frac{k_1t}{\sigma}\right)^{-3}\right] \tag{7-28}$$

则：

$$\left(\frac{t}{y_t}\right)^{\frac{1}{3}}=(L_0k_1)^{-\frac{1}{3}}+\left(\frac{k_1^{\frac{2}{3}}}{6L_0^{\frac{1}{3}}}\right)t \tag{7-29}$$

如果将上式改写成直线方程式，则

$$y=a+bt$$

$$a=(L_0k_1)^{-\frac{1}{3}}$$

$$b=\frac{k_1^{\frac{2}{3}}}{6L_0^{\frac{1}{3}}}$$

$$k_1=\frac{6b}{a}$$

$$L_0=\frac{1}{k_1a^3}$$

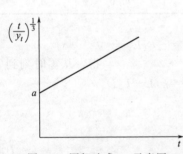

图 7-2　图解法求 k_1 示意图

如果将 $\left(\dfrac{t}{y_t}\right)^{\frac{1}{3}}$ 作为纵坐标，t 为横坐标，将实验数据整理作图，可得一直线，如图 7-2 所示。从图中得到截距 a、斜率 b，通过上式可计算出耗氧系数 k_1 和初始 BOD 值 L_0。

7.1.4.3　复氧系数的估值

河流复氧系数 k_2 主要取决于水体中亏氧值的大小和水流紊动作用，其他物理量也有一定程度的影响。用实验方法测定复氧系数需要进行大量的现场和实验室工作，花费相当多的人力和财力。许多人对复氧系数 k_2 进行了大量的研究工作，提出了许多半经验和经验公式，可供选择应用。选择时应注意公式的适用条件应与研究的河流特征相一致。下面介绍几个复氧系数 k_2 的公式。

（1）差分复氧公式

$$k_2=k_1\frac{\overline{L}}{\overline{D}}-\frac{\Delta D}{\Delta t\overline{D}} \tag{7-30}$$

式中　k_1、k_2——耗氧系数和复氧系数，d^{-1}；

　　$\overline{L}$、$\overline{D}$——上、下断面 BOD 均值及亏氧值均值，mg/L；

　　ΔD——上、下断面亏氧值之差，mg/L；

　　Δt——从上断面流到下断面所需时间，d。

（2）斯特里特-菲尔普斯（Streeter-Phelps）公式

$$k_2 = \frac{C\overline{u}^n}{H^2} \tag{7-31}$$

式中　$\overline{u}$——河流平均流速，m/s；

　　H——最低水位以上的平均水深，m；

　　C——谢才系数，$C = \dfrac{\overline{u}}{\sqrt{RI}}$，$R$ 为水力半径，$R = \dfrac{A}{x}$，A 为过水断面面积，x 为过水

　　断面的湿周，I 为河流比降，C 的变化范围在 24～13 之间。

（3）奥康纳-多宾斯（O'Conner-Dobbins）公式

当 $H > 1.5$m，0.03m/s$\leqslant \overline{u} \leqslant 0.5$m/s 时，

$$k_2 = 294 \frac{(D_m \overline{u})^{0.5}}{H^{1.5}} \tag{7-32}$$

当 $H < 1.5$m，0.03m/s$\leqslant \overline{u} \leqslant 0.5$m/s 时，

$$k_2 = 824 \frac{D_m^{0.5} I^{0.25}}{H^{1.25}} \tag{7-33}$$

式中　D_m——20℃时氧分子在水中的扩散系数，为 1.76×10^{-4} m²/d；

　　$\overline{u}$——平均流速，m/s；

　　H——平均水深，m。

（4）欧文斯（Owens）等人经验式

当 0.1m$\leqslant H \leqslant 0.6$m，$\overline{u} < 1.5$m/s 时，

$$k_2 = 5.34 \frac{\overline{u}^{0.67}}{H^{1.85}} \tag{7-34}$$

（5）丘吉尔（Churchill）经验式

当 0.6m$\leqslant H \leqslant 8$m，0.6m/s$\leqslant \overline{u} \leqslant 1.8$m/s 时，

$$k_2 = 5.03 \frac{\overline{u}^{0.696}}{H^{1.673}} \tag{7-35}$$

以上所求 k_1、k_2 值均为 20℃时的 k_1、k_2 值。耗氧系数 k_1 和复氧系数 k_2 是温度的函数，其表达式为：

$$k_1 = k_1(20) \times 1.047^{(T-20)} \tag{7-36}$$

$$k_2 = k_2(20) \times 1.024^{(T-20)} \tag{7-37}$$

式中　　k_1、k_2——任意温度下的耗氧系数和复氧系数；

$k_1(20)$、$k_2(20)$——水温为 20℃时的耗氧系数和复氧系数；

　　T——河流水温，℃。

7.2　地表水环境影响评价概述

7.2.1　地表水环境影响评价基本内容

（1）基本任务

在调查和分析评价范围地表水环境质量现状与水环境保护目标的基础上，预测和评价建设项目对地表水环境质量、水功能区、水环境保护目标及水环境控制单元的影响范围与影响程度，提出相应的环境保护措施和环境管理与监测计划，明确给出地表水环境影响是否可接受的结论。

（2）基本要求

建设项目的地表水环境影响主要包括水污染影响与水文要素影响。根据其主要影响，建设项目的地表水环境影响评价划分为水污染影响型、水文要素影响型以及两者兼有的复合影响型。

地表水环境影响评价应按规定的评价等级开展相应的评价工作。建设项目评价等级分为三级。复合影响型建设项目的评价工作，应按类别分别确定评价等级并开展评价工作。

建设项目排放水污染物应符合国家或地方水污染物排放标准要求，同时应满足受纳水体环境质量管理要求，并与排污许可管理制度相关要求衔接。水文要素影响型建设项目，还应满足生态流量的相关要求。

（3）工作程序

地表水环境影响评价的工作程序一般分为三个阶段，详见 HJ 2.3 的 4.3 节。

7.2.2　评价等级划分

7.2.2.1　评价因子的筛选

地表水环境影响因素识别应结合建设项目建设阶段、生产运行阶段和服务期满后各阶段对地表水环境质量、水文要素的影响行为。

（1）水污染影响型建设项目

水污染影响型建设项目评价因子的筛选应按照污染源源强核算技术指南，开展建设项目污染源与污染因子识别，结合建设项目所在水环境控制单元或区域水环境质量现状，筛选出水环境现状调查评价与影响预测评价的因子。

主要评价因子应包括：行业污染物排放标准中涉及的水污染物；车间或车间处理设施排放口排放的第一类污染物；水温；面源污染所含的主要污染物；建设项目排放的，且属于建设项目所在控制单元的水质超标因子或潜在污染因子；建设项目可能导致受纳水体富营养化的相关因子等。

（2）水文要素影响型建设项目

水文要素影响型建设项目评价因子应根据建设项目对地表水体水文要素影响的特征确定。对于河流、湖泊及水库，主要评价水面面积、水量、水温、径流过程、水位、水深、流速、水面宽、冲淤变化等因子，湖泊和水库需要重点关注湖底水域面积或蓄水量及水力停留时间等因子。对于感潮河段、入海河口及近岸海域，主要评价流量、流向、潮区界、纳潮量、水位、流速、水面宽、水深、冲淤变化等因子。

7.2.2.2 评价等级的确定

建设项目地表水环境影响评价等级按照影响类型、排放方式、排放量或影响情况、受纳水体环境质量现状、水环境保护目标等综合确定。

（1）水污染影响型建设项目

水污染影响型建设项目根据排放方式和废水排放量划分评价等级，见表 7-3。直接排放建设项目评价等级分为一级、二级和三级 A，根据废水排放量、水污染物污染当量数确定。间接排放建设项目评价等级为三级 B。

表 7-3 水污染影响型建设项目等级判定

评价等级	判 定 依 据	
	排放方式	废水排放量 $Q/(m^3/d)$ 水污染物当量数 W（无量纲）
一级	直接排放	$Q \geqslant 20000$ 或 $W \leqslant 600000$
二级	直接排放	其他
三级 A	直接排放	$Q < 200$ 且 $W < 6000$
三级 B	间接排放	—

水污染物当量数等于该污染物的年排放量除以该污染物的污染当量值。计算排放污染物的污染物当量数，应区分第一类水污染物和其他类水污染物，统计第一类污染物当量数总和，然后与其他类污染物按照污染物当量数从大到小排序，取最大当量数作为建设项目评价等级确定的依据。

第一类和部分第二类水污染物及其他水污染物污染当量值见表 7-4～表 7-6。

表 7-4 第一类水污染物污染当量值表

污染物	污染当量值 /kg	污染物	污染当量值 /kg	污染物	污染当量值 /kg
总汞	0.0005	总镉	0.005	总铬	0.04
六价铬	0.02	总砷	0.02	总铅	0.025
总镍	0.025	苯并[a]芘	0.0000003	总铍	0.01
总银	0.02				

表 7-5 部分第二类水污染物污染当量值表

污染物	污染当量值 /kg	污染物	污染当量值 /kg	污染物	污染当量值 /kg
悬浮物(SS)	4	BOD	0.5	COD	1
总有机碳(TOC)	0.49	石油类	0.1	动植物油	0.16
挥发酚	0.08	总氰化物	0.05	硫化物	0.125
氨氮	0.8	阴离子表面活性剂(LAS)	0.2	总磷	0.25

表 7-6　pH 值、色度、大肠菌群数、余氯量水污染物污染当量值表

污染物		污染当量值	备注
①pH 值	0～1,13～14	0.06t 污水	pH 值 5～6 是大于等于 5,小于 6;pH 值 9～10 是大于 9,小于等于 10,其余类推
	1～2,12～13	0.125t 污水	
	2～3,11～12	0.25t 污水	
	3～4,10～11	0.5t 污水	
	4～5,9～10	1t 污水	
	5～6	5t 污水	
②色度		5t 水·倍	
③大肠菌群数(超标)		3.3t 污水	
④余氯量(用氯消毒的医院废水)		3.3t 污水	

禽畜养殖业、小型企业和第三产业水污染物污染当量值见表 7-7。

表 7-7　禽畜养殖业、小型企业和第三产业水污染物污染当量值表

类型		污染当量值
禽畜养殖场	①牛	0.1 头
	②猪	1 头
	③鸡、鸭等家禽	30 羽
④小型企业		1.8t 污水
⑤餐饮娱乐服务业		0.5t 污水
⑥医院	消毒	0.4 床
		2.8t 污水
	不消毒	0.07 床
		1.4t 污水

建设项目直接排放第一类污染物的,其评价等级为一级;建设项目直接排放的污染物为受纳水体超标因子的,评价等级不低于二级。直接排放受纳水体影响范围涉及饮用水水源保护区、饮用水取水口、重点保护与珍稀水生生物的栖息地、重要水生生物的自然产卵场等保护目标时,评价等级不低于二级。建设项目向河流、湖库排放温排水引起受纳水体水温变化超过水环境质量标准要求,且评价范围有水温敏感目标时,评价等级为一级。建设项目利用海水作为调节温度介质,排水量 $\geqslant 500 \times 10^4 \, m^3/d$,评价等级为一级;排水量 $< 500 \times 10^4 \, m^3/d$,评价等级为二级。仅涉及清净下水排放的,如其排放水质满足受纳水体水环境质量标准要求,评价等级为三级 A。依托现有排放口,且对外环境未新增排放污染物的直接排放建设项目,评价等级参照间接排放,定为三级 B。建设项目生产工艺中有废水产生,但作为回水利用,不排放到外环境的,按三级 B 评价。

(2) 水文要素影响型建设项目

水文要素影响型建设项目评价等级划分根据水温、径流与受影响地表水域等三类水文要素的影响程度进行判定,见表 7-8。

表 7-8 水文要素影响型建设项目评价等级判定

评价等级	水温	径流		受影响地表水域		
	年径流量与总库容之比 α	兴利库容占年径流量百分比 $\beta/\%$	取水量占多年平均径流量百分比 $\gamma/\%$	工程垂直投影面积及外扩范围 A_1/km^2；工程扰动水底面积 A_2/km^2；过水断面宽度占用比例或占用水域面积比例 $R/\%$		工程垂直投影面积及外扩范围 A_1/km^2；工程扰动水底面积 A_2/km^2
				河 流	湖 库	入海河口、近岸海域
一级	$\alpha \leqslant 10$；或稳定分层	$\beta \geqslant 20$；或完全年调节与多年调节	$\gamma \geqslant 30$	$A_1 \geqslant 0.3$；或 $A_2 \geqslant 1.5$；或 $R \geqslant 10$	$A_1 \geqslant 0.3$；或 $A_2 \geqslant 1.5$；或 $R \geqslant 20$	$A_1 \geqslant 0.5$；或 $A_2 \geqslant 3$
二级	$20 > \alpha > 10$；或不稳定分层	$20 > \beta > 2$；或季调节与不完全年调节	$30 > \gamma > 10$	$0.3 > A_1 > 0.05$；或 $1.5 > A_2 > 0.2$；或 $10 > R > 5$	$0.3 > A_1 > 0.05$；或 $1.5 > A_2 > 0.2$；或 $20 > R > 5$	$0.5 > A_1 > 0.15$；或 $3 > A_2 > 0.5$
三级	$\alpha \geqslant 20$；或混合型	$\beta \leqslant 2$；或无调节	$\gamma \leqslant 10$	$A_1 \leqslant 0.05$；或 $A_2 \leqslant 0.2$；或 $R \leqslant 5$	$A_1 \leqslant 0.05$；或 $A_2 \leqslant 0.2$；或 $R \leqslant 5$	$A_1 \leqslant 0.15$；或 $A_2 \leqslant 0.5$

影响范围涉及饮用水水源保护区、重点保护与珍稀水生生物的栖息地、重要水生生物的自然产卵场、自然保护区等保护目标，评价等级应不低于二级。跨流域调水、引水式电站、可能受到河流感潮河段影响，评价等级不低于二级。造成入海河口（湾口）宽度束窄（束窄尺度达到原宽度的 5% 以上），评价等级应不低于二级。对不透水的单方向建筑尺度较长的水工建筑物（如防波堤、导流堤等），其与潮流或水流主流向切线垂直方向投影长度大于 2km 时，评价等级应不低于二级。允许在一类海域建设的项目，评价等级为一级。同时存在多个水文要素影响的建设项目，分别判定各水文要素影响评价等级，并取其中最高等级作为水文要素影响型建设项目评价等级。

7.2.3 评价范围及评价时期

7.2.3.1 评价范围

建设项目地表水环境影响评价范围指建设项目整体实施后可能对地表水环境造成的影响范围。评价范围应以平面图的方式表示，并明确起、止位置等控制点坐标。

（1）水污染影响型建设项目

水污染影响型建设项目评价范围，根据评价等级、工程特点、影响方式及程度、地表水环境质量管理要求等确定。

对于一级、二级及三级 A，其评价范围应符合以下要求：应根据主要污染物迁移转化情况，至少需覆盖建设项目污染影响所及水域；受纳水体为河流时，应满足覆盖对照断面、控制断面与削减断面等关心断面的要求；受纳水体为湖泊、水库时，一级评价范围宜不小于以入湖（库）排放口为中心、半径为 5km 的扇形区域，二级评价范围宜不小于以入湖（库）排放口为中心、半径为 3km 的扇形区域，三级 A 评价范围宜不小于以入湖（库）排放口为中心、半径为 1km 的扇形区域；受纳水体为入海河口和近岸海域时，评价范围按照 GB/T 19485 执行；影响范围涉及水环境保护目标的，评价范围至少应扩大到水环境保护目标内受到影响的水域；同一建设项目有两个及以上废水排放口，或排入不同地表水体时，按各排放口及所排入地表水体分别确定评价范围；有叠加影响水域应作为重点评价范围。

对于三级 B，其评价范围应符合以下要求：应满足其依托污水处理设施环境可行性分析的要求；涉及地表水环境风险的，应覆盖环境风险影响范围所及的水环境保护目标水域。

（2）水文要素影响型建设项目

水文要素影响型建设项目评价范围根据评价等级、水文要素影响类别和影响及恢复程度确定，评价范围应符合以下要求：水温要素影响评价范围为建设项目形成水温分层水域，以及下游未恢复到天然（或建设项目假设前）水温的水域；径流要素影响评价范围为水体天然性状发生变化的水域，以及下游增减水影响水域；地表水域影响评价范围为相对建设项目建设前日均或潮均流速及水深，或高（累计频率 5％）低（累计频率 90％）水位（潮位）变化幅度超过±5％的水域；建设项目影响范围涉及水环境保护目标的，评价范围至少扩大到水环境保护目标内受影响的水域；存在多类水文要素影响的建设项目，应分别确定各水文要素影响评价范围，取各水文要素评价范围的外包线作为水文要素的评价范围。

7.2.3.2　评价时期

建设项目地表水环境影响评价时期根据受影响地表水体类型、评价等级确定，见表 7-9。三级 B 评价，可不考虑评价时期。

表 7-9　评价时期确定表

受影响地表水体类型	评价等级		
	一级	二级	水污染影响型（三级 A）/ 水文要素影响型（三级）
河流、水库	丰水期、平水期、枯水期；至少丰水期和枯水期	丰水期和枯水期；至少枯水期	至少枯水期
入海河口（感潮河段）	河流：丰水期、平水期、枯水期；河口：春季、夏季和秋季；至少丰水期和枯水期，春季和秋季	河流：丰水期和枯水期；河口：春、秋 2 个季节；至少枯水期或 1 个季节	至少枯水期或 1 个季节
近岸海域	春季、夏季和秋季；至少春秋 2 个季节	春季或秋季；至少 1 个季节	至少 1 次调查

7.2.4　水环境保护目标及评价标准

（1）水环境保护目标

依据环境影响因素识别结果，调查评价范围内水环境保护目标，确定主要水环境保护目标。应在地图中标注各水环境保护目标的地理位置、四至范围，并列表给出水环境保护目标内主要保护对象和保护要求，以及与建设项目占地区域的相对距离、坐标、高差，与排放口的相对距离、坐标等信息，同时说明与建设项目的水力联系。

（2）环境影响评价标准

建设项目地表水环境影响评价标准，应根据评价范围内水环境质量管理要求和相关污染物排放标准的规定，确定各评价因子适用的水环境质量标准与相应的污染物排放标准。

① 根据相关标准，结合受纳水体水环境功能区或水功能区、近岸海域环境功能区、水环境保护目标、生态流量等水环境质量管理要求，确定地表水环境质量评价标准。

② 根据现行国家和地方排放标准的相关规定，结合项目所属行业、地理位置，确定建设项目污染物排放评价标准。对于间接排放建设项目，若建设项目与污水处理厂在满足排放

标准允许范围内，签订了纳管协议和排放浓度限值，并报相关生态环境保护部门备案，可将此浓度限值作为污染物排放评价的依据。

未划定水环境功能区或水功能区、近岸海域环境功能区的水域，或未明确水环境质量标准的评价因子，由地方人民政府生态环境保护主管部门确认应执行的环境质量要求；在国家及地方污染物排放标准中未包括的评价因子，由地方人民政府生态环境保护主管部门确认应执行的污染物排放要求。

7.3　地表水环境现状调查与评价

7.3.1　地表水环境现状调查

7.3.1.1　目的及要求

（1）调查目的

为了了解评价范围内的水环境质量，掌握评价范围内水体污染源、水文、水质和水体功能利用等方面的环境背景情况，为地表水环境现状和预测评价提供基础资料。地表水环境现状调查应尽量利用现有数据，资料不足时需进行实测。现状调查方法一般采取搜查资料法、现场实测法和遥感遥测法，根据调查对象的不同选取相应的调查方法。

（2）调查要求

建设项目污染源调查应在工程分析基础上，确定水污染物的排放量及进入受纳水体的污染负荷量。区域水污染源调查应详细调查与建设项目排放污染物同类的或有关联的已建项目、在建项目、拟建项目等污染源。

根据不同评价等级对应的评价时期要求开展水环境质量现状调查，优先采用国务院生态环境保护主管部门统一发布的水环境状况信息，当现有资料不能满足要求时，应按照不同等级对应的评价时期要求开展现状监测。

水文情势调查应尽量收集邻近水文站既有水文年鉴资料和其他相关的有效水文观测资料。当上述资料不足时，应进行现场水文调查与水文测量，水文调查与水文测量宜与水质调查同步。水文调查与水文测量宜在枯水期进行，必要时，可根据水环境影响预测需要、生态环境保护要求，在其他时期（丰水期、平水期、冰封期等）进行。

7.3.1.2　调查范围

地表水环境的现状调查范围应覆盖评价范围，以平面图方式表示，并明确起、止断面的位置及涉及范围。

① 对于水污染影响型建设项目，除覆盖评价范围外，受纳水体为河流时，在不受回水影响的河流段，排放口上游调查范围宜不小于500m，受回水影响河段的上游调查范围原则上与下游调查的河段长度相等；受纳水体为湖库时，以排放口为圆心，调查半径在评价范围基础上外延20%～50%。

建设项目排放污染物中包括氮、磷或有毒污染物且受纳水体为湖泊、水库时，一级评价的调查范围应包括整个湖泊、水库，二级、三级A评价时，调查范围应包括排放口所在水环境功能区、水功能区或湖（库）湾区。

② 对于水文要素影响型建设项目，受影响水体为河流、湖库时，除覆盖评价范围外，

一级、二级评价时，还应包括库区及支流回水影响区、坝下至下一个梯级或河口、受水区、退水影响区。

受纳或受影响水体为入海河口及近岸海域时，调查范围依据《海洋工程环境影响评价技术导则》（GB/T 19485）要求执行。

7.3.1.3　调查因子

地表水环境现状调查因子根据评价范围水环境质量管理要求、建设项目水污染物排放特点与水环境影响预测评价要求等综合分析确定。调查因子应不少于评价因子。

7.3.1.4　调查时期

调查时期和评价时期一致，建设项目地表水环境影响评价时期根据受影响地表水体类型、评价等级等确定。

7.3.2　地表水环境现状评价

（1）评价方法

根据建设项目水环境质量影响特点与水环境质量管理要求，对区域水质达标情况、水环境保护目标质量状况、底泥污染、水资源开发利用、水文情势等开展现状评价。水质达标情况评价应给出各评价时期的水质状况和变化特征、区域达标评价结论，明确水质超标因子、超标程度、超标原因。底泥污染评价应明确污染项目及污染程度，识别超标因子，结合底泥处置排放去向，评价退水水质与超标情况。水资源开发利用及水文情势应评价所在流域（区域）水资源开发利用程度、生态流量满足程度、水域岸线空间占用情况等。

评价方法应参考国家或地方政府相关部门制定的技术规范执行。监测断面或点位水环境质量现状评价采用水质指数法，底泥污染状况评价采用底泥污染指数法。具体方法见 HJ 2.3 的附录 D。

【例 7-1】　某河段地表水监测结果见表 7-10，请采用单因子水质参数对其进行评价，采用 GB 3838—2002 中Ⅲ类水质标准。

表 7-10　地表水监测结果

因子	水温/℃	pH	DO /(mg/L)	BOD₅ /(mg/L)	COD$_{Cr}$ /(mg/L)	氨氮 /(mg/L)	石油类 /(mg/L)	Cd /(mg/L)
实测值	15.2	7.5	4.3	5.2	19.5	0.7	0.06	0.002
标准值		6.0~9.0	5.0	4.0	20.0	1.0	0.05	0.005

解：

$$S_{pH} = \frac{pH_j - 7}{pH_{su} - 7} = \frac{7.5 - 7}{9 - 7} = 0.25$$

$$S_{DO}：DO_f = \frac{468}{31.6 + T} = \frac{468}{31.6 + 15.2} = 10(mg/L)$$

$$DO_j = 4.3mg/L$$

$$S_{DO} = \frac{DO_s}{DO_j} = \frac{5}{4.3} = 1.16 \ (DO_j \leqslant DO_f)$$

$$S_{BOD_5} = \frac{5.2}{4} = 1.3$$

$$S_{\text{COD}_{Cr}} = \frac{19.5}{20} = 0.975$$

$$S_{\text{氨氮}} = \frac{0.7}{1.0} = 0.7$$

$$S_{\text{石油类}} = \frac{0.06}{0.05} = 1.2$$

$$S_{\text{Cd}} = \frac{0.002}{0.005} = 0.4$$

DO、BOD$_5$、石油类三类评价因子超标，其他因子达标。

（2）评价内容

根据建设项目水环境影响特点与水环境质量管理要求，评价内容主要包括水环境功能区、水环境控制单元的水质达标情况，水环境保护目标质量状况，对照、控制断面等代表性断面的水质情况，底泥、水资源开发利用程度和水文情势的评价，水环境质量回顾评价，区域水资源与开发利用总体状况、生态流量管理要求与现状满足程度、建设项目占用水域空间的水流状况与河湖演变状况，依托污水处理设施稳定达标排放评价。

对于水环境功能区或水功能区、近岸海域环境功能区，评价功能区各评价时期的水质状况与变化特征，给出达标评价结论，明确水质超标因子、超标程度，分析超标原因。

对于水环境控制单元或断面，评价建设项目所在控制单元或断面各评价时期的水质现状与时空变化特征，评价控制单元或断面的水质达标状况，明确控制单元或断面的水质超标因子、超标程度，分析超标原因。

对于水环境保护目标，评价涉及水环境保护目标水域各评价时期的水质状况与变化特征，明确水质超标因子、超标程度，分析超标原因。

对于对照断面、控制断面等代表性断面，评价对照断面水质状况，分析对照断面水质水量变化特征，给出水环境影响预测的设计水文条件；评价控制断面水质现状、达标状况，分析控制断面来水水质水量状况，识别上游来水不利组合状况，分析不利条件下的水质达标问题。评价其他监测断面的水质状况，根据断面所在水域的水环境保护目标水质要求，评价水质达标状况与超标因子。

对于底泥，评价底泥污染项目及污染程度，识别超标因子，结合底泥处置排放去向，评价退水水质与超标情况。

对于水资源开发利用程度及水文情势，应根据建设项目水文要素影响特点，评价所在流域（区域）水资源开发利用程度、生态流量满足程度、水域岸线空间占用状况等。

水环境质量回顾评价要结合历史监测数据与国家及地方生态环境保护主管部门公开发布的环境状况信息，评价建设项目所在水环境控制单元或断面、水环境功能区或水功能区、近岸海域环境功能区的水质变化趋势，评价主要超标因子变化状况，分析建设项目所在区域或水域的水质问题，从水污染、水文要素等方面，综合分析水环境质量现状问题的原因，明确与建设项目排污影响的关系。

评价流域（区域）水资源（包括水能资源）与开发利用总体状况、生态流量管理要求与现状满足程度、建设项目占用水域空间的水流状况与河湖演变状况。

依托污水处理设施，评价建设项目依托的污水处理设施稳定达标状况，分析建设项目依托污水处理设施环境可行性。

7.4 地表水环境影响预测与评价

地表水环境影响预测作为地表水环境影响评价的中心环节，通过一定的技术方法，预测建设项目在不同的实施阶段（包括建设期、运行期和服务期满后）对地表水环境的影响，为采取相应的环保措施及环境管理方案提供依据。

根据建设项目特点分别选择建设期、生产运行期以及服务期满后三个阶段进行预测。对生产运行期的预测包括正常排放及非正常排放两种工况，若建设项目具有充足的调节容量，预测正常排放对水环境的影响即可。此外，对建设项目的污染控制和减缓措施方案也应进行水环境影响模拟预测。受纳水体环境质量不达标区域，考虑在区（流）域环境质量改善目标下的模拟预测。一级、二级、水污染影响型三级 A 与水文要素影响型三级评价应定量预测建设项目水环境影响，水污染影响型三级 B 可不进行水环境影响预测。

7.4.1 预测因子与预测范围

预测因子应根据评价因子确定，重点选择与建设项目水环境影响关系密切的因子。

预测范围应包括现状调查范围，并根据受影响地表水体水文要素与水质特点合理拓展，确定原则与地表水现状调查一致。

7.4.2 预测点位与预测时期

7.4.2.1 预测点位

为全面反映拟建项目对范围内地表水环境影响，预测点布设的数量及位置应根据受纳水体和建设项目的特点、评价等级及当地的环保要求确定，一般选以下地点作为预测点：已确定的敏感点；环境现状的监测点，包括常规监测点、补充监测点，以有利于进行建设项目对地表水环境影响的对照；水文条件和水质突变处的上、下游，水源地，重要水工建筑物及水文站附近；在河流混合过程段选取几个代表性的断面，并适当加密预测点位；排污口下游可能出现浓度超标的点位附近。

7.4.2.2 预测时期

水环境影响预测时期应满足不同评价等级的评价时期的要求。对于水污染影响型建设项目，以水体自净能力最差以及水质状况相对较差的不利时期、水环境现状补充监测时期作为重点预测时期；对于水文要素影响型建设项目，则以水质状况相对较差或对评价范围内的水生生物影响最大的不利时期为重点预测时期。

目前地表水预测时期分为丰水期、平水期和枯水期三个时期。对于冰封期较长的水域，还应预测冰封期的环境影响。

7.4.2.3 预测内容

水环境预测分析内容应根据影响类型、预测因子、预测情景、预测范围的地表水水体类别、所选用的预测模型及评价要求综合确定。

水污染影响型建设项目预测内容包括：各关心断面（控制断面、取水口、污染源排放核算断面等）水质预测因子的浓度及变化情况；在水环境保护目标处的污染物浓度；各个污染物对水环境的最大影响范围；对湖泊、水库及半封闭海湾等进行影响预测时，需关注其富营养化状况与水华、赤潮等；排放口混合区范围。

水文要素影响型建设项目预测内容包括：河流、湖泊及水库的水文情势预测分析主要包括水域形态、径流条件、水力条件以及冲淤变化等内容，包括水面面积、水量、水温等，湖泊和水库需要重点关注湖泊水域面积或蓄水量及水力停留时间等因子；感潮河段、入海河口及近岸海域水动力条件预测分析主要包括流量、流向、潮区界等的变化因子。

7.4.2.4 预测模型

地表水环境预测模型包括数学和物理模型。在对地表水进行环境影响预测时宜选用数学模型，但在评价等级为一级且有特殊要求时需选用物理模型。

根据地表水环境影响预测的需要可选择的数学模型包括：面源污染负荷估算模型、水动力模型、水质（包括水温及富营养化）模型等。在预测过程中最重要的即为选择合适的模型及水质参数。

（1）模型概化

选用解析解方法对水环境影响进行预测时，对预测水域可进行合理的概化。河流水域概化要求如下：预测河段及代表性断面的宽深比≥20时，可视为矩形河段；河段弯曲系数>1.3时，可视为弯曲河段，其余可概化为平直河段；对于河流水文特征值、水质急剧变化的河段，应分段概化并分别进行水环境预测。

（2）模型的选择

以下介绍数学预测模型的适用范围及使用方法。

① 面源污染负荷模型。根据污染源类型选择适用的污染源负荷估算或模拟方法，预测污染源排放量与入河量。根据评价要求与数据条件，可采用源强系数法、水文分析法以及面源模型法等，也可采用多种方法进行对比分析，各方法具体适用条件如下。

源强系数法：评价区域有可采用的源强产生、流失及入河系数等面源污染负荷估算参数时可选用此法。

水文分析法：评价区域具有一定数量的同步水质水量监测资料时，可基于基流分割确定暴雨径流污染物浓度、基流污染物浓度，采用通量法估算面源的负荷量。

面源模型法：结合污染特点、模型适用条件、基础资料等综合确定。

② 水动力模型及水质模型。按照时间可分为稳态模型与非稳态模型，按照空间分为零维、一维（包括纵向一维及垂向一维，纵向一维包括河网模型）、二维（包括平面二维及立面二维）以及三维模型，按照是否需要采用数值离散方法分为解析解模型与数值解模型。水动力模型及水质模型的选取需根据建设项目的污染源特性、受纳水体的类型、水力学特征、水环境特点及评价等级等要求，选取适宜的预测模型。河流和湖库的数学模型选择要求具体如下。

河流数学模型：河流数学模型的选择要求见表7-11，在模拟河流顺直、水流均匀且排污稳定时可采用解析解。

表7-11 河流数学模型适用条件

模型分类	模型空间分类						模型时间分类	
	零维模型	纵向一维模型	河网模型	平面二维模型	立面二维模型	三维模型	稳态	非稳态
适用条件	水域基本均匀混合	沿程横断面均匀混合	多条河道相互连通，使得水流运动和污染物交换相互影响的河网地区	垂向均匀混合	垂向分布特征明显	垂向及平面分布差异明显	水流恒定，排污稳定	水流不恒定或排污不稳定

湖库数学模型：湖库数学模型选择要求见表 7-12，在模拟湖库水域形态规则、水流均匀且排污稳定时可采用解析解模型。

表 7-12 湖库数学模型适用条件

模型分类	模型空间分类						模型时间分类	
	零维模型	纵向一维模型	垂向一维模型	平面二维模型	立面二维模型	三维模型	稳态	非稳态
适用条件	水流交换作用较充分、污染物质分布基本均匀	污染物在断面上均匀混合的河道型水库	深水湖库，水平分布差异不明显，存在垂向分层	浅水湖库，垂向分层不明显	深水湖库，横向分布差异不明显，存在垂向分层	垂向及平面分布差异明显	流场恒定、源强恒定	流场不恒定或源强不恒定

（3）常用数学模型

本部分着重介绍河流数学模型中零维、纵向一维和平面二维的相关方程。

① 混合过程段长度估算公式见式（7-7）。

② 零维数学模型。河流均匀混合模型即废水排入河流后能与河水迅速完全混合，混合后的污染物浓度见式（7-38）。

$$C=(C_P Q_P+C_h Q_h)/(Q_P+Q_h) \tag{7-38}$$

式中 C——污染物浓度，mg/L；

C_P——污染物排放浓度，mg/L；

Q_P——污水排放量，m^3/s；

C_h——河流上游污染物浓度，mg/L；

Q_h——河流流量，m^3/s。

③ 纵向一维数学模型。

a. 连续稳定排放。根据河流纵向一维水质模型方程的简化、分类判别条件（即 O'Connor 数 α 和佩克莱数 Pe 的临界值），选择相应的公式。

$$\alpha=\frac{kE_x}{u^2} \tag{7-39}$$

$$Pe=\frac{uB}{E_x} \tag{7-40}$$

当 $\alpha \leqslant 0.027$、$Pe \geqslant 1$ 时，适用对流降解模型：

$$C=C_0 \exp\left(-\frac{kx}{u}\right) \tag{7-41}$$

当 $\alpha \leqslant 0.027$、$Pe < 1$ 时，适用对流扩散降解简化模型：

$$C=C_0 \exp\left(\frac{ux}{E_x}\right) \qquad x<0 \tag{7-42}$$

$$C=C_0 \exp\left(-\frac{kx}{u}\right) \qquad x \geqslant 0 \tag{7-43}$$

$$C_0=(C_P Q_P+C_h Q_h)/(Q_P+Q_h) \tag{7-44}$$

当 $0.027 < \alpha \leqslant 380$ 时，适用对流扩散降解模型：

$$C(x)=C_0 \exp\left[\frac{ux}{2E_x}(1+\sqrt{1+4\alpha})\right] \qquad x<0 \tag{7-45}$$

$$C(x)=C_0 \exp\left[\frac{ux}{2E_x}(1-\sqrt{1+4\alpha})\right] \qquad x \geqslant 0 \tag{7-46}$$

$$C_0 = (C_P Q_P + C_h Q_h) / [(Q_P + Q_h) \sqrt{1 + 4\alpha}] \tag{7-47}$$

当 $\alpha > 380$ 时，适用扩散降解模型：

$$C = C_0 \exp\left(x \sqrt{\frac{k}{E_x}}\right) \qquad x < 0 \tag{7-48}$$

$$C = C_0 \exp\left(-x \sqrt{\frac{k}{E_x}}\right) \qquad x \geqslant 0 \tag{7-49}$$

$$C_0 = (C_P Q_P + C_h Q_h) / (2A \sqrt{k E_x}) \tag{7-50}$$

式中 α——O'Connor 数，量纲为 1，表征物质离散降解通量与移流通量比值；

$\quad Pe$——佩克莱数，量纲为 1，表征物质移流通量与离散通量比值；

$\quad C_0$——河流排放口初始断面混合浓度，mg/L；

$\quad x$——河流沿程坐标，m，$x \geqslant 0$ 指排放口下游段，$x < 0$ 指排放口上游段；

$\quad E_x$——污染物纵向扩散系数，m^2/s；

$\quad A$——断面面积，m^2；

$\quad k$——污染物综合衰减系数，s^{-1}。

【例 7-2】 某拟建工程排入河流的污水流量 $Q_P = 19440 m^3/d$，COD＝100mg/L。河流的水环境参数为：流量 $Q_h = 6.0 m^3/s$，COD＝12mg/L，流速为 0.1m/s，耗氧系数 $k_1 = 0.5 d^{-1}$。假设污水进入河流后立即与河水混合均匀，在距排污口下游 10km 的断面处，河水中的 COD 的浓度是多少？

解：

排污初始断面 COD 浓度（完全混合模型）：

$$C_0 = \frac{C_h Q_h + C_P Q_P}{Q_h + Q_P} = \frac{12 \times 6 + 100 \times 19440/24/3600}{6 + 19440/24/3600} = 15.2 (\text{mg/L})$$

排污口下游 10km 处断面 COD 的浓度，采用一维连续稳定排放模型，见式（7-41）。

$$k = \frac{k_1}{86400}$$

$$C = C_0 \exp\left(-\frac{kx}{u}\right) = 15.2 \times \exp\left(-0.5 \times \frac{10000}{86400 \times 0.1}\right) = 8.52 (\text{mg/L})$$

故在距排污口下游 10km 的断面处河水中 COD 浓度为 8.52mg/L。

b. 瞬时排放。瞬时排放源河流一维对流扩散方程的浓度分布见 HJ 2.3 附录 E.3.2.2。

c. 有限时段排放。有限时段排放源河流一维对流扩散方程的浓度分布见 HJ 2.3 附录 E.3.2.3。

④ 平面二维数学模型。适用于模拟预测物质在宽浅水体（大河、湖库、入海河口及近岸海域）中，在垂向均匀混合的状态。

a. 连续稳定排放。不考虑岸边反射影响的宽浅型平直恒定均匀河流，岸边点源稳定排放，其浓度分布见公式（7-51）：

$$C_{(x,y)} = C_h + \frac{m}{h \sqrt{\pi E_y u x}} \exp\left(-\frac{u y^2}{4 E_y x}\right) \exp\left(-k \frac{x}{u}\right) \tag{7-51}$$

式中 $C_{(x,y)}$——纵向距离 x，横向距离 y 点的污染物浓度，mg/L；

$\quad m$——污染物排放速率，g/s；

$\quad h$——断面水深，m。

b. 瞬时排放。不考虑岸边反射影响的宽浅型平直恒定均匀河流，岸边点源排放，浓度分布公式见 HJ 2.3 附录 E.6.2.2。

【例 7-3】 某规划区废水拟经污水处理厂处理达标后汇入某江，根据监测结果，河流上游污染物浓度 $C_h = 10 \text{mg/L}$，污染物排放速率 $m = 2.64 \text{g/s}$，断面水深 $h = 8 \text{m}$，污染物横向扩散系数 $E_y = 0.4899 \text{m}^2/\text{s}$，在 x 轴方向上的平均流速 $u = 0.0482 \text{m/s}$，污染物综合衰减系数 $k = 0.1 \text{d}^{-1}$，计算距排放源 $x = 50 \text{m}$，$y = 1000 \text{m}$ 处污染物 COD 的浓度。

解：评价范围内，该江宽度大于 100m、宽深比大于 20、弯曲系数小于 1.3，对于不考虑岸边反射影响的宽浅型平直恒定均匀河流，岸边点源稳定排放，预测模型选用平面二维数学模型中的连续稳定排放模型，具体计算如下。

$$
\begin{aligned}
C_{(x,y)} &= C_h + \frac{m}{h\sqrt{\pi E_y u x}} \exp\left(-\frac{u y^2}{4 E_y x}\right) \exp\left(-k\frac{x}{u}\right) \\
&= 10 + \frac{2.64}{8\sqrt{3.14 \times 0.4899 \times 0.0482 \times 50}} \exp\left(-\frac{0.0482 \times 1000^2}{4 \times 0.4899 \times 50}\right) \exp\left(-0.1 \times \frac{50}{86400 \times 0.0482}\right) \\
&= 10.01 (\text{mg/L})
\end{aligned}
$$

故在 $x = 50 \text{m}$，$y = 1000 \text{m}$ 处 COD 浓度为 10.01mg/L。

7.4.3 地表水环境影响评价

7.4.3.1 评价内容

对于一级、二级、水污染影响型三级 A 及水文要素影响型三级评价，主要评价内容包括水污染控制和水环境影响减缓措施有效性评价与水环境影响评价。

针对水污染影响型三级 B 评价，主要评价内容为水污染控制和水环境影响减缓措施有效性评价和依托污水处理设施的环境可行性评价。

7.4.3.2 评价要求

包括水污染控制和水环境影响措施有效性评价要求、水环境影响评价要求及依托污水处理设施的环境可行性评价要求。

（1）水污染控制和水环境影响措施有效性评价要求

污染控制措施及各类排放口的浓度限值应满足国家和地区相关的排放标准以及符合相关排放标准规定的排水协议中关于水污染物排放的条款要求；水动力影响、生态流量、水温影响减缓措施应满足水环境保护目标的要求；涉及面源污染的，应满足国家和地方有关面源污染控制治理要求。受纳水体环境质量达标区的建设项目选择废水处理措施或多方案比选时，应满足行业污染防治可行性技术指南要求，确保废水稳定达标排放且所造成的环境影响在可接受范围内；受纳水体环境质量不达标区的建设项目选择废水处理措施或多方案比选时，需满足区（流）域水环境质量限期达标规划和替代源的削减方案要求等，确保废水污染物达到最低排放强度和排放浓度，且所造成的环境影响可以接受。

（2）水环境影响评价要求

排放口所在水域形成的混合区应限制在达标控制断面的以外水域，且不得与已有排放口形成的混合区叠加，混合区外水域应满足水环境功能区或其水质目标要求；水环境功能区或水功能区、近岸海域环境功能区水质达标；满足水环境保护目标水域水环境质量要求。评价水环境保护目标水域各预测时期的水质变化特征、影响程度与达标状况；水环境控制单元或断面水质达标；满足重点水污染排放总量控制指标要求；满足区（流）域水环境质量改善目标要求；水文要素影响型建设项目同时应包括水文情势变化评价、主要水文特征值影响评价、生态流量符合性评价；对于新设或调整入河（湖库、近岸海域）排放口的建设项目，应包括排放口设置的环境合理性评价；满足生态保护红线、水环境质量底线、资源利用上线和环境准入清单管理要求。

（3）依托污水处理设施的环境可行性评价要求

应从污水处理设施的日处理能力、处理工艺、设计进水水质、处理后的废水稳定达标排放情况及排放标准是否涵盖建设项目排放的有毒有害的特征水污染物等方面展开评价，满足依托的环境可行性要求。

7.4.3.3 污染源排放量核算

污染源排放量是新（改、扩）建项目申请污染物排放许可的依据。对于改、扩建项目，在核算新增源的污染物排放量外还应核算项目建成后全厂的污染物排放量，污染源排放量为其年排放量；建设项目在批复区域或水环境控制单元达标方案的许可排放量分配方案中有规定的，应按规定执行；规划环评污染源排放量核算与分配应遵循水陆统筹、河海兼顾、满足"三线一单"（生态保护红线、环境质量底线、资源利用上线、环境准入清单）约束要求的原则，综合考虑水环境质量改善目标要求和水环境功能区或水功能区、近岸海域环境功能区管理要求及经济社会发展、行业排污绩效等因素，确保发展不超载、底线不突破。

间接排放建设项目污染源排放量需根据依托污水处理设施的控制要求核算。直接排放建设项目污染源排放量，根据建设项目达标排放的地表水环境影响、污染源源强核算技术指南及排污许可申请与核发技术规范进行核算，并从严要求。

7.4.3.4 生态流量的确定

（1）一般要求

根据河流、湖库生态环境保护目标的流量（水位）及过程需求确定生态流量（水位）。河流应确定生态流量，湖库应确定水态水位。根据河流、湖库的形态、水文特征及生物重要生境分布，选取代表性的控制断面综合分析、评价河流和湖库的生态环境状况、主要生态环境问题等。生态流量控制断面或点位选择应结合重要生境、重要环境保护对象等保护目标的分布、水文站网分布以及重要水利工程位置等统筹考虑。

（2）河流、湖库生态环境需水计算要求

河流生态环境需水包括水生生态需水、水环境需水、湿地需水、景观需水等。根据河流生态环境保护目标要求，选择合适方法计算河流生态环境需水及其过程，符合以下要求：

① 水生生态需水计算中，应采用水力学法、生态水力学法、水文学法等计算水生生态流量。最少采用两种方法计算，基于不同计算方法成果对比分析，合理选择水生生态流量成果。鱼类繁殖期的水生生态需水宜采用生境分析法计算，确定繁殖期所需的水文过程，并取外包线作为计算成果，鱼类繁殖期所需水文过程应与天然水文相似。水生生态需水应为水生生态流量与鱼类繁殖期所需水文过程的外包线。

② 水环境需水应根据水环境功能区或水功能区确定控制断面水质目标，结合计算范围内的河段特征和控制断面与概化后污染源的位置关系，采用前述的数学模型方法计算水环境需水。

③ 湿地需水应综合考虑湿地水文特征和生态保护目标需水特征，综合不同方法合理确定湿地需水。

④ 景观需水应综合考虑水文特征和景观保护目标要求，确定景观需水。

⑤ 其他需水应根据评价区域实际情况进行计算。

湖库生态需水计算具体要求查阅 HJ 2.3。

7.4.3.5 河流、湖库生态流量综合分析与确定

河流应根据水生生态需水、水环境需水、湿地需水、景观需水、河口压咸需水和其他需水等计算成果，考虑各项需水的外包关系和叠加关系，综合分析后，根据需水目标要求，确定生态流量。湖库应根据湖库生态环境需水确定最低生态水位及不同时段内的水位。

此外，应根据国家或地方政府批复的综合规划、水资源规划、水环境保护规划等成果中相关的生态流量控制等要求，综合分析生态流量成果的合理性。

7.4.3.6 水环境保护措施

对建设项目可能产生的水污染物，需通过优化生产工艺和强化水资源的循环利用，提出减少污水产生量与排放量的环保措施，明确污水处理设施的位置、规模、处理工艺、主要构筑物或设备、处理效率等。

① 达标区建设项目选择废水处理措施或进行多方案比选时，应综合考虑保护措施的成本和治理效果；不达标区建设项目则应优先考虑治理效果，结合区域环境质量改善目标、替代源的削减方案实施情况，确保污染物的排放强度和排放浓度最低。

② 对水文要素影响型建设项目，需考虑水域生境及水生态系统的水文条件以及生态环境用水的基本需求，提出优化运行调度方案或下泄流量及过程，明确相应的泄放保护措施。

③ 对于建设项目引起的水温变化可能对农业、渔业等产生不利影响，需提出水温影响减缓措施。

7.4.3.7 评价结论

环境影响评价结论作为评价的核心部分，需根据水污染控制和水环境影响减缓措施的有效性评价、地表水环境影响评价结论，对项目可行性做出明确回答。

① 若建设项目环境影响评价满足或在考虑区（流）域环境质量改善目标要求、采用削减替代源的基础上可满足水污染控制和水环境影响减缓措施的有效性评价、地表水环境影响评价时认为地表水环境影响可以接受，否则认为地表水环境影响不可接受。

② 若在某种情况下（如不能达到预定水质要求但影响很小且发生概率小时；或者建设项目对受纳水体有污染的一方面，但也有改善的一方面时；或者其他尚有讨论余地的问题）有些建设项目不宜做出明确结论，可以针对具体问题做出具体分析，提出方案建议或分析意见，并说明原因。

7.5 地表水环境影响评价案例

以污水处理厂尾水排入邻近河流水体作为地表水环境影响典型案例，详细内容可扫描二维码查看。

二维码 4 地表水环境影响评价案例

第8章

地下水环境影响评价

8.1 地下水环境影响评价概述

为贯彻《中华人民共和国环境保护法》《中华人民共和国水污染防治法》《中华人民共和国环境影响评价法》，规范和指导地下水环境影响评价工作，防止地下水污染，保护地下水环境，环境保护部制定了《环境影响评价技术导则　地下水环境》（HJ 610—2016）。该技术导则规定了地下水环境影响评价的一般性原则、内容、工作程序、方法和要求，适用于对地下水环境可能产生影响的建设项目的环境影响评价。规划环境影响评价中的地下水环境影响评价可参照执行。

地下水环境影响评价应对建设项目在建设期、运营期和服务期满后对地下水水质可能造成的直接影响进行分析、预测和评估，提出预防或者减轻不良影响的对策和措施，制定地下水环境影响跟踪监测计划，为建设项目地下水环境保护提供科学依据。

根据建设项目对地下水环境影响的程度，结合《建设项目环境影响评价分类管理名录》，将建设项目分为四类（HJ 610附录 A）。Ⅰ类、Ⅱ类、Ⅲ类建设项目的地下水环境影响评价应执行技术导则要求，Ⅳ类建设项目无须开展地下水环境影响评价。

8.1.1 评价基本任务

地下水环境影响评价应按技术导则划分的评价工作等级开展相应评价工作，基本任务包括：

① 识别地下水环境影响，确定地下水环境影响评价工作等级；

② 开展地下水环境现状调查，完成地下水环境现状监测与评价；

③ 预测和评价建设项目对地下水水质可能造成的直接影响；

④ 提出有针对性的地下水污染防控措施与对策；

⑤ 制定地下水环境影响跟踪监测计划和应急预案。

8.1.2 工作程序

地下水环境影响评价工作可划分为准备阶段、现状调查与评价阶段、影响预测与评价阶段和结论阶段（详见 HJ 610 的 4.3 节）。

8.1.3 术语与定义

（1）集中式饮用水水源

通过输水管网送至用户的且具有一定供水规模（供水人口一般不小于 1000 人）的现用、备用和规划的地下水饮用水水源。

（2）分散式饮用水水源地

供水小于一定规模（供水人口一般小于 1000 人）的地下水饮用水水源地。

（3）地下水污染对照值

调查评价区内有历史记录的地下水水质指标统计值，或调查评价区内受人类活动影响程度较小的地下水水质指标统计值。

（4）地下水污染

人为原因直接导致地下水化学、物理、生物性质改变，使地下水水质恶化的现象。

（5）正常状况

建设项目的工艺设备和地下水环境保护措施均达到设计要求条件下的运行状况。如防渗系统的防渗能力达到了设计要求，防渗系统完好，验收合格。

（6）非正常状况

建设项目的工艺设备或地下水环境保护措施因系统老化、腐蚀等不能正常运行或保护效果达不到设计要求时的运行状况。

（7）地下水环境保护目标

潜水含水层和可能受建设项目影响且具有饮用水开发利用价值的含水层，包括集中式饮用水水源和分散式饮用水水源地，以及《建设项目环境影响评价分类管理名录》中所界定的涉及地下水的环境敏感区。

8.1.4 评价标准

《地下水质量标准》（GB/T 14848）和有关法规及当地的环保要求是地下水环境现状评价的基本依据。对属于 GB/T 14848 水质指标的评价因子，应按其规定的水质分类标准值进行评价；对不属于 GB/T 14848 水质指标的评价因子，可参照国家（行业、地方）相关标准，如《地表水环境质量标准》（GB 3838）、《生活饮用水卫生标准》（GB 5749）、《地下水水质标准》（DZ/T 0290）等进行评价。

《地下水质量标准》规定了地下水质量分类、指标及限值，地下水质量调查与监测，地下水质量评价等内容，适用于地下水质量调查、监测、评价与管理。与 GB/T 14848—1993 相比，GB/T 14848—2017 将地下水质量指标划分为常规指标和非常规指标，并根据物理化学性质做了进一步细分，水质指标由 39 项增加至 93 项，其中有机污染指标增加了 47 项。该标准的修订为全国地下水污染调查评价和国家地下水监测工程实施提供支撑。

（1）地下水质量分类

依据我国地下水质量状况和人体健康风险，参照生活饮用水、工业、农业等用水质量要求，依据各组分含量高低（pH 除外），分为五类：

Ⅰ类：地下水化学组分含量低，适用于各种用途。

Ⅱ类：地下水化学组分含量较低，适用于各种用途。

Ⅲ类：地下水化学组分含量中等，以 GB 5749 为依据，主要适用于集中式生活饮用水源及工农业用水。

Ⅳ类：地下水化学组分含量较高，以农业和工业用水质量要求以及一定水平的人体健康风险为依据，适用于农业和部分工业用水，适当处理后可作为生活饮用水。

Ⅴ类：地下水化学组分含量高，不宜作为生活饮用水水源，其他用水可根据使用目的选用。

（2）地下水质量分类指标

地下水质量分类指标分为常规指标和非常规指标。常规指标有 39 项，包括 20 项感官性状及一般化学指标、2 项微生物指标、15 项毒理学指标及 2 项放射性指标。非常规指标有54 项，全部为毒理学指标。详见表 8-1。

表 8-1　地下水质量指标分类表

常规指标		非常规指标	
感官性状及一般化学指标	色、嗅和味、浑浊度、肉眼可见物、pH、总硬度、溶解性总固体、硫酸盐、氯化物、铁、锰、铜、锌、铝、挥发性酚类(以苯酚计)、阴离子表面活性剂、耗氧量(COD_{Mn}法,以 O_2 计)、氨氮(以 N 计)、硫化物、钠	毒理学指标	铍、硼、锑、钡、镍、钴、钼、银、铊、二氯甲烷、1,2-二氯乙烷、1,1,1-三氯乙烷、1,1,2-三氯乙烷、1,2-二氯丙烷、三溴甲烷、氯乙烯、1,1-二氯乙烯、1,2-二氯乙烯、三氯乙烯、四氯乙烯、氯苯、邻二氯苯、对二氯苯、三氯苯(总量)、乙苯、二甲苯(总量)、苯乙烯、2,4-二硝基甲苯、2,6-二硝基甲苯、萘、蒽、荧蒽、苯并[b]荧蒽、苯并[a]芘、多氯联苯(总量)、邻苯二甲酸二(2-乙基己基)酯、2,4,6-三氯酚、五氯酚、六六六(总量)、γ-六六六(林丹)、滴滴涕(总量)、六氯苯、七氯、2,4-滴、克百威、涕灭威、敌敌畏、甲基对硫磷、马拉硫磷、乐果、毒死蜱、百菌清、莠去津、草甘膦
微生物指标	总大肠菌群、菌落总数		
毒理学指标	亚硝酸盐(以 N 计)、硝酸盐(以 N 计)、氰化物、氟化物、碘化物、汞、砷、硒、镉、铬(六价)、铅、三氯甲烷、四氯化碳、苯、甲苯		
放射性指标	总 α 放射性、总 β 放射性		

8.2　水文地质学基础知识

地下水是埋藏在地表以下土层或岩石空隙中的水。水文地质学是研究地下水的科学。它研究在与岩石圈、水圈、大气圈、生物圈以及人类活动相互作用下地下水水量和水质的时空变化规律，并研究如何运用这些规律兴利除害，为人类服务。

8.2.1　岩石中的空隙与水分

8.2.1.1　岩石中的空隙

岩石空隙是地下水的储存场所和运动通道。空隙的多少、大小、形状、连通情况和分布规律，对地下水的分布和运动具有重要影响。将岩石空隙作为地下水储存场所和运动通道研究时，可分为三类，即松散岩石中的孔隙、坚硬岩石中的裂隙和可溶岩石中的溶穴。

（1）孔隙

松散岩石是由大小不等的颗粒组成的。颗粒或颗粒集合体之间的空隙，称为孔隙 [见图 8-1 （a）～（f）]。岩石中孔隙体积的多少是影响其储容地下水能力大小的重要因素。孔隙体积的多少可用孔隙度表示。孔隙度是指某一体积岩石（包括孔隙在内）中孔隙体积所占的比例。孔隙度的大小主要取决于分选程度及颗粒排列情况，颗粒形状及胶结充填情况也影响孔隙度。对于黏性土，结构及次生孔隙常是影响孔隙度的重要因素。

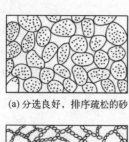 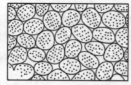 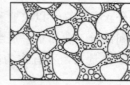 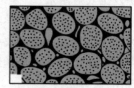

(a) 分选良好，排序疏松的砂   (b) 分选良好，排列紧密的砂   (c) 分选不良的，含泥、砂的砾石   (d) 部分胶结的砂岩

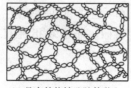 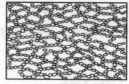  

(e) 具有结构性孔隙的黏土   (f) 经过压缩的黏土   (g) 裂隙发育的岩石   (h) 具有裂隙及溶穴的可溶岩

图 8-1   岩石中的各种空隙

（2）裂隙

固结的坚硬岩石，包括沉积岩、岩浆岩和变质岩，一般不存在或只保留一部分颗粒之间的孔隙，以各种应力作用下岩石破裂变形产生的裂隙为主［见图 8-1（g）］。按裂隙的成因可分成岩裂隙、构造裂隙和风化裂隙。成岩裂隙是岩石在成岩过程中由于冷凝收缩（岩浆岩）或固结干缩（沉积岩）而产生的。岩浆岩中成岩裂隙比较发育，尤以玄武岩中柱状节理最有意义。构造裂隙是岩石在构造变动中受力而产生的，这种裂隙具有方向性，大小悬殊（由隐蔽的节理到大断层），分布不均一。风化裂隙是风化营力作用下，岩石破坏产生的裂隙，主要分布在地表附近。裂隙的多少以裂隙率表示。裂隙率是裂隙体积与包括裂隙在内的岩石体积的比值。

（3）溶穴

可溶的沉积岩，如岩盐、石膏、石灰岩和白云岩等，在地下水溶蚀下会产生空洞，这种空隙称为溶穴（隙）［见图 8-1（h）］。溶穴的体积与包括溶穴在内的岩石体积的比值即为岩溶率。溶穴的规模悬殊，大的溶洞可宽达数十米，高数十乃至百余米，长达几至几十千米，而小的溶孔直径仅几毫米。岩溶发育带岩溶率可达百分之几十，而其附近岩石的岩溶率几乎为零。

8.2.1.2   岩石中水的存在形式

岩石空隙中存在各种形式的水，按其物理性质的不同，有气态水、结合水、毛细水、重力水、固态水，另外尚有存在于矿物中的水。

（1）结合水

松散岩石的颗粒表面及坚硬岩石空隙壁面均带有电荷，水分子又是偶极体，由于静电吸引，固相表面具有吸附水分子的能力。受固相表面的引力大于水分子自身重力的水，称为结合水。此部分水束缚于固相表面，不能在自身重力影响下运动。由于固相表面对水分子的吸引力自内向外逐渐减弱，结合水的物理性质也随之发生变化。结合水区别于普通液态水的最大特征是具有抗剪强度，即必须施一定的力方能使其发生变形。

（2）重力水

距离固体表面更远的那部分水分子，重力对它的影响大于固体表面对它的吸引力，因而能在自身重力影响下运动，这部分水就是重力水。岩土空隙中的重力水能够自由流动。井泉取用的地下水属重力水，是水文地质研究的主要对象。

(3) 毛细水

松散岩石中细小的孔隙通道构成毛细管，因此在地下水面以上的包气带中广泛存在毛细水。由于毛细力的作用，水从地下水面沿着小孔隙上升到一定高度，形成一个毛细水带，此带中的毛细水下部有地下水面支持，因此称为支持毛细水。细粒层次与粗粒层次交互成层时，在一定条件下，由于上下弯液面毛细力的作用，在细土层中会保留与地下水面不相连接的毛细水，这种毛细水称为悬挂毛细水。在包气带中颗粒接触点上还可以悬留孔角毛细水（触点毛细水），即使是粗大的卵砾石，颗粒接触处孔隙大小也可以达到毛细管的程度而形成弯液面，将水滞留在孔角上。

8.2.1.3 岩石的水理性质

岩石的空隙性为地下水的储存和运动提供了空间条件，岩石空隙大小、多少、连通程度及分布的均匀程度，都对其储容、滞留、释出以及透过水的能力有影响。岩石表现出来的控制水分活动的各种性质，如容水性、持水性、给水性和透水性等，称为岩石的水理性质。

(1) 容水度

容水度是指岩石完全饱水时所能容纳的最大的水体积与岩石总体积的比值，可用小数或百分数表示。一般来说，容水度在数值上与孔隙度（裂隙率、岩溶率）相当。但是对于具有膨胀性的黏土，充水后体积扩大，容水度可大于孔隙度。

(2) 含水量

含水量说明松散岩石实际保留水分的状况。松散岩石孔隙中所含水的质量与干燥岩石质量的比值，称为质量含水量。含水的体积与包括孔隙在内的岩石体积的比值，称为体积含水量。孔隙充分饱水时的含水量称作饱和含水量。饱和含水量与实际含水量之间的差值称为饱和差。实际含水量与饱和含水量之比称为饱和度。

(3) 给水度

若地下水面下降，则下降范围内饱水岩石及相应的支持毛细水带中的水，将因重力作用而下移并部分从原先赋存的空隙中释出。把地下水位下降一个单位深度，从地下水位延伸到地表面的单位水平面积岩石柱体，在重力作用下释出的水的体积，称为给水度。

(4) 持水度

地下水位下降时，一部分水由于毛细力（以及分子力）的作用仍旧反抗重力保持于空隙中。地下水位下降一个单位深度，单位水平面积岩石柱体中反抗重力而保持于岩石空隙中的水量，称作持水度。给水度与持水度之和等于孔隙度。

(5) 透水性

岩石的透水性是指岩石允许水透过的能力。表征岩石透水性的定量指标是渗透系数。岩石可以透水的根本原因在于其本身具有相互连通的空隙，决定岩石透水性强弱的首先是空隙的大小，其次才是空隙的数量。

8.2.2 地下水的赋存

(1) 包气带与饱水带

地表以下一定深度，岩石中的空隙被重力水所充满，形成地下水面。地下水面以上称为包气带，地下水面以下称为饱水带（图 8-2）。

在包气带中，空隙壁面吸附有结合水，细小空隙中含有毛细水，未被液态水占据的空隙

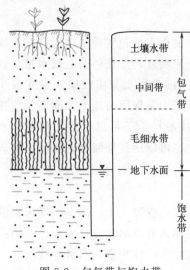

土壤水带

中间带

毛细水带

—— 地下水面

包气带

饱水带

图 8-2 包气带与饱水带

中包含空气及气态水,空隙中的水超过吸附力和毛细力所能支持的量时,空隙中的水便以过路重力水的形式向下运动。上述以各种形式存在于包气带中的水统称为包气带水。

包气带的含水量及水盐运动受气象因素影响极为显著。另外,天然以及人工植被也对其起很大作用。人类生活与生产对包气带水质的影响已经愈来愈强烈。

饱水带岩石空隙全部为液态水所充满。饱水带中的水体是连续分布的,能够传递静水压力,在水头差的作用下,可以发生连续运动。饱水带中的重力水是开发利用或排出的主要对象。

(2) 含水层、隔水层与弱透水层

岩层按其渗透性可分为透水层与不透水层。饱含水的透水层便是含水层。不透水层通常称为隔水层。

含水层是指能够透过并给出相当数量水的岩层。隔水层则是不能透过与给出水,或者透过与给出的水量微不足道的岩层。上述定义中并没有给出区分含水层与隔水层的定量指标,是因为它们的定义具有相对性。

严格地说,自然界中并不存在绝对不发生渗透的岩层,只不过某些岩层(如缺少裂隙的致密结晶岩)的渗透性特别低罢了。渗透性相同的某一岩层,在涉及某些问题时被看作透水层,在涉及另一些问题时则可能被看作隔水层。含水层、隔水层与透水层的定义取决于运用它们时的具体条件。在利用与排出地下水的实际工作中区分含水层与隔水层,应当考虑岩层所能给出水的数量大小是否具有实际意义。例如,利用地下水供水时,某一岩层能够给出的水量较少,对于水源丰沛、需水量很大的地区,由于远不能满足供水需求,而被视作隔水层。但在水源匮乏、需水量又小的地区,同一岩层便能在一定程度上满足,甚至充分满足实际需要,在这一地区,这种岩层便可看作含水层。再如,某种岩层的渗透性比较差,从供水的角度,它可能被视为隔水层,而从水库渗漏的角度,由于水库的周界长、渗漏时间长,此类岩层的渗漏量不能忽视,这时又必须将它看作含水层。

所谓弱透水层是指那些渗透性相当差的岩层,在一般的供排水问题中,它们所能提供的水量微不足道,似乎可以看作隔水层。但是,在发生越流时,由于驱动水流的水力梯度大且发生渗透的过水断面很大(等于弱透水层分布范围),相邻含水层通过弱透水层交换的水量相当大,这时把它看作隔水层就不合适了。松散沉积物中的黏性土、坚硬基岩中裂隙稀少而狭小的岩层(如砂质页岩、泥质粉砂岩等)都可以归入弱透水层之列。

某些岩层,尤其是沉积岩,由于不同岩性层的互层,有的层次发育裂隙或溶穴,有的层次致密,因而在垂直层面的方向上隔水,但在顺层方向上却是透水的。例如,薄层页岩和石灰岩互层时,页岩中裂隙接近闭合,石灰岩中裂隙与溶穴发育,便成为典型的顺层透水而垂直层面隔水的岩层。

含水层的构成首要具有储存重力水的空间,也就是说应当具有孔隙、裂隙或溶穴等。岩层的空隙愈大、数量愈多、连通性愈好,则透水性能愈好,重力水就愈容易入渗、容易流动,这种条件下有利于形成含水层。对于孔隙度很大,而孔隙细小的黏土,由于其中多为结合水所占据,所以通常不能构成含水层而成为隔水层,只有黏土中发育有较好的裂隙时,才有可能构成含水层。

其次还必须具备储存地下水的地质构造，即在透水性良好的岩层下有隔水（不透水或弱透水）的岩层存在，以免重力水向下全部漏失；或在水平方向上有隔水层阻挡，以免全部漏空。只有这样，运动于空隙中的重力水，才能较长久地储存起来，形成含水层。

岩层具备了良好的储水空间和构造条件，还需具有充足的补给来源，对供水、排水有一定实际意义时，才能构成含水层。补给充足，含水层水量就大，否则就小。

（3）地下水的分类

地下水这一名词有广义与狭义之分。广义的地下水是指赋存于地面以下岩土空隙中的水，包气带及饱水带中所有含于岩石空隙中的水均属之。狭义的地下水仅指赋存于饱水带岩土空隙中的水，通常为地面以下饱和含水层中的重力水。

地下水的赋存特征对其水量、水质的时空分布有决定意义，其中最重要的是埋藏条件与含水介质类型。所谓地下水的埋藏条件，是指含水岩层在地质剖面中所处的部位及受隔水层（弱透水层）限制的情况。据此可将地下水分为包气带水、潜水及承压水。

赋存于不同岩层中的地下水，由于其含水介质特征不同，具有不同的分布与运动特点。按岩层的空隙类型分为三种类型地下水——孔隙水、裂隙水和岩溶水（见表 8-2，图 8-3）。

表 8-2 地下水分类表

埋藏条件	孔 隙 水	裂 隙 水	岩 溶 水
包气带水	土壤水、局部黏性土隔水层上季节性存在的重力水（上层滞水）、过路和悬留毛细水及重力水	裂隙岩层浅部季节性存在的重力水及毛细水	裸露岩溶化岩层上部岩溶通道中季节性存在的重力水
潜水	各类松散沉积物浅部的水	裸露于地表的各类裂隙岩层中的水	裸露于地表的岩溶化岩层中的水
承压水	山间盆地及平原松散沉积物深部的水	组成构造盆地、向斜构造或单斜断块的被掩覆的各类裂隙岩层中的水	组成构造盆地、向斜构造或单斜断块的被掩覆的岩溶化岩层中的水

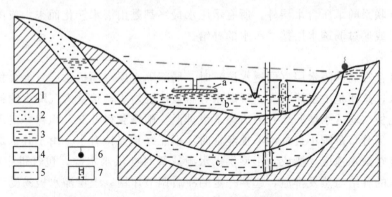

图 8-3 潜水、承压水及上层滞水

1—隔水层；2—透水层；3—饱水部分；4—潜水位；5—承压水测压水位；6—泉（上升泉）；

7—水井，实线表示井壁不进水；a—上层滞水；b—潜水；c—承压水

（4）潜水

地面以下，第一个稳定隔水层以上且具有自由水面的地下水。潜水没有隔水顶板，或只

有局部的隔水顶板。潜水的表面为自由水面，称作潜水面，从潜水面到隔水底板的距离为潜水含水层的厚度，潜水面到地面的距离为潜水埋藏深度。潜水含水层厚度与潜水埋藏深度随潜水面的升降而发生相应的变化。

潜水的埋藏条件决定了潜水具有以下特征：

① 潜水具有自由水面。因顶部没有连续的隔水层，潜水面不承受静水压力，是一个仅承受大气压力作用的自由表面，故为无压水。潜水在重力作用下，由高水位向低水位流动。在潜水面以下局部地区存在隔水层时，可造成潜水的局部承压现象。

② 潜水因无隔水顶板，大气降水、地表水等可以通过包气带直接渗入补给潜水。故潜水的分布区和补给区经常是一致的。

③ 潜水的水位、水量、水质等动态变化与气象水文、地形等因素密切相关。因此，其动态变化有明显的季节性、地区性。如降雨季节含水层获得补给，水位上升，含水层变厚，埋深变浅，水量增大，水质变淡。干旱季节排泄量大于补给量，水位下降，含水层变薄，埋深加大。气候湿润、地形切割强烈时，易形成矿化度低的淡水；气候干旱、低平地形时，常形成咸水。

④ 潜水易受人为因素的污染。因顶部没有连续隔水层且埋深一般较浅，污染物易随入渗水流进入含水层，影响水质。

⑤ 潜水因埋深浅，补给来源充沛，水量较丰富，易于开发利用，是重要的供水水源。

（5）承压水

充满于上下两个相对隔水层（弱透水层）间的具有承压性质的地下水。承压含水层上部的隔水层（弱透水层）称作隔水顶板，下部的隔水层（弱透水层）称作隔水底板。隔水顶、底板之间的距离为承压含水层厚度。由于上部受到隔水层或弱透水层的隔离，承压水与大气圈、地表水圈的联系较差，水循环也缓慢得多。承压水不像潜水那样容易污染，但是一旦污染则很难净化。

（6）潜水与承压水的相互转化

在自然与人为条件下，潜水与承压水经常处于相互转化之中。显然，除了构造封闭条件下与外界没有联系的承压含水层外，所有承压水最终都是由潜水转化而来，或由补给区的潜水侧向流入，或通过弱透水层接受潜水的补给。

（7）上层滞水

当包气带存在局部隔水层（弱透水层）时，局部隔水层（弱透水层）上会积聚具有自由水面的重力水，这便是上层滞水。上层滞水分布最接近地表，接受大气降水的补给，通过蒸发或向隔水底板（弱透水层底板）的边缘下渗排泄。雨季获得补充，积存一定水量；旱季水量逐渐耗失。当分布范围小且补给不很经常时，不能终年保持有水。由于其水量小，动态变化显著，只有在缺水地区才能成为小型供水水源或暂时性供水水源。包气带中的上层滞水，对其下部潜水的补给与蒸发排泄，起到一定的滞后调节作用。上层滞水极易受到污染，利用其作为饮用水源时要格外注意卫生防护。

8.2.3　地下水运动的基本规律

（1）渗流

地下水在岩石空隙中的运动称为渗流（渗透），发生渗流的区域称为渗流场。由于岩石的空隙形状、大小和连通程度的差异，地下水在这些空隙中的运动是十分复杂的，要掌握地下水在每个实际空隙通道中水流运动的特征是不可能的，同时也无必要。于是，用一种假想的水流代替岩石空隙中运动的真实水流的方法来研究水在岩石空隙中的运动。这种假想的水流，一是认为它是连续地充满整个岩石空间（包括空隙空间和岩石骨架占据的空间），二是不考虑实际流动途径的迂回曲折，只考虑地下水的流向，这种假想的水流称为渗流。由于受到介质的阻滞，地下水的流动远较地表水缓慢。

水在渗流场内运动，各个运动要素均不随时间改变时，称为稳定流。运动要素随时间变化的水流运动，称为非稳定流。严格地讲，地下水运动都属于非稳定流，但是为了便于分析计算，可以将某些运动要素变化微小的渗流，近似地看作稳定流。

地下水运动的空间变化类型有一维流、二维流和三维流。渗流场中任意点的各运动要素只是一个空间坐标的函数时称为一维流。渗流场中任意点的各运动要素是二维空间里两个坐标的函数时称为平面流或二维流。渗流场中任意点的各运动要素与空间坐标的三个方向有关时称为三维流。流动的维数有时与坐标系类型有关。具有轴对称性的流动，选取柱坐标或极坐标系时，其维数要比选取直角坐标系时少一维。没有轴对称性的流动，在上述三类坐标系下的维数是相同的。

（2）线性渗透定律——达西定律

1856 年，法国工程师达西通过水在直立均质各向同性砂柱中的渗透实验，总结出了著名的达西定律：

$$v = KJ = K\frac{H_1 - H_2}{L} \tag{8-1}$$

式中，v 是渗流速度的大小，有的文献中也称为比流量；J 是水力坡度；H_1、H_2 分别是渗流上、下游（砂柱始、末端）断面的水头；L 是直立砂柱的长度；K 是比例系数，称为渗透系数，有的文献中也称 K 为水力传导系数。

达西定律表明：渗流速度的大小与渗流水力坡度的一次方成正比。因此，有时也称达西定律为线性渗透定律。达西定律适用于低雷诺数的层流运动，由于渗流速度通常都很小，多孔介质中固相颗粒的平均粒径也很小，因而，在绝大多数情况下，渗流的雷诺数是小于1～10 的，表明达西定律在绝大多数情况下都是适用的，是地下水环境影响预测的基础。

8.2.4 地下水的补给、径流与排泄

地下水不断地参与着自然界的水循环。含水层或含水系统经由补给从外界获得水量，通过径流将水量由补给处输送到排泄处向外界排出。在补给与排泄过程中，含水层与含水系统除了与外界交换水量外，还交换能量、热量与盐量。因此，补给、排泄与径流决定着地下水水量、水质在空间与时间上的分布。

8.2.4.1 地下水的补给

含水层或含水系统从外界获得水量的过程称作补给。补给除了获得水量，还获得一定盐量和热量，从而使含水层或含水系统的水化学与水温发生变化。补给获得水量，抬高地下水位，增加了势能，使地下水保持不停流动。由于构造封闭，或由于气候干旱，地下水长期得不到补给，便将停滞而不流动。地下水的补给来源可分为自然补给和人为补给两类。自然补给包括大气降水、地表水、凝结水，以及来自其他含水层或含水系统的水等。与人类活动有关的地下水补给有灌溉回归水、水库渗漏水，以及专门性的人工补给，体现了人类活动对地

下水循环的干预。

（1）大气降水对地下水的补给

大气降水是水循环中最活跃的因素之一，也是浅层地下水的主要补给水源。降水以入渗方式，就地补给潜水，在潜水含水层分布面积上，几乎均能获得大气降水的入渗补给，因此潜水的补给是面状补给。

降水的一部分转为地表径流，一部分被蒸发，仅有部分渗入地下，渗入地下的部分在到达潜水面以前，必须经过由土壤颗粒、空气和水三相组成的包气带，故入渗过程中水的运动极其复杂。

降水初期，当包气带含水量较小或干燥时，吸收降水的能力相当强，重力、颗粒表面吸引力以及细小孔隙中的毛细力，都促使水分入渗，形成结合水、悬挂毛细水等。因此，降水初期或降水量很小时，入渗的水分大部分或完全被包气带所吸收，很少或不可能补给潜水。

当结合水、悬挂毛细水等达到极限（包气带中的毛细孔隙全部被水充满）时，包气带的吸水能力显著降低，继续降水时，在重力和静水压力的传递作用下，连续下渗的重力水会很快到达潜水面，引起潜水位的抬升。因此，一般孔隙、裂隙潜水含水层水位的回升总是滞后于降雨，而岩溶含水层有时是通过岩溶通道灌入，此时降水补给就少有滞后现象。

影响大气降水入渗补给的因素主要有两类：一类是降水本身的特点，即降水量的多少、降水的性质和持续时间；一类是接受补给的地形、地质和植被条件，即包气带土壤的湿度、包气带的岩性和厚度、地表坡度及植被等。

（2）地表水对地下水的补给

地表水包括江、河、湖、海及水库、池塘等水体。当它们与潜水间具有水力联系且其水面高出潜水面时，均可对潜水进行补给。山前冲、洪积扇的顶部地区，一般分布透水性能良好的砂砾石层，潜水埋藏较深，分布在该地区河流中的水往往大量渗漏补给潜水，构成潜水的长年补给源。在大河中、上游地区，洪水季节河水往往高于附近的潜水位而构成潜水的补给源，但是这些地段河水与潜水的关系受地貌、岩性及水文动态影响而复杂化，必须具体情况具体分析。

河水对潜水补给量的大小取决于河床的透水性能，河水位与潜水位的高差，河床渗漏段的长度与河床湿周，以及河床过水时间的长短等，补给量与上述诸因素成正比。其他地表水体对潜水的补给情况与河流的情况大体相同。地表水对潜水的补给量可因人为因素的影响而发生变化。如傍河开采潜水，人为地增大了河水位与潜水位的高差，从而增加了河水对潜水的补给量。在岩溶发育地区，地表水和地下水的联系更密切，有时地表河流（明流）与地下暗河（伏流）相连，交替出现，两者很难分开。

（3）凝结水对地下水的补给

在某些地方，水汽的凝结对地下水的补给有一定意义。饱和湿度随温度降低，温度降到一定程度，空气中的绝对湿度与饱和湿度相等。温度继续下降，超过饱和湿度的那一部分水汽，便凝结成水。这种由气态水转化为液态水的过程称作凝结作用。

夏季的白天，大气和土壤都吸热增温；到夜晚，土壤散热快而大气散热慢。地温降到一定程度，在土壤孔隙中水汽达到饱和，凝结成水滴，绝对湿度随之降低。由于此时气温较高，地面大气的绝对湿度较土中大，水汽由大气向土壤孔隙运动，如此不断补充，不断凝结，当形成足够的液滴状水时，便下渗补给地下水。

一般情况下，凝结形成的水相当有限。但是，高山、沙漠等昼夜温差大的地方，凝结作用对地下水补给的作用不能忽视。

（4）含水层之间的补给

两个含水层之间存在水头差且有联系的通路，水头较高的含水层便补给水头较低者。

隔水层分布不稳定时，在其缺失部位的相邻的含水层便通过"天窗"发生水力联系。松散沉积物及基岩都有可能存在透水的"天窗"，但通常基岩中隔水层分布比较稳定，因此，切穿隔水层的导水断层往往成为基岩含水层之间的联系通路。穿越数个含水层的钻孔或止水不良的分层钻孔，都将人为地构成水由高水头含水层流入低水头含水层的通道。相邻含水层通过其间的弱透水层发生水量交换，称作越流。越流经常发生于松散沉积物中，黏性土层构成弱透水层。

（5）地下水的其他补给来源

除了上述补给来源，地下水还可从人类无意或有意的某些活动中得到补给。

建造水库、进行灌溉以及工业与生活废水的排放都会使地下水获得新的补给。灌溉渠道的渗漏以及田间灌水入渗常使浅层地下水获得额外的补给。前者的补给方式犹如地表水，后者与大气降水入渗相似。习惯上将灌溉渗漏（包括渠道与田间渗漏）补给含水层的水称为灌溉回归水。灌溉回归水往往可占灌水总量的 $20\% \sim 40\%$。因此，平原、盆地中不适当的灌溉可引起潜水位大幅度上升，引起土壤次生沼泽化与盐渍化。

采用有计划的人为措施补充含水层的水量称为人工补给地下水。人工补给地下水的目的主要是补充与储存地下水资源，抬高地下水位以改善地下水开采条件，同时还有以下目的：储存热源用于锅炉用水，储存冷源用于空调冷却，控制地面沉降，防止海水倒灌与咸水入侵淡水含水层，等等。人工补给地下水通常采用地面、河渠、坑池蓄水渗补及井孔灌注等方式。

8.2.4.2 地下水的排泄

含水层或含水系统失去水量的过程称作排泄。在排泄过程中，含水层与含水系统的水质也发生相应变化。研究含水层（含水系统）的排泄包括排泄去路、排泄条件与排泄量等。地下水通过泉涌出、向河流泄流及蒸发、蒸腾等方式向外界排泄。此外，还存在一个含水层（含水系统）向另一含水层（含水系统）的排泄。用井孔抽汲地下水，或用渠道、坑道等排出地下水，均属地下水的人工排泄。

8.2.4.3 地下水的径流

地下水由补给区向排泄区流动的过程称作径流。除某些构造封闭的自流盆地及地势很平坦区的潜水外，地下水都处在不断的径流过程中。径流是连接补给和排泄的中间环节。径流过程中，地下水不断汇集水量，溶滤含水介质，积累盐分，并将水量和盐分最终输送到排泄区。径流的强弱影响着含水层水量与水质的形成过程及时空分布。因而，地下水的补给、径流和排泄是地下水形成过中一个统一的不可分割的循环过程。

8.2.5 地下水的物理性质和化学性质

地下水不是化学纯的 H_2O，而是一种复杂的溶液。赋存于岩石圈中的地下水，不断与岩土发生化学反应，并在与大气圈、水圈和生物圈进行水量交换的同时，也交换化学成分。人类活动对地下水化学成分的影响，在时间上虽然只占悠长地质历史的一瞬，然而，在许多情况下这种影响已深刻改变了地下水的化学面貌。

地下水的化学成分是地下水与环境（自然地理、地质背景以及人类活动）长期相互作用的产物。一个地区地下水的化学面貌，反映了该地区地下水的历史演变。研究地下水的化学成分，可以帮助我们回溯一个地区的水文地质历史，阐明地下水的起源与形成。

（1）地下水的物理性质

地下水的物理性质反映了溶解和悬浮在水中的物质成分和所处的地质环境，也是水质评价的直接指标。地下水的物理性质通常是指温度、颜色、味、嗅、透明度等。

（2）地下水的化学成分

地下水中含有各种气体、离子、胶体物质、有机质以及微生物等。

地下水中常见的气体成分有 O_2、N_2、CO_2、CH_4 及 H_2S 等，尤以前三种为主。通常情况下，地下水中气体含量不高，每升水中只有几毫克到几十毫克。但是，地下水中的气体成分却很有意义。一方面，气体成分能够说明地下水所处的地球化学环境；另一方面，地下水中的有些气体会增加水溶解盐类的能力，促进某些化学反应。

地下水中分布较广、含量较多的离子主要有七种，即氯离子（Cl^-）、硫酸根离子（SO_4^{2-}）、碳酸氢根离子（HCO_3^-）、钠离子（Na^+）、钾离子（K^+）、钙离子（Ca^{2+}）及镁离子（Mg^{2+}）。构成这些离子的元素，或是地壳中含量较高，且较易溶于水的（如 O_2、Ca、Mg、Na、K），或是地壳中含量虽不很大，但极易溶于水的（Cl，以 SO_4^{2-} 形式出现的 S）。Si、Al、Fe 等元素，虽然在地壳中含量很大，但由于其难溶于水，地下水中含量通常不大。

一般情况下，随着总矿化度（总溶解固体）的变化，地下水中占主要地位的离子成分也随之发生变化。低矿化水中常以 HCO_3^- 及 Ca^{2+}、Mg^{2+} 为主；高矿化水则以 Cl^- 及 Na^+ 为主；中等矿化的地下水中，阴离子常以 SO_4^{2-} 为主，主要阳离子则可以是 Na^+，也可以是 Ca^{2+}。

地下水的矿化度与离子成分间之所以具有这种对应关系，一个主要原因是水中盐类的溶解度不同。总的说来，氯盐的溶解度最大，硫酸盐次之，碳酸盐较小。钙的硫酸盐，特别是钙、镁的碳酸盐，溶解度最小。随着矿化度增大，钙、镁的碳酸盐首先达到饱和并沉淀析出，继续增大时，钙的硫酸盐也饱和析出，因此，高矿化水中以易溶的氯和钠占优势（由于氯化钙的溶解度更大，因此在矿化度异常高的地下水中以氯和钙为主）。

除了以上主要离子成分外，地下水还有一些次要离子，如 H^+、Fe^{2+}、Fe^{3+}、Mn^{2+}、NH_4^+、OH^-、NO_2^-、NO_3^-、CO_3^{2-}、SiO_3^{2-} 及 PO_4^{3-} 等。

地下水中的微量组分，有 Br、I、F、B、Sr 等。

地下水中以未离解的化合物构成的胶体，主要有 $Fe(OH)_3$、$Al(OH)_3$ 及 H_2SiO_3 等，有时可占到相当比例。

有机质也经常以胶体形式存在于地下水中。有机质的存在，常使地下水酸度增加，并有利于还原作用。

地下水中还存在各种微生物。例如，在氧化环境中存在硫细菌、铁细菌等；在还原环境中存在脱硫酸细菌等。此外，在污染水中，还有各种致病细菌。

（3）地下水的主要化学性质

地下水中含有复杂的化学成分，因此其具有相应的化学性质，主要化学性质有酸碱性、硬度和总矿化度等。

① 酸碱性。地下水的酸碱性与氢离子的浓度有关。水中氢离子浓度通常用 pH 值表示。pH 值为氢离子浓度的负对数，即 $pH = -lg[H^+]$。大部分天然水的 pH 值介于 $6 \sim 8.5$ 之间。pH 值是确定很多化学成分（硫化氢、二氧化硅、重金属等）能否存在于水溶液中的

指标。

② 硬度。水的硬度取决于钙、镁离子的含量，其他金属离子如铁、锰、铝、锶、锌等也对硬度有所贡献，但是在地下水中这些离子含量极少，可忽略不计。硬度可分为总硬度、暂时硬度、永久硬度及碳酸盐硬度。

③ 总矿化度。地下水中所含各种离子、分子与化合物的总量称为总矿化度（总溶解固体）。为了便于比较不同地下水的矿化程度，习惯上以 $105 \sim 110℃$ 时将水蒸干所得的干涸残余物总量来表征总矿化度。也可以将分析所得阴阳离子含量相加，求得理论干涸残余物值。因为在蒸干时有将近一半的 HCO_3^- 分解生成 CO_2 及 H_2O 而逸失，所以，阴阳离子相加时，HCO_3^- 只取质量的半数。

8.2.6 地下水污染

凡是在人类活动的影响下，地下水质（物理性质、化学组分、生物性状等）朝着不利于人类生活或生产的水质恶化方向发展的现象，统称为地下水污染。判定地下水是否污染必须具备三个条件：①水质朝着恶化的方向发展；②这种变化是人类活动引起的；③地下水是否污染的判别标准是地区背景值（或本底值），超过此值，即为污染。

地下水污染的主要原因是人类活动，尽管天然地质过程亦可导致地下水水质恶化，但它是人类所不可防止的、必然的，称其为"地质成因异常"。

8.2.6.1 地下水污染的特征

地下水的污染特征是由地下水的储存特征决定的。地下水储存于地表以下的含水层中，并在其中缓慢地运移，上部有一定厚度的包气带土层作为天然屏障，地面污染物在进入地下水之前，必须首先经过包气带土层。上述特点使得地下水污染有如下特征：

（1）隐蔽性

由于污染是发生在地表以下的含水介质之中，因此常常是地下水已遭到相当程度的污染，但从表观上很难识别。即使人类饮用了受有害或有毒组分污染的地下水，其对人体的影响一般也是慢性的，不易觉察。

（2）难以逆转性

地下水一旦遭到污染就很难得到恢复。由于地下水流速缓慢，如果等待天然地下径流将污染物带走，则需要相当长的时间。而且作为含水介质的砂土对很多污染物都具有吸附作用，使污染物的清除更加复杂困难。即使在切断污染来源后，靠含水层本身的自然净化，少则需要十年、几十年，多则甚至需要上百年的时间。

（3）滞后性

由于污染物在含水层上部的包气带土壤中经过各种物理、化学及生物作用，会在一定程度上延缓潜水含水层的污染。对于承压含水层，由于上部隔水顶板的存在，污染物向下运移的速度会更加缓慢。由于地下水在多孔介质的微孔隙中进行缓慢渗透，每日的实际运动距离常常在米的数量级上，因此地下水中污染物的运移、扩散是相当缓慢的。

8.2.6.2 地下水的污染源

地下水的污染源种类繁多，按照其形成原因可分为两大类：人为污染源和天然污染源。

人为污染源主要包括城市液体废物（如生活污水、工业废水、地表雨水径流等）、城市固体废物（如生活垃圾、工业固废、污泥等）、农业生产及采矿活动等。

天然污染源是天然存在的，地下水开采活动可能导致天然污染源进入开采含水层。天然污染源主要是海水及含盐量高和水质差的地下水。在沿海地区的含水层，如果过量开采地下水，则可能导致海水（地下咸水）与地下淡水界面向内陆方向的推移，从而引起地下淡水的水质恶化。地下卤水也可能产生类似的后果。

8.2.6.3 地下水的污染途径

地下水污染途径是多种多样的，大致可归为四类：

① 间歇入渗型。大气降水或其他灌溉水使污染物随水通过非饱水带，周期地渗入含水层，主要是污染潜水，如淋滤固体废物堆引起的污染。

② 连续入渗型。污染物随水不断地渗入含水层，主要也是污染潜水。如废水聚集地段（废水渠、废水池、废水渗井等）和受污染的地表水体连续渗漏造成地下水污染。

③ 越流型。污染物通过越流的方式从已受污染的含水层（或天然咸水层）转移到未受污染的含水层（或天然淡水层）。污染物或者是通过整个层间，或者是通过地层尖灭的天窗，或者是通过破损的井管，污染潜水和承压水。地下水的开采改变越流方向，使已受污染的潜水进入未受污染的承压水，即属此类。

④ 径流型。污染物通过地下径流进入含水层，污染潜水或承压水。

8.3 评价等级与评价范围

8.3.1 地下水环境影响识别

（1）基本要求

地下水环境影响的识别应在初步工程分析和确定地下水环境保护目标的基础上进行，根据建设项目建设期、运营期和服务期满后三个阶段的工程特征，识别其正常状况和非正常状况下的地下水环境影响。

对于随着生产运行时间推移对地下水环境影响有可能加剧的建设项目，还应按运营期的变化特征分为初期、中期和后期分别进行环境影响识别。

（2）识别方法

根据 HJ 610 附录 A，识别建设项目所属的行业类别。

根据建设项目的地下水环境敏感特征，识别建设项目的地下水环境敏感程度。

（3）识别内容

识别可能造成地下水污染的装置和设施（位置、规模、材质等）及建设项目在建设期、运营期、服务期满后可能的地下水污染途径。

识别建设项目可能导致地下水污染的特征因子。特征因子应根据建设项目污（废）水成分、液体物料成分、固废浸出液成分等确定。

8.3.2 地下水环境影响评价工作分级

（1）划分依据与方法

评价工作等级应依据建设项目行业分类和地下水环境敏感程度分级进行判定，可划分为一级、二级、三级。

根据 HJ 610 附录 A 确定建设项目所属的地下水环境影响评价项目类别。

建设项目的地下水环境敏感程度可分为敏感、较敏感和不敏感三级,分级原则见表8-3。

表 8-3　地下水环境敏感程度分级表

敏感程度	地下水环境敏感特征
敏感	集中式饮用水水源(包括已建成的在用、备用、应急水源,在建和规划的饮用水水源)准保护区;除集中式饮用水水源以外的国家或地方政府设定的与地下水环境相关的其他保护区,如热水、矿泉水、温泉等特殊地下水资源保护区
较敏感	集中式饮用水水源(包括已建成的在用、备用、应急水源,在建和规划的饮用水水源)准保护区以外的补给径流区;未划定准保护区的集中式饮用水水源,其保护区以外的补给径流区;分散式饮用水水源地;特殊地下水资源(如热水、矿泉水、温泉等)保护区以外的分布区等其他未列入上述敏感分级的环境敏感区[①]
不敏感	上述地区之外的其他地区

① "环境敏感区"是指《建设项目环境影响评价分类管理名录》中所界定的涉及地下水的环境敏感区。

(2)建设项目评价工作等级

建设项目地下水环境影响评价工作等级划分见表8-4。

表 8-4　评价工作等级分级表

环境敏感程度	Ⅰ类项目	Ⅱ类项目	Ⅲ类项目
敏感	一级	一级	二级
较敏感	一级	二级	三级
不敏感	二级	三级	三级

对于利用废弃盐岩矿井洞穴或人工专制盐岩洞穴、废弃矿井巷道加水幕系统、人工硬岩洞库加水幕系统、地质条件较好的含水层、枯竭的油气层等形式的地下储油库,危险废物填埋场应进行一级评价,不按表8-4划分评价工作等级。

当同一建设项目涉及两个或两个以上场地时,各场地应分别判定评价工作等级,并按相应等级开展评价工作。

线性工程应根据所涉地下水环境敏感程度和主要站场(如输油站、泵站、加油站、机务段、服务站等)位置进行分段判定评价工作等级,并按相应等级分别开展评价工作。

8.3.3　调查评价范围

8.3.3.1　基本要求

地下水环境现状调查评价范围应包括与建设项目相关的地下水环境保护目标,以能说明地下水环境的现状,反映调查评价区地下水基本流场特征,满足地下水环境影响预测和评价为基本原则。污染场地修复工程项目的地下水环境影响现状调查参照《建设用地土壤污染状况调查技术导则》(HJ 25.1)执行。

8.3.3.2　调查评价范围确定

建设项目(除线性工程外)地下水环境影响现状调查评价范围可采用公式计算法、查表法和自定义法确定。

当建设项目所在地水文地质条件相对简单,且所掌握的资料能够满足公式计算法的要求时,应采用公式计算法确定;当不满足公式计算法的要求时,可采用查表法确定。当计算或查表范围超出所处水文地质单元边界时,应以所处水文地质单元边界为宜。

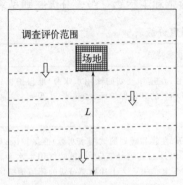

图 8-4　调查评价范围示意图

（虚线表示等水位线；空心箭头表示地下水流向；场地
上游距离根据评价需求确定，场地两侧不小于 $L/2$）

（1）公式计算法

$$L = \alpha KIT / n_e \qquad (8\text{-}2)$$

式中，L 为下游迁移距离，m；α 为变化系数，$\alpha \geqslant 1$，一般取 2；K 为渗透系数，m/d；I 为水力坡度，无量纲；T 为质点迁移天数，d，取值不小于 5000d；n_e 为有效孔隙度，无量纲。

采用该方法时应包含重要的地下水环境保护目标，所得的调查评价范围如图 8-4 所示。

（2）查表法

参照表 8-5。

表 8-5　地下水环境现状调查评价范围参照表

评价工作等级	调查评价面积/km²	备注
一级	≥20	应包括重要的地下水环境保护目标，必要时适当扩大范围
二级	6～20	
三级	≤6	

（3）自定义法

可根据建设项目所在地水文地质条件自行确定，须说明理由。

线性工程应以工程边界两侧分别向外延伸 200m 作为调查评价范围；穿越饮用水源准保护区时，调查评价范围应至少包含水源保护区；线性工程站场的调查评价范围参照上述方法确定。

8.3.4　地下水环境影响评价技术要求

（1）原则性要求

地下水环境影响评价应充分利用已有资料和数据，当已有资料和数据不能满足评价工作要求时，应开展相应评价工作等级要求的补充调查，必要时进行勘察试验。

（2）一级评价要求

详细掌握调查评价区环境水文地质条件，主要包括含（隔）水层结构及分布特征、地下水补径排条件、地下水流场、地下水动态变化特征、各含水层之间以及地表水与地下水之间的水力联系等；详细掌握调查评价区内地下水开发利用现状与规划。

开展地下水环境现状监测，详细掌握调查评价区地下水环境质量现状和地下水动态监测信息，进行地下水环境现状评价。

基本查清场地环境水文地质条件，有针对性地开展勘察试验，确定场地包气带特征及防污性能。

采用数值法进行地下水环境影响预测，对于不宜概化为等效多孔介质的地区，可根据自身特点选择适宜的预测方法。

预测评价应结合相应环保措施，针对可能的污染情景，预测污染物运移趋势，评价建设项目对地下水环境保护目标的影响。

根据预测评价结果和场地包气带特征及防污性能，提出切实可行的地下水环境保护措施与地下水环境影响跟踪监测计划，制定应急预案。

（3）二级评价要求

基本掌握调查评价区的环境水文地质条件，主要包括含（隔）水层结构及分布特征、地下水补径排条件、地下水流场等。了解调查评价区地下水开发利用现状与规划。

开展地下水环境现状监测，基本掌握调查评价区地下水环境质量现状，进行地下水环境现状评价。

根据场地环境水文地质条件的掌握情况，有针对性地补充必要的勘察试验。

根据建设项目特征、水文地质条件及资料掌握情况，采用数值法或解析法进行影响预测，评价对地下水环境保护目标的影响。

提出切实可行的环境保护措施与地下水环境影响跟踪监测计划。

（4）三级评价要求

了解调查评价区和场地环境水文地质条件。

基本掌握调查评价区的地下水补径排条件和地下水环境质量现状。

采用解析法或类比分析法进行地下水环境影响分析与评价。

提出切实可行的环境保护措施与地下水环境影响跟踪监测计划。

（5）其他技术要求

一级评价要求场地环境水文地质资料的调查精度应不低于1:10000比例尺，调查评价区的环境水文地质资料的调查精度应不低于1:50000比例尺。

二级评价环境水文地质资料的调查精度要求能够清晰反映建设项目与环境敏感区、地下水环境保护目标的位置关系，并根据建设项目特点和水文地质条件复杂程度确定调查精度，建议以不低于1:50000比例尺为宜。

8.4 地下水环境现状调查与评价

8.4.1 调查与评价原则

① 地下水环境现状调查与评价工作应遵循资料收集与现场调查相结合、项目所在场地调查（勘察）与类比考察相结合、现状监测与长期动态资料分析相结合的原则。

② 地下水环境现状调查与评价工作的深度应满足相应的工作级别要求。当现有资料不能满足要求时，应通过组织现场监测或环境水文地质勘察与试验等方法获取。

③ 对于一级、二级评价的改、扩建类建设项目，应开展现有工业场地的包气带污染现状调查。

④ 对于长输油品、化学品管线等线性工程，调查评价工作应重点针对场站、服务站等可能对地下水产生污染的地区开展。

8.4.2 水文地质条件调查

在充分收集资料的基础上，根据建设项目特点和水文地质条件复杂程度，开展调查工作，主要内容包括：

① 气象、水文、土壤和植被状况；

② 地层岩性、地质构造、地貌特征与矿产资源；

③ 包气带岩性、结构、厚度、分布及垂向渗透系数等；

④ 含水层岩性、分布、结构、厚度、埋藏条件、渗透性、富水程度等，隔水层（弱透水层）的岩性、厚度、渗透性等；

⑤ 地下水类型、地下水补径排条件；

⑥ 地下水水位、水质、水温、化学类型；

⑦ 泉的成因类型、出露位置、形成条件及泉水流量、水质、水温，开发利用情况；

⑧ 集中供水水源地和水源井的分布情况（包括开采层的成井密度、水井结构、深度以及开采历史）；

⑨ 地下水现状监测井的深度、结构以及成井历史、使用功能；

⑩ 地下水环境现状值（或地下水污染对照值）。

场地范围内应重点调查③。

8.4.3　地下水污染源调查

调查评价区内具有与建设项目产生或排放同种特征因子的地下水污染源。

对于一级、二级的改、扩建项目，应在可能造成地下水污染的主要装置或设施附近开展包气带污染现状调查，对包气带进行分层取样，一般在 0～20cm 埋深范围内取一个样品，其他取样深度应根据污染源特征和包气带岩性、结构特征等确定，并说明理由。样品进行浸溶试验，测试分析浸溶液成分。

8.4.4　地下水环境现状监测

建设项目地下水环境现状监测应通过对地下水水质、水位的监测，掌握或了解调查评价区地下水水质现状及地下水流场，为地下水环境现状评价提供基础资料。污染场地修复工程项目的地下水环境现状监测参照《建设用地土壤污染风险管控和修复监测技术导则》（HJ 25.2）执行。

（1）现状监测点的布设原则

① 地下水环境现状监测点采用控制性布点与功能性布点相结合的布设原则。监测点应主要布设在建设项目场地、周围环境敏感点、地下水污染源以及对确定边界条件有控制意义的地点。当现有监测点不能满足监测位置和监测深度要求时，应布设新的地下水现状监测井，现状监测井的布设应兼顾地下水环境影响跟踪监测计划。

② 监测层位应包括潜水含水层、可能受建设项目影响且具有饮用水开发利用价值的含水层。

③ 一般情况下，地下水水位监测点数以不小于相应评价级别地下水水质监测点数的 2 倍为宜。

④ 地下水水质监测点布设的具体要求：

a. 监测点布设应尽可能靠近建设项目场地或主体工程，监测点数应根据评价工作等级和水文地质条件确定。

b. 一级评价项目潜水含水层的水质监测点应不少于 7 个，可能受建设项目影响且具有饮用水开发利用价值的含水层 3～5 个。原则上建设项目场地上游和两侧的地下水水质监测点均不得少于 1 个，建设项目场地及其下游影响区的地下水水质监测点不得少于 3 个。

c. 二级评价项目潜水含水层的水质监测点应不少于 5 个，可能受建设项目影响且具有饮用水开发利用价值的含水层 2～4 个。原则上建设项目场地上游和两侧的地下水水质监测点均不得少于 1 个，建设项目场地及其下游影响区的地下水水质监测点不得少于 2 个。

d. 三级评价项目潜水含水层水质监测点应不少于 3 个，可能受建设项目影响且具有饮用水开发利用价值的含水层 1～2 个。原则上建设项目场地上游及下游影响区的地下水水质监测点各不得少于 1 个。

⑤ 管道型岩溶区等水文地质条件复杂的地区，地下水现状监测点应视情况确定，并说明布设理由。

⑥ 在包气带厚度超过 100m 的地区或监测井较难布置的基岩山区，当地下水质监测点数无法满足④要求时，可视情况调整数量，并说明调整理由。一般情况下，该类地区一级、二级评价项目应至少设置 3 个监测点，三级评价项目可根据需要设置一定数量的监测点。

（2）地下水水质现状监测取样要求

① 应根据特征因子在地下水中的迁移特性选取适当的取样方法；

② 一般情况下，只取 1 个水质样品，取样点深度宜在地下水位以下 1.0m 左右；

③ 建设项目为改、扩建项目，且特征因子为 DNAPLs（重质非水相液体）时，应至少在含水层底部取 1 个样品。

（3）地下水水质现状监测因子

① 检测分析地下水中 K^+、Na^+、Ca^{2+}、Mg^{2+}、CO_3^{2-}、HCO_3^-、Cl^-、SO_4^{2-} 的浓度。

② 地下水水质现状监测因子原则上应包括两类：

a. 基本水质因子以 pH、氨氮、硝酸盐、亚硝酸盐、挥发性酚类、氰化物、砷、汞、铬（六价）、总硬度、铅、氟、镉、铁、锰、溶解性总固体、高锰酸盐指数、硫酸盐、氯化物、总大肠菌群、细菌总数等以及背景值超标的水质因子为基础，可根据区域地下水水质状况、污染源状况适当调整；

b. 特征因子根据《环境影响评价技术导则　地下水环境》（HJ 610—2016）5.3.2 节的识别结果确定，可根据区域地下水水质状况、污染源状况适当调整。

（4）地下水环境现状监测频率要求

① 水位监测频率要求。

a. 评价工作等级为一级的建设项目，若掌握近 3 年内至少一个连续水文年的枯、平、丰水期地下水水位动态监测资料，评价期内应至少开展一期地下水水位监测。若无上述资料，应依据表 8-6 开展水位监测。

表 8-6　地下水环境现状监测频率参照表

分布区	水位监测频率			水质监测频率		
	一级	二级	三级	一级	二级	三级
山前冲(洪)积	枯、平、丰	枯、丰	一期	枯、丰	枯	一期
滨海(含填海区)	二期①	一期	一期	一期	一期	一期
其他平原区	枯、丰	一期	一期	枯	一期	一期
黄土地区	枯、平、丰	一期	一期	二期	一期	一期

续表

分布区	水位监测频率			水质监测频率		
	一级	二级	三级	一级	二级	三级
沙漠地区	枯、丰	一期	一期	一期	一期	一期
丘陵山区	枯、丰	一期	一期	一期	一期	一期
岩溶裂隙	枯、丰	一期	一期	枯、丰	一期	一期
岩溶管道	二期	一期	一期	二期	一期	一期

① "二期"的间隔有明显水位变化,其变化幅度接近年内变幅。

b. 评价工作等级为二级的建设项目,若掌握近3年内至少一个连续水文年的枯、丰水期地下水水位动态监测资料,评价期可不再开展地下水水位现状监测。若无上述资料,应依据表8-6开展水位监测。

c. 评价工作等级为三级的建设项目,若掌握近3年内至少一期的监测资料,评价期内可不再进行地下水水位现状监测。若无上述资料,应依据表8-6开展水位监测。

② 基本水质因子的水质监测频率应参照表8-6,若掌握近3年至少一期水质监测数据,基本水质因子可在评价期补充开展一期现状监测;特征因子在评价期内应至少开展一期现状监测。

③ 在包气带厚度超过100m的评价区或监测井较难布置的基岩山区,若掌握近3年内至少一期的监测资料,评价期内可不进行地下水水位、水质现状监测。若无上述资料,至少开展一期现状水位、水质监测。

(5) 地下水样品采集与现场测定

① 地下水样品应采用自动式采样泵或人工活塞闭合式与敞口式定深采样器进行采集;

② 样品采集前,应先测量井孔地下水水位(或地下水位埋深)并做好记录,然后采用潜水泵或离心泵对采样井(孔)进行全井孔清洗,抽汲的水量不得小于3倍的井筒水(量)体积;

③ 地下水水质样品的管理、分析化验和质量控制按照《地下水环境监测技术规范》(HJ 164)执行,pH、Eh、DO、水温等不稳定项目应在现场测定。

8.4.5 环境水文地质勘察与试验

① 环境水文地质勘察与试验是在充分收集已有资料和地下水环境现状调查的基础上,为进一步查明含水层特征和获取预测评价中必要的水文地质参数而进行的工作。

② 除一级评价应进行必要的环境水文地质勘察与试验外,对环境水文地质条件复杂且资料缺少的地区,二级、三级评价也应在区域水文地质调查的基础上对场地进行必要的水文地质勘察。

③ 环境水文地质勘察可采用钻探、物探和水土化学分析以及室内外测试、试验等手段开展,具体参见相关标准与规范。

④ 环境水文地质试验项目通常有抽水试验、注水试验、渗水试验、浸溶试验及土柱淋滤试验等,有关试验原则与方法参见《环境影响评价技术导则 地下水环境》(HJ 610—2016)附录C。在评价工作过程中可根据评价工作等级和资料掌握情况选用。

⑤ 进行环境水文地质勘察时,除采用常规方法外,还可采用其他辅助方法配合勘察。

8.4.6 地下水环境现状评价

《地下水质量标准》（GB/T 14848）和有关法规及当地的环保要求是地下水环境现状评价的基本依据。对属于 GB/T 14848 水质指标的评价因子，应按其规定的水质分类标准值进行评价；对不属于 GB/T 14848 水质指标的评价因子，可参照国家（行业、地方）相关标准（如 GB 3838、GB 5749、DZ/T 0290 等）进行评价。现状监测结果应进行统计分析，给出最大值、最小值、均值、标准差、检出率和超标率等。

地下水水质现状评价应采用标准指数法。标准指数＞1，表明该水质因子已超标，标准指数越大，超标越严重。

8.4.7 包气带环境现状分析

对于污染场地修复工程项目和评价工作等级为一级、二级的改、扩建项目，应开展包气带污染现状调查，分析包气带污染状况。

包气带环境现状应根据浸溶试验结果，比对清洁对照点的监测结果进行评价。

8.5 地下水环境影响预测与评价

8.5.1 预测原则

建设项目地下水环境影响预测应遵循《建设项目环境影响评价技术导则 总纲》（HJ 2.1）中确定的原则。考虑到地下水环境污染的复杂性、隐蔽性和难恢复性，还应遵循保护优先、预防为主的原则，预测应为评价各方案的环境安全和环境保护措施的合理性提供依据。

预测的范围、时段、内容和方法均应根据评价工作等级、工程特征与环境特征，结合当地环境功能和环保要求确定，应预测建设项目对地下水水质产生的直接影响，重点预测对地下水环境保护目标的影响。

在结合地下水污染防控措施的基础上，对工程设计方案或可行性研究报告推荐的选址（选线）方案可能引起的地下水环境影响进行预测。

8.5.2 预测范围

地下水环境影响预测范围一般与调查评价范围一致。

预测层位应以潜水含水层或污染物直接进入的含水层为主，兼顾与其水力联系密切且具有饮用水开发利用价值的含水层。

当建设项目场地天然包气带垂向渗透系数小于 1.0×10^{-6} cm/s 或厚度超过 100m 时，预测范围应扩展至包气带。

8.5.3 预测时段

地下水环境影响预测时段应选取可能产生地下水污染的关键时段，至少包括污染发生后100d、1000d、服务年限或者能反映特征因子迁移规律的其他重要时间节点。

8.5.4　情景设置

一般情况下，建设项目须对正常状况和非正常状况的情景分别进行预测。已依据《生活垃圾填埋场污染控制标准》（GB 16889）、《危险废物贮存污染控制标准》（GB 18597）、《危险废物填埋污染控制标准》（GB 18598）、《一般工业固体废物贮存和填埋污染控制标准》（GB 18599）、《石油化工工程防渗技术规范》（GB/T 50934）等设计地下水污染防渗措施的建设项目，可不进行正常状况情景下的预测。

8.5.5　预测因子

预测因子应包括：

① 根据 HJ 610 识别出的特征因子，按照重金属、持久性有机污染物和其他类别进行分类，并对每一类别中的各项因子采用标准指数法进行排序，分别取标准指数最大的因子作为预测因子；

② 现有工程已经产生的且改、扩建后将继续产生的特征因子，以及改、扩建后新增加的特征因子；

③ 污染场地已查明的主要污染物，按照①筛选预测因子；

④ 国家或地方要求控制的污染物。

8.5.6　预测源强

地下水环境影响预测源强的确定应充分结合工程分析。

① 正常状况下，预测源强应结合建设项目工程分析和相关设计规范确定，如《给水排水构筑物工程施工及验收规范》（GB 50141）、《给水排水管道工程施工及验收规范》（GB 50268）、《地下工程防水技术规范》（GB 50108）等；

② 非正常状况下，预测源强可根据地下水环境保护设施或工艺设备的系统老化或腐蚀程度等设定。

8.5.7　预测方法

建设项目地下水环境影响预测方法包括数学模型法和类比分析法。其中，数学模型法包括数值法、解析法等。常用的地下水预测数学模型参见 HJ 610 附录 D。

需要说明的是，弥散模型的维数由模型包含几个坐标变量决定，或者由溶质浓度是几个坐标变量的函数决定。若溶质浓度仅是一个空间坐标的函数，则该模型就为一维弥散模型，若溶质浓度是水平面两个空间坐标的函数，则该模型就为水平面二维弥散模型。污染物泄漏的水动力弥散模型多为水平面二维弥散模型或三维弥散模型。

当采用解析法预测时，模型选用还应考虑是否能发现并及时采取措施切断污染源，如果能，此时污染源既不是瞬时源也不是连续源，应在连续源模型基础上根据叠加原理得到相应的计算公式。如一维水流二维连续源弥散模型可用式（8-3）表示：

$$C(x,y,t) = \frac{m_\mathrm{t}}{4\pi Mn\sqrt{D_\mathrm{L}D_\mathrm{T}}}\mathrm{e}^{\frac{xu}{2D_\mathrm{L}}}\left[2K_0(\beta) - W\left(\frac{u^2 t}{4D_\mathrm{L}},\beta\right)\right] \tag{8-3}$$

假定单位时间注入示踪剂的质量为 m_t，持续时间为 t_p（见图 8-5），则根据叠加原理，切断污染源后的浓度计算模型可用式（8-4）表示（见图 8-6）：

$$C^*(x,y,t)=C(x,y,t)-C(x,y,t-t_p) \tag{8-4}$$

$$=\frac{m_t}{4\pi Mn\sqrt{D_L D_T}}e^{\frac{xu}{2D_L}}\left\{\left[2K_0(\beta)-W\left(\frac{u^2 t}{4D_L},\beta\right)\right]-\left[2K_0(\beta)-W\left(\frac{u^2(t-t_p)}{4D_L},\beta\right)\right]\right\}$$

$$=\frac{m_t}{4\pi Mn\sqrt{D_L D_T}}e^{\frac{xu}{2D_L}}\left[W\left(\frac{u^2(t-t_p)}{4D_L},\beta\right)-W\left(\frac{u^2 t}{4D_L},\beta\right)\right]$$

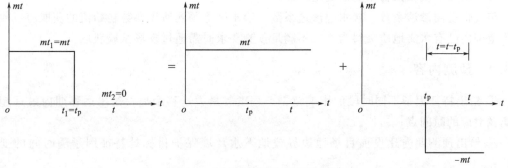

图 8-5　短时泄漏叠加原理概念图

预测方法的选取应根据建设项目工程特征、水文地质条件及资料掌握程度来确定，当数值法不适用时，可用解析法或其他方法预测。一般情况下，一级评价应采用数值法，不宜概化为等效多孔介质的地区除外；二级评价中水文地质条件复杂且适宜采用数值法时，建议优先采用数值法；三级评价可采用解析法或类比分析法。

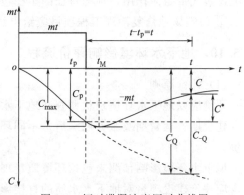

图 8-6　短时泄漏浓度历时曲线图

采用数值法预测前，应先进行参数识别和模型验证。采用解析模型预测污染物在含水层中的扩散时，一般应满足以下条件：

① 污染物的排放对地下水流场没有明显的影响；

② 调查评价区内含水层的基本参数（如渗透系数、有效孔隙度等）不变或变化很小。

采用类比分析法时，应给出类比条件。类比分析对象与模拟预测对象之间应满足以下要求：

① 二者的环境水文地质条件、水动力场条件相似；

② 二者的工程类型、规模及特征因子对地下水环境的影响具有相似性。

地下水环境影响预测过程中，对于采用非《环境影响评价技术导则　地下水环境》（HJ 610）推荐模型进行预测评价时，需明确所采用模型的适用条件，给出模型中各参数的物理意义及参数取值，并尽可能地采用《环境影响评价技术导则　地下水环境》（HJ 610）中的相关模型进行验证。

8.5.8　预测模型概化

（1）水文地质条件概化

根据调查评价区和场地环境水文地质条件，对边界性质、介质特征、水流特征和补径排等条件进行概化。

（2）污染源概化

污染源概化包括排放形式与排放规律的概化。根据污染源的具体情况，排放形式可以概化为点源、线源、面源，排放规律可以概化为连续恒定排放或非连续恒定排放以及瞬时排放。

（3）水文地质参数初始值的确定

包气带垂向渗透系数、含水层渗透系数、给水度等预测所需参数初始值的获取应以收集评价范围内已有水文地质资料为主，不满足预测要求时需通过现场试验获取。

8.5.9 预测内容

① 给出特征因子不同时段的影响范围、程度、最大迁移距离，给出运移期内最远超标距离及对应的时间点；

② 给出预测期内建设项目场地边界或地下水环境保护目标处特征因子随时间的变化规律；

③ 当建设项目场地天然包气带垂向渗透系数小于 1.0×10^{-6} cm/s 或厚度超过 100m 时，须考虑包气带阻滞作用，预测特征因子在包气带中的迁移规律；

④ 污染场地修复治理工程项目应给出污染物变化趋势或污染控制的范围。

8.5.10 地下水环境影响评价流程

（1）评价原则

评价应以地下水环境现状调查和地下水环境影响预测结果为依据，对建设项目各实施阶段（建设期、运营期及服务期满后）不同环节及不同污染防控措施下的地下水环境影响进行评价。

地下水环境影响预测未包括环境质量现状值时，应叠加环境质量现状值后再进行评价。

应评价建设项目对地下水水质的直接影响，重点评价建设项目对地下水环境保护目标的影响。

（2）评价范围

地下水环境影响评价范围一般与调查评价范围一致。

（3）评价方法

采用标准指数法对建设项目地下水水质影响进行评价，具体方法同 8.4.6。

（4）评价结论

评价建设项目对地下水水质影响时，可采用以下判据评价水质能否满足标准的要求。以下情况应得出可以满足评价标准要求的结论：

① 建设项目各个阶段，除场界内小范围以外地区，均能满足《地下水质量标准》（GB/T 14848）或国家（行业、地方）相关标准要求的；

② 在建设项目实施的某个阶段，有个别评价因子出现较大范围超标，但采取环保措施后，可满足《地下水质量标准》（GB/T 14848）或国家（行业、地方）相关标准要求的。

以下情况应得出不能满足评价标准要求的结论：

① 新建项目排放的主要污染物，改、扩建项目已经排放的及将要排放的主要污染物在评价范围内地下水中已经超标的；

② 环保措施在技术上不可行，或在经济上明显不合理的。

8.6 地下水环境保护措施与对策

8.6.1 地下水环境保护措施与对策基本要求

① 地下水环境保护措施与对策应符合《中华人民共和国水污染防治法》和《中华人民共和国环境影响评价法》的相关规定，按照"源头控制、分区防控、污染监控、应急响应"且重点突出饮用水水质安全的原则确定。

② 根据建设项目特点、调查评价区和场地环境水文地质条件，在建设项目可行性研究提出的污染防控对策的基础上，根据环境影响预测与评价结果，提出需要增加或完善的地下水环境保护措施和对策。

③ 改、扩建项目应针对现有工程引起的地下水污染问题，提出"以新带老"措施，有效减轻污染程度或控制污染范围，防止地下水污染加剧。

④ 给出各项地下水环境保护措施与对策的实施效果，初步制定各措施的投资概算，列表给出并分析其技术、经济可行性。

⑤ 提出合理、可行、操作性强的地下水污染防控环境管理体系，包括地下水环境跟踪监测方案和定期信息公开等。

8.6.2 地下水污染防控对策

（1）源头控制措施

主要包括：提出各类废物循环利用的具体方案，减少污染物的排放量；提出工艺、管道、设备、污水储存及处理构筑物应采取的污染防控措施，将污染物"跑、冒、滴、漏"降到最低限度。

（2）分区防控措施

结合地下水环境影响评价结果，对工程设计或可行性研究报告提出的地下水污染防控方案提出优化调整建议，给出不同分区的具体防渗技术要求。

一般情况下，应以水平防渗为主，防控措施应满足以下要求：

① 已颁布污染控制标准或防渗技术规范的行业，水平防渗技术要求按照相应标准或规范执行，如《生活垃圾填埋场污染控制标准》（GB 16889）、《危险废物贮存污染控制标准》（GB 18597）、《危险废物填埋污染控制标准》（GB 18598）、《一般工业固体废物贮存和填埋污染控制标准》（GB 18599）、《石油化工工程防渗技术规范》（GB/T 50934）等；

② 未颁布相关标准的行业，应根据预测结果和建设项目场地包气带特征及防污性能，提出防渗技术要求；或根据建设项目场地天然包气带防污性能、污染控制难易程度和污染物特性，参照 HJ 610 的表 5～表 7 提出防渗技术要求。

对难以采取水平防渗的建设项目场地，可采用以垂向防渗为主、局部水平防渗为辅的防控措施。

根据非正常状况下的预测评价结果，在建设项目服务年限内个别评价因子超标范围超出厂界时，应提出优化总图布置的建议或地基处理方案。

8.6.3　地下水环境监测与管理

建立地下水环境监测管理体系，包括制定地下水环境影响跟踪监测计划、建立地下水环境影响跟踪监测制度、配备先进的监测仪器和设备，以便及时发现问题，采取措施。

跟踪监测计划应根据环境水文地质条件和建设项目特点设置跟踪监测点，跟踪监测点应明确与建设项目的位置关系，给出点位、坐标、井深、井结构、监测层位、监测因子及监测频率等相关参数。跟踪监测方案的制定可参照《地下水环境监测技术规范》（HJ 164）、《工业企业土壤和地下水自行监测　技术指南（试行）》（HJ 1209）等相关要求。

（1）跟踪监测点数量要求

① 一级、二级评价的建设项目，一般不少于 3 个，应至少在建设项目场地及其上、下游各布设 1 个。一级评价的建设项目，应在建设项目总图布置基础上，结合预测评价结果和应急响应时间要求，在重点污染风险源处增设监测点。

② 三级评价的建设项目，一般不少于 1 个，应至少在建设项目场地下游布置 1 个。

明确跟踪监测点的基本功能，如背景值监测点、地下水环境影响跟踪监测点、污染扩散监测点等，必要时，明确跟踪监测点兼具的污染控制功能。

根据环境管理对监测工作的需要，提出有关监测机构、人员及装备的建议。

（2）制定地下水环境跟踪监测与信息公开计划

编制跟踪监测报告，明确跟踪监测报告编制的责任主体。跟踪监测报告内容一般应包括：

① 建设项目所在场地及其影响区地下水环境跟踪监测数据，排放污染物的种类、数量、浓度；

② 生产设备、管廊或管线、贮存与运输装置、污染物贮存与处理装置、事故应急装置等设施的运行状况、"跑、冒、滴、漏"记录、维护记录。

信息公开计划应至少包括建设项目特征因子的地下水环境监测值。

（3）应急响应

制定地下水污染应急响应预案，明确污染状况下应采取的控制污染源、切断污染途径等措施。

8.7　地下水环境影响评价案例

本节内容以废铅酸锂电池回收及再生项目的地下水环境影响评价为例，详细进行了评价因子选择、评价工作等级及评价范围确定、产污环节及源强确定、现状调查、地下水环境影响预测、污染防治措施的分析，详细内容可扫描二维码查看。

二维码 5　地下水环境影响评价案例

第9章

声环境影响评价

9.1 声环境基础知识

9.1.1 声的概念

声有双重含义，一方面指物体振动引起周围媒质的质点位移，媒质密度产生疏、密变化，这种变化的传播是指客观存在的能量波，即声波；另一方面指上述变化的传播作用于人耳所引起的感觉，而这种人耳的主观听觉就是指声音。

9.1.2 声的物理量

（1）声速

声波在弹性媒质中的传播速度，即振动在媒质中的传递速度，称为声速，单位为 m/s。在任何媒质中，声速的大小只取决于媒质的弹性和密度，与声源无关。

（2）波长

声波相邻的两个压缩层（或稀疏层）之间的距离称为波长，单位为 m。

（3）频率、周期

频率：每秒钟媒质质点振动的次数，单位为赫兹（Hz）。人耳能感觉到的声波频率为 $20\sim20000\,\mathrm{Hz}$，低于 $20\,\mathrm{Hz}$ 的称为次声，高于 $20000\,\mathrm{Hz}$ 的称为超声。人的生理对 $1000\,\mathrm{Hz}$ 声波反应最为灵敏。

周期：声波行经一个波长的距离所需要的时间，即质点每重复一次振动所需的时间，单位为秒（s）。

（4）声压及声压级

① 声压。声压指当有声波存在时，媒质中的压强超过静止的压强值。声波通过媒质时引起媒质压强的变化（即瞬时压强减去静止压强），变化的压强称为声压，单位为 Pa。对于 $1000\,\mathrm{Hz}$ 的声波，人耳能听到的最小声压，称为人耳的听阈，声压值为 $2\times10^{-5}\,\mathrm{Pa}$，如蚊子飞过的声音。使人耳产生疼痛感觉的声压，称为人耳的痛阈，声压值为 $20\,\mathrm{Pa}$，如飞机发动机的噪声。

② 声压级。声压从听阈到痛阈，即 $2\times10^{-5}\sim20$Pa，声压的绝对值相差非常大，达 100 万倍，并且人对声音响度的感觉与声音强度的对数成比例。为了方便起见，以人耳对 1000Hz 声音的听阈值为基准声压，用声压比的对数值表示声音的大小，称为声压级，用 L_P 表示，单位是分贝（dB），无量纲。因此，某一声压 P 的声压级表示为：

$$L_P = 20\lg(P/P_0) \tag{9-1}$$

式中，P_0 为基准声压值，2×10^{-5}Pa。

（5）声强与声强级

① 声强。单位时间内透过垂直于声波传播方向单位面积的有效声压称为声强，用 I 表示，单位为 W/m²。自由声场中某处的声强 I 与该处声压 P 的平方成正比，常温下：

$$I = P^2/(\rho C) \tag{9-2}$$

式中，ρ 为介质密度，kg/m³；C 为声速，常温下以空气为声波传播介质时，$\rho C = 415$N·s/m³。

② 声强级。与确定声压级的道理相同，用 L_I 表示某一声强 I 的声强级，单位为 dB。

$$L_I = 10\lg(I/I_0) \tag{9-3}$$

式中，I_0 为基准声强值，1×10^{-12}W/m²。

（6）声功率及声功率级

① 声功率。单位时间内声波辐射的总能量，用 W 表示，单位为 W。声强与声功率之间的关系为：

$$I = W/S \tag{9-4}$$

式中，S 为声波传播中通过的面积，m²。

② 声功率级。同理，将有效声功率与基准声功率的比值取对数，就是声功率级，用 L_W 表示，单位是分贝（dB）。

$$L_W = 10\lg(W/W_0) \tag{9-5}$$

式中，W_0 为基准声功率值，1×10^{-12}W。

综上，声压级、声强级和声功率级都是描述空间声场中某处声音大小的物理量，实际工作中，常用声压级评价声环境质量，用声功率级评价声源源强。

（7）倍频带声压级

人耳能听到的声波频率范围是 $20\sim20000$Hz，上下限相差 1000 倍，一般情况下，不可能也没必要对每个频率逐一测量。为方便和实用，通常把声频的变化范围划分为若干个区段，称为频带（频段或频程）。

实际应用中，根据人耳对声音频率的反应，把可听声频率分成 10 段频带，每段上下限频率的比值为 2：1（称为 1 倍频），同时取上限与下限频率的几何平均值作为该倍频带的中心频率，并以此表示该倍频带。在噪声测量中常用的倍频带中心频率为 31.5Hz、63Hz、125Hz、250Hz、500Hz、1000Hz、2000Hz、4000Hz、8000Hz 和 16000Hz，这 10 个倍频带涵盖全部可听声范围。

在实际噪声测量中用 $63\sim8000$Hz 的 8 个倍频带就能满足测量需求。在同一个倍频带频率范围内声压级的累加称为倍频带声压级，实际中采用等比带宽滤波器直接测量。

9.1.3 环境噪声

物理学中噪声指的是由不同频率和强度的声波无规则、杂乱组合的声音，以区别于乐音。环境科学中噪声指的是人们不需要的声音，它不仅包括杂乱无章不协调的声音，也包括影响他人工作、休息、睡眠、谈话和思考的乐音等。声环境影响评价的噪声具体是指在工业生产、建筑施工、交通运输和社会生活中所产生的干扰周围生活环境的声音（频率在 $20\sim20000\,Hz$ 的可听声范围内），可分为以下四类。

① 工业噪声：在工业生产活动中使用固定的设备时产生的干扰周围生活环境的声音。

② 建筑施工噪声：在建筑施工过程中产生的干扰周围生活环境的声音。

③ 交通运输噪声：机动车辆、铁路机车、机动船舶、航空器等交通运输工具在运行时产生的干扰周围生活环境的声音。

④ 社会生活噪声：人为活动产生的除工业噪声、建筑施工噪声和交通运输噪声之外的干扰周围生活环境的声音。

9.1.4 环境噪声污染及其特征

环境噪声污染是指所产生的环境噪声超过国家规定的环境噪声排放标准，并干扰他人正常生活、工作和学习的现象。

环境噪声的主要特征：

（1）主观感觉性

声环境影响是种感觉性公害，原因是它不仅取决于噪声强度的大小，而且取决于受影响人当时的行为状态，并与本人的生理（感觉）与心理（感觉）因素有关。不同的人，或同一人在不同的行为状态下对同一种噪声会有不同的反应。

（2）局地性和分散性

声环境影响的局地性和分散性表现在如下两个方面：其一，任何一个环境噪声源，由于距离发散衰减等因素只能影响一定的范围，超过一定距离的人群就不会受到该声源的影响；其二，环境的噪声源是分散的，可以认为噪声源是无处不在的，人群可受到不同地点的噪声影响。

（3）暂时性

声环境影响的暂时性表现在噪声源一旦停止发声，周围声环境即可恢复原来状态，其影响可随即消除。

9.1.5 环境噪声评价量及使用

9.1.5.1 环境噪声评价量

在声环境影响评价中，由于声源的不同，其产生的声音强弱和频率高低不同。而且有些声波是连续稳态的，有些是间歇非稳态的，同时声音在不同时空范围内对人的影响程度不同，对此需要采用不同的评价量对其进行客观评价。

（1）A声级

环境噪声的度量与噪声本身的特性和人耳对声音的主观听觉有关。人耳对声音的感觉不仅与声压级有关，而且与频率有关，声压级相同而频率不同的声音，听起来不一样响，高频声音比低频声音响。根据人耳的这种听觉特性，在声学测量仪器中设计了一种特殊的滤波器，称为计权网络。当声音进入网络时，中、低频率的声音按比例衰减通过，而 $1000\,Hz$ 以上的高频声则无衰减通过。通常有 A、B、C、D 计权网络，其中被 A 网络计权的声压级称为 A 声级 L_A，单位为 dB（A）。A 声级较好地反映了人们对噪声的主观感觉，是模拟人耳对 55dB 以下低强度噪声的频率特性而设计的，用来描述声环境功能区的声环境质量和声源源强，几乎成为一切噪声评价的基本量。

（2）等效声级

对于非稳态噪声，在声场内的某一点上对某一时段内连续变化的不同 A 声级的能量进行平均，以表示该时段内噪声的大小，称为等效连续 A 声级，简称等效声级，记为 L_{eq}，单位为 dB（A）。其数学表达式为：

$$L_{eq} = 10\lg\left[\frac{1}{T}\int_0^T 10^{0.1L_A(t)}\,\mathrm{d}t\right] \tag{9-6}$$

式中，L_{eq} 为 T 时间内的等效连续 A 声级，dB（A）；$L_A(t)$ 为 T 时刻的瞬时 A 声级，dB（A）；T 为连续取样的总时间，min。

实际噪声测量常采取等时间间隔取样，L_{eq} 也可按式（9-7）计算：

$$L_{eq} = 10\lg\left[\frac{1}{N}\sum_{i=1}^N (10^{0.1L_{Ai}})\right] \tag{9-7}$$

式中，L_{eq} 为 N 次取样的等效连续 A 声级，dB（A）；L_{Ai} 为第 i 次取样的 A 声级，dB（A）；N 为取样总次数。

噪声在昼间（6:00～22:00）和夜间（22:00～次日 6:00）对人的影响程度不同，利用等效连续声级分别计算昼间等效声级（昼间时段内测得的等效连续 A 声级）和夜间等效声级（夜间时段内测得的等效连续 A 声级），并分别采用昼间等效声级（L_d）和夜间等效声级（L_n）作为声环境功能区的声环境质量评价量和厂界（场界、边界）噪声的评价量。

（3）昼夜等效声级

昼夜等效声级是考虑了噪声在夜间对人影响更为严重，将夜间噪声另增加 10dB 加权处理后，用能量平均的方法得出 24h 内 A 声级的平均值，单位为 dB（A）。计算公式为：

$$L_{dn} = 10\lg\left[\frac{16\times 10^{0.1L_d} + 8\times 10^{0.1(L_n+10)}}{24}\right] \tag{9-8}$$

式中 L_d——昼间 T_d 各小时（一般昼间小时数取 16）的等效声级，dB（A）；

L_n——夜间 T_n 各小时（一般夜间小时数取 8）的等效声级，dB（A）。

（4）统计噪声级（L_N）

统计噪声级是指在某点噪声级有较大波动时，用于描述该点噪声随时间变化状况的统计物理量，一般用 L_{10}、L_{50}、L_{90} 表示。

L_{10} 表示在取样时间内 10% 的时间超过的噪声级，相当于噪声平均峰值。

L_{50} 表示在取样时间内 50% 的时间超过的噪声级，相当于噪声平均中值。

L_{90} 表示在取样时间内 90% 的时间超过的噪声级，相当于噪声平均底值。

其计算方法是：将测得的 100 个或 200 个数据按大小顺序排列，第 10 个数据或总数 200 个的第 20 个数据即为 L_{10}，第 50 个数据或总数 200 个的第 100 个数据即为 L_{50}，同理，第 90 个数据或第 180 个数据即为 L_{90}。

（5）计权有效连续感觉噪声级（L_{WECPN}）

计权有效连续感觉噪声级是在有效感觉噪声级的基础上发展起来，用于评价航空噪声的方法，其特点在于既考虑了在 24h 的时间内飞机通过某一固定点所产生的总噪声级，同时也考虑了不同时间内飞机对周围环境所造成的影响。

计权有效连续感觉噪声级的计算公式如下：

$$L_{\text{WECPN}} = \overline{L}_{\text{EPN}} + 10\lg(N_1 + 3N_2 + 10N_3) - 40 \tag{9-9}$$

式中 $\overline{L}_{\text{EPN}}$——$N$ 次飞行的有效感觉噪声级的能量平均值，dB；

$\qquad N_1$——7～19 时的飞行次数；

$\qquad N_2$——19～22 时的飞行次数；

$\qquad N_3$——22～7 时的飞行次数。

（6）有效感觉噪声级

感觉噪声级将噪度转换为分贝指标，反映了声音吵闹厌烦的主观感觉程度，突出高频声的作业，常用作飞机噪声的评价参数。在实际应用中，可以用 A 声级加 13dB 或 D 声级加 7dB 来估算。有效感觉噪声级是在感觉噪声级的基础上，对持续时间和可闻纯音及频率修正后，得到的量，常作为飞机噪声的评价参数。

9.1.5.2 评价量的使用

（1）声源源强评价量

声源源强的评价量为：A 计权声功率级（L_{AW}）或倍频带声功率级（L_w），必要时应包含声源指向性描述；距离声源 r 处的 A 计权声压级 [$L_A(r)$] 或倍频带声压级 [$L_P(r)$]，必要时应包含声源指向性描述；有效感觉噪声级（L_{EPN}）。

（2）声环境质量评价量

根据 GB 3096，声环境质量评价量采用昼间等效 A 声级（L_d）、夜间等效 A 声级（L_n），夜间突发噪声的评价量采用最大 A 声级（L_{Amax}）。

根据 GB 9660 和 GB 9661，机场周围区域受飞机通过（起飞、降落、低空飞越）噪声的评价量为计权等效连续感觉噪声级（L_{WECPN}）。

（3）厂界、场界、边界噪声评价量

根据 GB 12348，工业企业厂界噪声评价量为昼间等效 A 声级（L_d）、夜间等效 A 声级（L_n），夜间频发、偶发噪声的评价量为最大 A 声级（L_{Amax}）。

根据 GB 12523，建筑施工场界噪声评价量为昼间等效 A 声级（L_d）、夜间等效 A 声级（L_n）、夜间最大 A 声级（L_{Amax}）。

根据 GB 12525，铁路边界噪声评价量为昼间等效 A 声级（L_d）、夜间等效 A 声级（L_n）。

根据 GB 22337，社会生活噪声排放源边界噪声评价量为昼间等效 A 声级（L_d）、夜间等效 A 声级（L_n），非稳态噪声的评价量为最大 A 声级（L_{Amax}）。

（4）列车与飞机航空器噪声评价量

铁路、城市轨道交通单列车通过时噪声影响评价量为通过时段内等效连续 A 声级（$L_{\text{Aeq},T}$），单架航空器通过时噪声影响评价量为最大 A 声级（L_{Amax}）。

9.1.5.3 噪声级（分贝）的计算

在进行噪声的相关计算时，声能量可以进行代数加、减或乘、除运算，如两个声源的声功率分别为 W_1 和 W_2 时，总声功率 $W_{\text{总}} = W_1 + W_2$，但声压不能直接进行加、减或乘、除运算，必须采用能量平均的方法对其进行运算。

（1）噪声级（分贝）的相加

在声环境影响评价中经常要进行多声源的叠加或噪声贡献值与噪声背景值的叠加。声级的叠加是按照能量（声功率或声压平方）相加的，可按式（9-10）计算：

$$L_{PT} = 10\lg \Big[\sum_{i=1}^{N} (10^{0.1L_{Pi}}) \Big] \tag{9-10}$$

式中，L_{PT} 为各噪声源叠加后的总声压级；L_{Pi} 为第 i 个噪声源的声压级；N 为噪声源总数。

实际工作中常利用表 9-1，根据两噪声源声压级的数值之差（$L_{P1} - L_{P2}$），查出对应的增值 ΔL，再将此增值直接加到声压级数值大的 L_{P1} 上，所得结果即为总声压级之和。

表 9-1　噪声级叠加时的增值变化量　　　　　　　　　　单位：dB（A）

$L_{P1} - L_{P2}$	0	1	2	3	4	5	6	7	8	9	10
增值 ΔL	3.0	2.5	2.1	1.8	1.5	1.2	1.0	0.8	0.6	0.5	0.1

【例 9-1】　噪声源 1 和 2 在 A 点产生的声压级分别为 $L_{P1} = 100$dB（A）和 $L_{P2} = 97$dB（A），求 A 点的总声压级 L_{PT}。

解：

方法①：公式计算法。

$$L_{PT} = 10\lg \Big[\sum_{i=1}^{N} (10^{0.1L_{Pi}}) \Big] = 10\lg (10^{0.1 \times 100} + 10^{0.1 \times 97}) = 101.8[\text{dB（A）}]$$

方法②：查表计算法。

先计算出两个声音的声压级差值，$L_{P1} - L_{P2} = 3$dB(A)，再查表 9-1，找到 3dB（A）对应的增值 $\Delta L = 1.8$dB(A)，然后与声压级大的 L_{P1} 加和，得到 $L_{PT} = 100 + 1.8 = 101.8$ [dB（A）]。

当噪声源数量较多时，查表计算法更为方便。

（2）噪声级（分贝）的相减

在声环境影响评价中，对于已经确定噪声级限值的声场，有时需要通过噪声级的相减计算确定新引进噪声源的噪声级限值，有时需要在噪声测量中通过相减计算减去背景噪声。其计算式见式（9-11）：

$$L_{P2} = 10\lg (10^{0.1L_{PT}} - 10^{0.1L_{P1}}) \tag{9-11}$$

式中，L_{PT} 为 2 个噪声源叠加后的总声压级；L_{P1} 为第 1 个噪声源的声压级；L_{P2} 为第 2 个噪声源的声压级。

实际工作中常利用表 9-2，根据两噪声源的总声压级与其中一个噪声源的声压级的数值之差（$L_{PT} - L_{P1}$），查出对应的增值 ΔL，再用总声压级减去此增值，所得结果即为另一个噪声源的声压级 L_{P2}。

表 9-2　噪声级相减时的增值变化量　　　　　　　　　　单位：dB（A）

$L_{PT} - L_{P1}$	1	2	3	4	5	6	7	8	9	10
增值 ΔL	6.8	4.3	3.0	2.2	1.6	1.3	1.0	0.8	0.6	0.5

【例 9-2】　已知 2 个噪声源在 A 点的总声压级 $L_{PT} = 100$dB（A），其中一个声源在 A 点的声压级 $L_{P1} = 97$dB（A），求另一噪声源的声压级 L_{P2}。

解：

方法①：公式计算法。

$$L_{P2} = 10\lg (10^{0.1L_{PT}} - 10^{0.1L_{P1}}) = 10\lg (10^{0.1 \times 100} - 10^{0.1 \times 97}) = 97[\text{dB（A）}]$$

方法②：查表计算法。

先计算出总声压级与其中一个噪声源的声压级之差，$L_{PT}-L_{P1}=3$dB（A），再查表 9-2，找到 3dB（A）对应的增值 $\Delta L=3$dB（A），然后用总声压级减掉此增值，得到 $L_{P2}=100-3=97$ [dB（A）]。

9.2 声环境影响评价概述

9.2.1 声环境影响评价的基本任务

声环境影响评价作为环境影响评价的一个重要部分，遵循环境影响评价的一般工作程序，所要完成的基本任务包括以下几个方面：

① 评价建设项目实施引起的声环境质量的变化情况；

② 提出合理可行的防治对策、措施，降低噪声影响；

③ 从声环境影响角度评价建设项目实施的可行性；

④ 为建设项目优化选址、选线、合理布局以及国土空间规划提供科学依据。

9.2.2 声环境影响评价类别与评价标准

按声源种类划分，声环境影响评价可分为固定声源和移动声源的环境影响评价。建设项目同时包含固定声源和移动声源，应分别进行声环境影响评价。同一声环境保护目标既受到固定声源影响，又受到移动声源（机场航空器噪声除外）影响时，应叠加环境影响后进行评价。

根据声源的类别和项目所处的声环境功能区类别确定声环境影响评价标准。没有划分声环境功能区的区域应采用地方生态环境主管部门确定的标准。

9.2.3 声环境影响评价的基本程序

首先，对建设项目所在区域声环境功能区划、地形地貌特征、主要噪声源以及声环境保护目标进行初步调查，了解项目的基本内容和环境特征，确定评价标准，并进一步确定评价等级和评价范围。其次，进行声环境影响评价工作，包括声环境现状调查与评价、声环境影响预测及评价。在此基础上，提出噪声防治对策和措施，并进行投资估算及效果分析。最后，明确声环境影响评价的结论和建议。具体可查看 HJ 2.4 的 4.4 节。

9.2.4 声环境影响评价等级

如表 9-3 所示，声环境影响评价工作等级分为一级、二级和三级共 3 个等级，一级为详细评价，二级为一般性评价，三级为简要评价。划分依据如下：

表 9-3 声环境影响评价等级与划分依据

评价等级	划分依据		
	声环境功能区类别	敏感目标噪声级增高量	受影响人口数量
一级	0 类	>5dB(A)	显著增多
二级	1 类,2 类	3~5dB(A)	增加较多
三级	3 类,4 类	<3dB(A)	变化不大

① 评价范围内有适用于 GB 3096 规定的 0 类声环境功能区域，或建设项目建设前后评价范围内声环境保护目标噪声级增量达 5dB（A）以上［不含 5dB（A）］，或受影响人口数量显著增多时，按一级评价。

② 建设项目所处的声环境功能区为 GB 3096 规定的 1 类、2 类地区，或建设项目建设前后评价范围内声环境保护目标噪声级增量达 3~5dB（A），或受噪声影响人口数量增加较多时，按二级评价。

③ 建设项目所处的声环境功能区为 GB 3096 规定的 3 类、4 类地区，或建设项目建设前后评价范围内声环境保护目标噪声级增量在 3dB（A）以下［不含 3dB（A）］，且受影响人口数量变化不大时，按三级评价。

在确定评价工作等级时，如建设项目符合两个以上级别的划分原则，按高级别的等级评价。此外，机场建设项目航空器噪声影响评价等级为一级。

9.2.5 声环境影响评价范围

声环境影响评价范围依据评价等级确定，固定声源和移动声源的评价范围有所差异，具体规定如下。

（1）以固定声源为主的建设项目

工厂、码头、站场等以固定声源为主的建设项目，等级为一级评价时，一般以建设项目边界向外 200m 为评价范围；二级、三级评价范围，可根据建设项目所在区域和相邻区域的声环境功能区类别及敏感目标等实际情况适当缩小。如依据建设项目声源计算得到的贡献值到 200m 处，仍不能满足相应功能区标准值时，应将评价范围扩大到满足标准值的距离。

（2）以移动声源为主的地面交通建设项目

以移动声源为主的地面交通建设项目（如公路、城市道路、铁路、城市轨道交通等），等级为一级评价时，一般以道路中心线外两侧 200m 以内为评价范围；二级、三级评价范围，可根据建设项目所在区域和相邻区域的声环境功能区类别及敏感目标等实际情况适当缩小。如依据建设项目声源计算得到的贡献值到 200m 处，仍不能满足相应功能区标准值时，应将评价范围扩大到满足标准值的距离。

（3）机场项目

机场项目按照每条跑道承担飞行量进行评价范围划分：对于单跑道项目，以机场整体的吞吐量及起降架次判定机场噪声评价范围；对于多跑道机场，根据各条跑道分别承担的飞行量情况各自划定机场噪声评价范围并取并集。

对于增加跑道项目或变更跑道位置项目（例如现有跑道变为滑行道或新建一条跑道），在现状机场噪声影响评价和扩建机场噪声影响评价工作中，可分别划定机场噪声评价范围。

此外，机场噪声评价范围应不小于计权等效连续感觉噪声级 70dB 等声级线范围。

9.3 声环境现状调查与评价

9.3.1 声环境现状调查的内容

现状调查内容需要结合噪声预测与评价需求进行，对于建设项目和规划的声环境现状调查内容如下。

9.3.1.1 建设项目声环境现状调查内容

(1) 地形地貌特征

从相关部门获取评价范围内的地理地形图，说明评价范围内声源和敏感目标之间的地貌特征、地形高差及影响声波传播的其他环境要素。

(2) 声环境功能区

调查评价范围内声环境功能区的划分情况，调查各声环境功能区的声环境质量现状。

(3) 声环境保护目标

声环境保护目标是指医院、学校、机关、科研单位、住宅、自然保护区等对噪声敏感的建筑物区域。调查评价范围内声环境保护目标的名称、地理位置、行政区划、所在声环境功能区、不同声环境功能区内人口分布情况、与建设项目的空间位置关系、建筑情况等。

(4) 声环境质量现状

调查评价范围内声环境保护目标的声环境质量现状。一、二级评价，需要对代表性的声环境保护目标的声环境质量现状进行现场监测，其余声环境保护目标的声环境质量现状可通过类比或现场监测结合模型计算给出；三级评价，声环境质量现状的调查可利用已有的监测资料，无监测资料时可选择有代表性的声环境保护目标进行现场监测。

(5) 现状声源

调查评价范围内有明显影响的现状声源的名称、类型、数量、位置、源强等，并分析现状声源的构成。一、二级评价，现状声源源强调查应采用现场监测法或收集资料法确定。

9.3.1.2 规划环评声环境现状调查内容

① 调查评价范围内不同区域的声环境功能区划及声环境质量现状。

② 调查规划评价范围内现有主要声源及主要声环境保护目标集中分布区。

③ 说明规划及其影响范围内不同区域的土地使用功能和声环境功能区划。

④ 利用现状调查资料，进行规划及其影响范围内的声环境现状评价，重点分析评价范围内高速公路、城市道路、城市轨道交通、铁路、机场、大型工矿企业等影响较大的声源对声环境保护目标集中分布区的综合噪声影响情况。

9.3.2 声环境现状调查的方法

现状调查方法包括：现场监测法、现场监测结合模型计算法、收集资料法。调查时，应根据评价等级的要求和现状噪声源情况，确定需采用的具体方法。

对于规划环评，现状调查以收集资料为主，当资料不全时，可视情况进行必要的补充监测。

9.3.2.1 现场监测法

(1) 监测布点原则

① 布点应覆盖整个评价范围，包括厂界（场界、边界）和声环境保护目标。当声环境保护目标高于（含）三层建筑时，还应按照噪声垂直分布规律、建设项目与声环境保护目标高差等因素选取有代表性的声环境保护目标的代表性楼层设置监测点。

② 评价范围内没有明显的声源时（如工业噪声、交通运输噪声、建设施工噪声、社会生活噪声等），可选择有代表性的区域布设监测点。

③ 评价范围内有明显声源，并对声环境保护目标的声环境质量有影响时，或建设项目为改、扩建工程，应根据声源种类采取不同的监测布点原则。

（2）监测依据

声环境质量现状监测及布点执行 GB 3096，机场周围飞机噪声测量执行 GB 9661，工业企业厂界环境噪声测量执行 GB 12348，社会生活环境噪声测量执行 GB 22337，建筑施工场界环境噪声测量执行 GB 12523，铁路边界噪声测量执行 GB 12525。

9.3.2.2 现场监测结合模型计算法

当现状噪声声源复杂且声环境保护目标密集，在调查声环境质量现状时，可考虑采用现场监测结合模型计算法，如多种交通并存且周边声环境保护目标分布密集、机场改扩建等情形。

利用监测或调查得到的噪声源强及影响声传播的参数，采用各类噪声预测模型进行噪声影响计算，将计算结果和监测结果进行比较验证，计算结果和监测结果在允许误差范围内（≤3dB）时，可利用模型计算其他声环境保护目标的现状噪声值。

9.3.3 声环境现状评价

（1）现状评价的内容

① 分析评价范围内既有主要声源种类、数量及相应的噪声级、噪声特性等，明确主要声源分布。

② 分别评价厂界（场界、边界）和各声环境保护目标的超标和达标情况，分析其受到既有主要声源的影响状况。

（2）现状评价图表的要求

① 现状评价图。一般应包括评价范围内的声环境功能区划图，声环境保护目标分布图，工矿企业厂区（声源位置）平面布置图，城市道路、公路、铁路、城市轨道交通等的线路走向图，机场总平面图及飞行程序图，现状监测布点图，声环境保护目标与项目关系图等。图中应标明图例、比例尺、方向标等，制图比例尺一般不应小于工程设计文件对其相关图件要求的比例尺。线性工程声环境保护目标与项目关系图比例尺应不小于 1：5000，机场项目声环境保护目标与项目关系图底图应采用近 3 年内空间分辨率不低于 5m 的卫星影像或航拍图，声环境保护目标与项目关系图比例尺不应小于 1：10000。

② 声环境保护目标调查表。列表给出评价范围内声环境保护目标的名称、户数、建筑物层数和建筑物数量，并明确声环境保护目标与建设项目的空间位置关系等。

③ 声环境现状评价结果表。列表给出厂界（场界、边界）、各声环境保护目标现状值及超标和达标情况，给出不同声环境功能区或声级范围（机场航空器噪声）内的超标户数。

9.4 声环境影响预测

9.4.1 预测的基础资料

声环境影响预测范围与评价范围相同，以声环境保护目标和建设项目厂界（场界、边界）作为预测点进行预测，所需的基础资料包括声源数据和环境数据。

声源数据主要包括：声源种类、数量、空间位置、声级、发声持续时间和对声环境保护目标的作用时间等。工业企业等建设项目声源置于室内时，应给出建筑物门、窗、墙等围护结构的隔声量和室内平均吸声系数等参数。

影响声波传播的各类参数应通过资料收集和现场调查获得，各类数据如下：

① 建设项目所处区域的年平均风速和主导风向、年平均气温、年平均相对湿度、大气压强；

② 声源和预测点间的地形、高差；

③ 声源和预测点间障碍物（如建筑物、围墙等）的几何参数；

④ 声源和预测点间树林、灌木等的分布情况以及地面覆盖情况（如草地、水面、水泥地面、土质地面等）。

9.4.2 户外声波传播衰减预测模型

9.4.2.1 户外声波传播衰减基本公式

在环境影响评价中，通常是根据靠近声源某一位置（参考位置）处的已知声级（实测得到）来计算距声源较远处预测点的声级。声源所发出的声波在户外向预测点方向传播的过程中会受各种因素的影响而衰减，包括几何发散、大气吸收、地面效应、障碍物屏蔽及其他多方面效应引起的衰减。若已知声源的倍频带声功率级或某点的倍频带声压级，预测点倍频带声压级可按式（9-12）计算，再将 8 个倍频带声压级合成，计算出预测点的 A 声级 $[L_A(r)]$，见式（9-13）。在倍频带声压级测试有困难时，可用 A 声级计算，见式（9-14）。以上两个公式适用于预测各种类型声源在远处产生的噪声。

$$L_P(r) = L_W + D_C - (A_{div} + A_{atm} + A_{gr} + A_{bar} + A_{misc}) \tag{9-12}$$

式中 $L_P(r)$——预测点倍频带声压级，dB；

L_W——由点声源产生的声功率级（A 计权或倍频带），dB；

D_C——指向性校正，它描述点声源的等效连续声压级与产生声功率级 L_W 的全向点声源在规定方向的声级的偏差程度，dB；

A_{div}——几何发散引起的衰减，dB；

A_{atm}——大气吸收引起的衰减，dB；

A_{gr}——地面效应引起的衰减，dB；

A_{bar}——障碍物屏蔽引起的衰减，dB；

A_{misc}——其他多方面效应引起的衰减，dB。

$$L_A(r) = 10\lg\left\{\sum_{i=0}^{8} 10^{0.1[L_{Pi}(r)-\Delta L_i]}\right\} \tag{9-13}$$

式中 $L_A(r)$——距声源 r 处的 A 声级，dB（A）；

$L_{Pi}(r)$——预测点 r 处，第 i 倍频带声压级，dB；

ΔL_i——第 i 倍频带的 A 计权网络修正值，dB。

$$L_P(r) = L_P(r_0) + D_C - (A_{div} + A_{atm} + A_{gr} + A_{bar} + A_{misc}) \tag{9-14}$$

式中 $L_P(r_0)$——参考位置 r_0 处的声压级，dB。

在只考虑几何发散衰减时，噪声衰减可采用 A 声级计算方法，见式（9-15）；考虑其他衰减时，可选择对 A 声级影响最大的倍频带计算，一般可选中心频率为 500Hz 倍频带估算。特殊噪声源（如窄频带噪声）应用倍频带声压级方法计算。

$$L_A(r) = L_A(r_0) - A_{div} \tag{9-15}$$

式中 $L_A(r)$——距声源 r 处的 A 声级，dB（A）；

$L_A(r_0)$——参考位置 r_0 处的 A 声级，dB（A）。

9.4.2.2 几何发散引起的衰减

预测过程中遇到的声源往往是复杂的，需根据其空间分布形式做简化处理。根据声源性质及预测点与声源之间的距离等情况，把声源简化成点声源、线声源或面声源，再对应计算各自的衰减。

9.4.2.2.1 点声源的几何发散衰减

当发声设备自身的几何尺寸比噪声影响预测距离小得多时，可将其看作点声源。点声源的波阵面随扩散距离的增加而导致声能分散和声强减弱，但当点声源与预测点处于反射体同一侧附近时，到达预测点的声级是直达声与反射声叠加的结果，从而使预测点声级增高。

（1）无指向性点声源的几何发散衰减

$$\Delta L = 10\lg \frac{1}{4\pi r^2} \tag{9-16}$$

式中，r 为点声源到受声点的距离，m。

在距离点声源 r_1 处至 r_2 处的衰减值为

$$\Delta L = 20\lg \frac{r_1}{r_2} \tag{9-17}$$

若已知点声源 r_0 距离处的倍频带声压级 $L_P(r_0)$ 或 A 声级 $L_A(r_0)$，距离声源 r 处的倍频带声压级 $L_P(r)$ 或 A 声级 $L_A(r)$ 可分别由式（9-18）和式（9-19）计算得出：

$$L_P(r) = L_P(r_0) - 20\lg \frac{r}{r_0} \tag{9-18}$$

$$L_A(r) = L_A(r_0) - 20\lg \frac{r}{r_0} \tag{9-19}$$

式中，$L_P(r)$ 和 $L_P(r_0)$ 分别为距离声源 r 和 r_0 处的倍频带声压级；$L_A(r)$ 和 $L_A(r_0)$ 分别为距离声源 r 和 r_0 处的 A 声级。

由上式可知，当无指向性点声源声波传播距离增加 1 倍时，其声压级衰减 6dB。

若已知点声源的倍频带声功率级 L_W 或 A 声功率级 L_{AW}，当声源处于自由空间时，距离声源 r 处的倍频带声压级 $L_P(r)$ 和 A 声级 $L_A(r)$ 分别由式（9-20）和式（9-21）计算；当声源处于半自由空间时，距离声源 r 处的倍频带声压级 $L_P(r)$ 和 A 声级 $L_A(r)$ 的计算分别见式（9-22）和式（9-23）。

$$L_P(r) = L_W - 20\lg r - 11 \tag{9-20}$$

$$L_A(r) = L_{AW} - 20\lg r - 11 \tag{9-21}$$

$$L_P(r) = L_W - 20\lg r - 8 \tag{9-22}$$

$$L_A(r) = L_{AW} - 20\lg r - 8 \tag{9-23}$$

（2）有指向性点声源的几何发散衰减

此类声源在自由空间中辐射声波时，其强度分布的主要特性是指向性。例如，喇叭的发声在其正前方声音大，两侧或背面声音小。自由空间的点声源在某一 θ 方向上距离 r 处的倍频带声压级 $[L_P(r)_\theta]$ 为：

$$L_P(r)_\theta = L_W - 20\lg r + D_{I\theta} - 11 \tag{9-24}$$

式中，$D_{I\theta}$ 为 θ 方向上的指向性指数，$D_{I\theta} = 10\lg R_\theta$；$R_\theta$ 为指向性因数，$R_\theta = I_\theta / I$；I 为所有方向上的平均声强，W/m²；I_θ 为某一 θ 方向上的声强，W/m²。

（3）反射体引起的修正

当点声源与预测点在反射体同侧附近时，到达预测点的声级是直达声与反射声叠加的结果，从而使预测点声级增高，如图 9-1 所示。

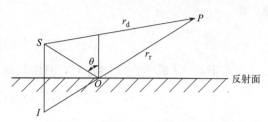

图 9-1　反射体对点声源预测的影响

图 9-1 中 S 代表点声源，I 代表反射体对点声源的反射点，P 代表预测点，O 代表反射点和预测点之间的连线与反射面的交点，r_d 代表点声源与预测点之间的距离，r_r 代表反射点与预测点之间的距离，θ 代表点声源到反射面的入射角。

当满足下列条件时，需考虑反射体引起的声级增高：①反射体表面平整、光滑、坚硬；②反射体尺寸远大于所有声波波长 λ；③入射角 $\theta < 85°$。此时声源在预测点的声级值应为直达声计算值加上反射体引起的修正量，反射体引起的修正量可按表 9-4 计算。

表 9-4　反射体引起的修正量

r_r/r_d	修正量/dB
约 1.0	3
约 1.4	2
约 2.0	1
约 2.5	0

9.4.2.2.2　线声源的几何发散衰减

当许多点声源连续分布在一条直线上时，可看作线声源，如公路上的汽车流、铁路列车等。实际工作中分为无限长线声源和有限长线声源。

垂直于线声源方向上，线声源随传播距离的增加所引起的衰减值为：

$$\Delta L = 10 \lg \frac{r}{4l\pi} \tag{9-25}$$

式中，r 为线声源到受声点的距离，m；l 为线声源的长度，m。

（1）无限长线声源

无限长线声源几何发散衰减的基本公式为：

$$L_A(r) = L_A(r_0) - 10 \lg \frac{r}{r_0} \tag{9-26}$$

式中，r、r_0 分别为垂直于线声源的距离，m；$L_A(r)$ 为垂直于线声源距离 r 处的 A 声级；$L_A(r_0)$ 为垂直于线声源距离 r_0 处的 A 声级。

由此式可见，当噪声沿垂直于线声源方向的传播距离增加 1 倍时，其声压级衰减 3dB。

（2）有限长线声源

设线声源长为 l，在线声源垂直平分线上距离声源 r 处的声压级可简化为以下三种情况：

当 $r > l$ 且 $r_0 > l$ 时，在有限长线声源的远场，可将有限长线声源当作点声源，即

$$L_P(r) = L_P(r) - \lg \frac{r}{r_0} \tag{9-27}$$

当 $r<l/3$ 且 $r_0<l/3$ 时，在有限长线声源的近场，可将有限长线声源当作无限长线声源，即

$$L_P(r)=L_P(r_0)-10\lg\frac{r}{r_0} \tag{9-28}$$

当 $l/3<r<l$ 且 $l/3<r_0<l$ 时，有限长线声源的声压级近似为：

$$L_P(r)=L_P(r_0)-15\lg\frac{r}{r_0} \tag{9-29}$$

9.4.2.2.3 面声源的几何发散衰减

一个大型设备的震动表面或车间透声的墙壁，均可认为是面声源。若已知面声源单位面积的声功率 L_W，各面积元噪声的位相是随机的，则面声源可看作由无数点声源连续分布组合而成，其合成声级可按能量叠加法求出。

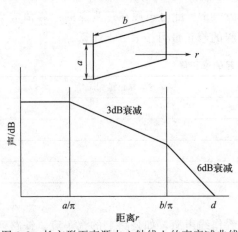

图 9-2　长方形面声源中心轴线上的声衰减曲线

对于长方形（a 和 b 分别代表长方形的宽和长，且 $b>a$）面声源，中心轴线上的声衰减曲线如图 9-2 所示。

当预测点和长方形面声源中心的距离 r 处于以下条件时，中心轴线上的声衰减可按下述方法近似计算：① 当 $r<a/\pi$ 时，声级几乎不衰减（$A_{div}\approx0\text{dB}$）；② 当 $a/\pi<r<b/\pi$ 时，类似线声源衰减特性 $[A_{div}\approx10\lg(r/r_0)]$，距离加倍，声级衰减 3dB 左右；③ 当 $r>b/\pi$ 时，类似点声源衰减特性 $[A_{div}\approx20\lg(r/r_0)]$，距离加倍，声级衰减趋近于 6dB。

9.4.2.3 大气吸收引起的衰减

声波在空气中传播时，部分声波被空气吸收而衰减，空气吸收引起的衰减量为：

$$A_{atm}=\frac{a(r-r_0)}{1000} \tag{9-30}$$

式中，A_{atm} 为空气吸收引起的 A 声级衰减量，dB（A）；r 为预测点距声源的距离，m；r_0 为参照点距声源的距离，m；a 为空气吸收衰减系数，dB/km，是湿度、温度和声波频率的函数。

空气吸收衰减系数可根据当地常年平均气温和湿度选择，具体见 HJ 2.4 表 A.2。

9.4.2.4 地面效应引起的衰减

地面类型可分为：① 坚实地面，包括铺筑过的路面、水面、冰面以及夯实地面；② 疏松地面，包括被草或其他植物覆盖的地面，以及农田等适合于植物生长的地面；③ 混合地面，由坚实地面和疏松地面组成。

当声波掠过疏松地面，或大部分为疏松地面的混合地面传播时，在预测点仅计算 A 声级的前提下，地面效应引起的倍频带衰减可用式（9-31）计算。

$$A_{gr}=4.8-\frac{2h_m}{r}\times\left(17+\frac{300}{r}\right) \tag{9-31}$$

式中　A_{gr}——地面效应引起的衰减，dB；

r——预测点距声源的距离，m；

h_m——传播路径的平均离地高度，m。

h_m 可按图 9-3 进行计算，$h_m = F/r$。式中，F 为面积，m^2。若 A_{gr} 计算出负值，可用"0"代替。

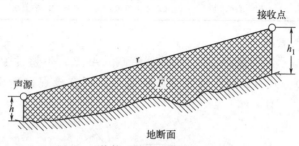

图 9-3 估算平均离地高度 h_m 的方法

9.4.2.5 障碍物屏蔽引起的衰减

位于声源和预测点之间的实体障碍物，如围墙、建筑物、土坡或地堑等起声屏障作用，从而引起声能量的较大衰减。

在环境影响评价中，可将各种形式的声屏障简化为具有一定高度的薄屏障。如图 9-4 所示，S、O、P 三点在同一平面内且垂直于地面。定义 $\delta = SO + OP - SP$ 为声程差，$N = 2\delta/\lambda$ 为菲涅耳数，其中 λ 为声波波长。

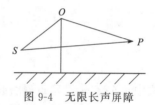

图 9-4 无限长声屏障

在噪声预测中，声屏障插入损失的计算方法需要根据实际情况作简化处理。屏障衰减 A_{bar} 在单绕射（即薄屏障）情况下，衰减最大取 20dB；在双绕射（即厚屏障）情况下，衰减最大取 25dB。

9.4.2.6 其他效应引起的衰减

其他衰减包括通过工业场所、绿化林带和建筑群的衰减等。在声环境影响评价中，一般不考虑自然条件（风、温度梯度、雾等）引起的附加修正。

（1）绿化林带引起的衰减

绿化林带的附加衰减与树种、林带结构和密度等因素有关。在声源附近的绿化林带，或在预测点附近的绿化林带，或两者均有的情况都可以使声波衰减，见图 9-5。

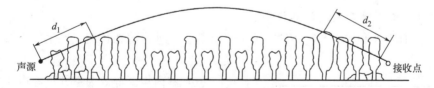

图 9-5 通过树和灌木时噪声衰减示意图

通过树叶传播造成的噪声衰减随通过树叶传播距离 d_f 的增长而增加，其中 $d_f = d_1 + d_2$，为了计算 d_1 和 d_2，可假设弯曲路径的半径为 5km。表 9-5 分别给出了通过总长度 10～20m 和 20～200m 之间林带的衰减系数，当通过林带的路径长度大于 200m 时，可使用 200m 的衰减值。

表 9-5　倍频带噪声通过林带传播时产生的衰减

项目	传播距离 d_f/m	倍频带中心频率/Hz							
		63	125	250	500	1000	2000	4000	8000
衰减/dB	$10 \leqslant d_f < 20$	0	0	1	1	1	1	2	3
衰减系数/(dB/m)	$20 \leqslant d_f < 200$	0.02	0.03	0.04	0.05	0.06	0.08	0.09	0.12

（2）建筑群引起的衰减

建筑群引起的衰减示意图见图 9-6。建筑群衰减（A_{hous}）不超过 10dB 时，近似等效连续 A 声级按式（9-32）～式（9-34）估算。当从受声点可直接观察到线路时，不考虑此项衰减。

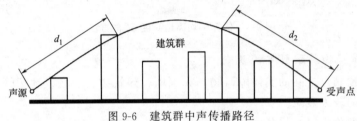

图 9-6　建筑群中声传播路径

$$A_{hous} = A_{hous,1} + A_{hous,2} \tag{9-32}$$

$$A_{hous,1} = 0.1 B d_b \tag{9-33}$$

$$A_{hous,2} = -10\lg(1-p) \tag{9-34}$$

式中　A_{hous}——建筑群引起的衰减，dB；

$\quad$　B——沿声传播路线上的建筑物的密度，等于建筑物总平面面积除以总地面面积（包括建筑物所占面积）；

$\quad$　d_b——通过建筑群的声传播路线长度，$d_b = d_1 + d_2$；

$\quad$　p——沿声源纵向分布的建筑物正面总长度除以对应的声源长度，其值小于或等于 90%。

在进行预测计算时，建筑群衰减 A_{hous} 与地面效应引起的衰减 A_{gr} 通常只需考虑一项最主要的衰减。

9.4.3　典型行业噪声预测模型

9.4.3.1　工业噪声预测计算模型

工业声源有室外和室内两种声源，应分别计算。室外声源在预测点产生的声级计算模型见 9.4.2。

（1）室内声源等效为室外声源声功率级计算方法

如图 9-7 所示，声源位于室内，室内声源可采用等效室外声源声功率级法进行计算。设靠近开口处（或窗户）室内、室外某倍频带的声压级或 A 声级分别为 L_{P1} 和 L_{P2}，若声源所在室内声场为近似扩散声场，则室外的倍频带声压级可

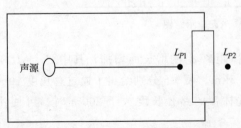

图 9-7　室内声源等效为室外声源示意图

按式（9-35）近似求出：

$$L_{P2}=L_{P1}-(TL+6)$$（9-35）

式中 L_{P1}——靠近开口处（或窗户）室内某倍频带的声压级或 A 声级，dB；

L_{P2}——靠近开口处（或窗户）室外某倍频带的声压级或 A 声级，dB；

TL——隔墙（或窗户）倍频带或 A 声级的隔声量，dB。

（2）工业企业噪声计算

设第 i 个室外声源在预测点产生的 A 声级为 L_{Ai}，在 T 时间内该声源工作时间为 t_i，第 j 个等效室外声源在预测点产生的 A 声级为 L_{Aj}，在 T 时间内该声源工作时间为 t_j，则拟建工程声源对预测点产生的贡献值（L_{eqg}）按式（9-36）计算：

$$L_{eqg}=10\lg\left[\frac{1}{T}\left(\sum_{i=1}^{N}t_i10^{0.1L_{Ai}}+\sum_{j=1}^{M}t_j10^{0.1L_{Aj}}\right)\right]$$（9-36）

式中 L_{eqg}——建设项目声源在预测点产生的噪声贡献值，dB；

T——用于计算等效声级的时间，s；

N——室外声源个数；

t_i——在 T 时间内 i 声源工作时间，s；

M——等效室外声源个数；

t_j——在 T 时间内 j 声源工作时间，s。

9.4.3.2 公路（道路）交通运输噪声预测模型

（1）车辆分类及交通量换算

交通量是影响交通运输噪声的重要参数之一，通常根据工程设计文件提供的小客车标准车型，按照不同折算系数将交通量分别折算成大、中、小型车，见表9-6。

表 9-6 车型分类表

车型	汽车代表车型	车辆折算系数	车型划分标准
小	小客车	1.0	座位≤19 座的客车和载重量≤2t 的货车
中	中型车	1.5	座位>19 座的客车和 2t<载重量≤7t 的货车
大	大型车	2.5	7t<载重量≤20t 的货车
	汽车列车	4.0	载重量>20t 的货车

（2）第 i 类车等效声级的预测模型

第 i 类车等效声级的预测模型见式（9-37）。

$$L_{eq}(h)_i=(\overline{L}_{0E})_i+10\lg\left(\frac{N_i}{V_iT}\right)+\Delta L_{距离}+10\lg\left(\frac{\psi_1+\psi_2}{\pi}\right)+\Delta L-16$$（9-37）

式中 $L_{eq}(h)_i$——第 i 类车的小时等效声级，dB（A）；

$(\overline{L}_{0E})_i$——第 i 类车速度为 V_i，水平距离为 7.5m 处的能量平均 A 声级，dB（A）；

N_i——昼间、夜间通过某个预测点的第 i 类车平均小时车流量，辆/h；

V_i——第 i 类车的平均车速，km/h；

T——计算等效声级的时间，1h；

$\Delta L_{距离}$——距离衰减量，dB（A），车流量大于等于 300 辆/h，$\Delta L_{距离}=10\lg(7.5/r)$，车流量小于 300 辆/h，$\Delta L_{距离}=15\lg(7.5/r)$；

r——从车道中心线到预测点的距离，m，该公式适用于 $r>7.5m$ 的预测点的噪声预测；

ψ_1、ψ_2——预测点到有限长路段两端的张角，（°），如图 9-8 所示。

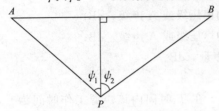

图 9-8　有限长路段两端张角示意图

（3）总车流等效声级的预测模型

总车流等效声级的预测模型见式（9-38）。

$$L_{eq}(T)=10\lg\left[10^{0.1 L_{eq}(h)大}+10^{0.1 L_{eq}(h)中}+10^{0.1 L_{eq}(h)小}\right]$$

$$(9-38)$$

式中，$L_{eq}(T)$ 为总车流等效声级，dB（A）；$L_{eq}(h)$大、$L_{eq}(h)$中、$L_{eq}(h)$小为大、中、小型车的小时等效声级，dB（A）。

此外，如果某个预测点受多条线路交通噪声影响（如高架桥周边预测点受桥上和桥下多条车道的影响，路边高层建筑预测点受地面多条车道的影响），应分别计算每条道路对该预测点的声级，经叠加后得到贡献值。

9.4.3.3　铁路、城市轨道交通噪声预测模型

铁路和城市轨道交通噪声预测方法包括模型预测法、比例预测法、类比预测法、模型试验预测法等。目前以采用模型预测法和比例预测法两种方法为主。模型预测法主要依据声学理论计算方法和经验公式预测噪声，具体见 HJ 2.4 的附录 B.3。

机场航空器噪声评价量为计权等效连续感觉噪声级（L_{WECPN}），具体见 HJ 2.4 的附录 B.4。

9.5　声环境影响评价及噪声防治对策

声环境影响评价主要是对建设项目产生的声环境影响或者外界声源对建设声敏感项目的影响进行预测，根据噪声预测结果和环境噪声评价标准，评价建设项目在施工期、运行期噪声的影响程度和影响范围，对边界（厂界、场界）及噪声敏感目标进行声环境影响的达标分析，确定建设项目选址（选线）的合理性。

9.5.1　预测和评价内容及要求

① 列表给出建设项目在施工期和运营期所有声环境保护目标处的噪声贡献值和预测值，评价其超标和达标情况。

② 列表给出建设项目厂界（场界、边界）噪声贡献值、噪声预测值的超标和达标情况等。分析超标原因，明确引起超标的主要声源。

③ 判定为一级评价的工业企业建设项目应给出等声级线图，对工程设计文件给出的代表性评价水平年噪声级可能发生变化的建设项目，应分别预测。

④ 铁路、城市轨道交通等建设项目，还需预测列车通过时段内声环境保护目标处的等效连续 A 声级（$L_{Aeq,T}$），判定为一级评价的地面交通建设项目应结合现有或规划保护目标给出典型路段的噪声贡献值等声级线图。

⑤ 机场项目，需预测单架航空器通过时在声环境保护目标处的最大 A 声级（L_{Amax}），应给出评价范围内不同声级范围覆盖下的面积，还应给出飞机噪声等声级线图及超标声环境保护目标与等声级线关系局部放大图。飞机噪声等声级线图比例尺应和环境现状评价图一

致，局部放大图底图应采用近 3 年内空间分辨率一般不低于 1.5m 的卫星影像或航拍图，比例尺不应小于 1：5000。

9.5.2 噪声防治途径

（1）规划防治对策

主要指从项目的选址（选线）、规划布局、总图布置（跑道方位布设）和设备布局等方面进行调整，提出降低噪声影响的建议。如根据"以人为本"、"闹静分开"和"合理布局"的原则，提出高噪声设备尽可能远离声环境保护目标、优化建设项目选址（选线）、调整规划用地布局等建议。

（2）控制噪声源

主要包括：选用低噪声设备、低噪声工艺；采取声学控制措施，如对声源采用吸声、消声、隔声、减振等措施；改进工艺、设施结构和操作方法等；将声源设置于地下、半地下室内；优先选用低噪声车辆、低噪声基础设施、低噪声路面等。

（3）控制噪声传播途径

主要包括：设置声屏障等措施，包括直立式、折板式、半封闭、全封闭等类型声屏障；利用自然地形和地物（如利用位于声源和声环境保护目标之间的山丘、土坡、地堑、围墙等）降低噪声。

（4）声环境保护目标自身防护

主要包括：声环境保护目标自身增设吸声、隔声等措施；优化调整建筑物平面布局、建筑物功能布局；声环境保护目标功能置换或拆迁。

（5）管理措施

主要包括：提出噪声管理方案（如合理制定施工方案、优化调度方案、优化飞行程序等），制定噪声监测方案，提出工程设施、降噪设施的运行使用、维护保养等方面的管理要求，必要时提出跟踪评价要求等。

9.5.3 典型项目噪声防治措施

（1）固定声源的建设项目噪声防治措施

① 应从选址、总图布置、声源、声传播途径及声环境保护目标自身防护等方面分别给出噪声防治的具体方案。主要包括：选址的优化方案及其原因分析，总图布置调整的具体内容及其降噪效果（包括边界和声环境保护目标）；给出各主要声源的降噪措施、效果和投资。

② 给出设置声屏障和对声环境保护目标进行噪声防护等的措施方案、降噪效果及投资，并进行经济、技术可行性论证。

③ 根据噪声影响特点和环境特点，提出规划布局及功能调整建议。

④ 提出噪声监测计划、管理措施等对策建议。

（2）公路、城市道路交通项目噪声防治措施

① 通过选线方案的声环境影响预测结果比较，分析声环境保护目标受影响的程度和规模，提出选线方案推荐建议；

② 根据工程与环境特征，给出局部线路调整、声环境保护目标搬迁、邻路建筑物使用功能变更、改善道路结构和路面材料、设置声屏障和对敏感建筑物进行噪声防护等具体的措施方案及其降噪效果，并进行经济、技术可行性论证；

③ 根据噪声影响特点和环境特点，提出城镇规划区路段线路与敏感建筑物之间的规划调整建议；

④ 给出车辆行驶规定（限速、禁鸣等）及噪声监测计划等对策建议。

（3）铁路、城市轨道交通项目噪声防治措施

① 通过不同选线方案声环境影响预测结果比较，分析声环境保护目标受影响的程度，提出优化的选线方案建议；

② 根据工程与环境特征，提出局部线路和站场优化调整建议，明确声环境保护目标搬迁或功能置换措施，从列车、线路（路基或桥梁）、轨道的优选，列车运行方式、运行速度、鸣笛方式的调整，设置声屏障和对敏感建筑物进行噪声防护等方面，给出具体的措施方案及其降噪效果，并进行经济、技术可行性论证；

③ 根据噪声影响特点和环境特点，提出城镇规划区段铁路（或城市轨道交通）与敏感建筑物之间的规划调整建议；

④ 给出列车行驶规定及噪声监测计划等对策建议。

（4）机场项目噪声防治措施

① 通过对不同机场位置、跑道方位、飞行程序方案的声环境影响预测结果进行比较，分析声环境保护目标受影响的程度，提出优化的机场位置、跑道方位、飞行程序方案建议；

② 根据工程与环境特征，给出机型优选，昼间、傍晚、夜间飞行架次比例的调整，对敏感建筑物进行噪声防护或使用功能变更、拆迁等具体的措施方案及其降噪效果，并进行经济、技术可行性论证；

③ 根据噪声影响特点和环境特点，提出机场噪声影响范围内的规划调整建议；

④ 给出机场航空器噪声监测计划等对策建议。

9.6 声环境影响评价案例

本节以某医院为典型案例，给出了评价等级及范围确定、噪声污染源、声环境影响预测、防治措施的分析，详细内容可扫描二维码查看。

二维码6 声环境影响评价案例

第10章

固体废物环境影响评价

10.1　固体废物的基本概念

10.1.1　固体废物的定义

固体废物是指在生产、生活和其他活动中产生的丧失原有利用价值或者虽未丧失利用价值但被抛弃或者放弃的固态、半固态和置于容器中的气态的物品、物质以及法律、行政法规规定纳入固体废物管理的物品、物质。不能排入水体的液态废物和不能排入大气的置于容器中的气态废物，多数具有较大的危害性，一般也被归入固体废物管理体系。

10.1.2　固体废物的分类

固体废物的种类繁多，性质存在显著差异，为了便于管理、处理与处置，有必要对固体废物进行分类。目前广泛使用的分类标准有两种：一种是按固体废物污染特性分为一般固体废物和危险废物；另一种是按照固体废物来源分为城市固体废物、工业固体废物和农业固体废物等。

10.1.2.1　按照污染特性分类

（1）危险废物

危险废物一般指除了放射性废物以外，具有毒性（急性毒性和浸出毒性）、腐蚀性、易燃性、反应性、爆炸性或感染性，因而可能对人类的生活环境和人体健康产生有害影响的固体废物。《中华人民共和国固体废物污染环境防治法》（简称《固体废物污染环境防治法》）中对危险废物的定义如下：危险废物，是指列入国家危险废物名录或者根据国家规定的危险废物鉴别标准和鉴别方法认定的具有危险特性的固体废物。

生态环境部、国家发展和改革委员会、公安部、交通运输部、国家卫生健康委员会共同发布的，于2021年1月1日开始实施的《国家危险废物名录》共列出了50类危险废物。《国家危险废物名录》表明具有下列情形之一的固体废物（包括液态废物），列入本名录：①具有毒性、腐蚀性、易燃性、反应性或者感染性一种或者几种危险特性的；②不排除具有危险特性，可能对生态环境或者人体健康造成有害影响，需要按照危险废物进行管理的。

（2）一般固体废物

一般固体废物是指除了危险废物和放射性废物以外的其他固体废物。

10.1.2.2 按照来源分类

（1）城市固体废物

城市固体废物又称城市生活垃圾，是指在城市居民日常生活中或者为城市居民日常生活提供服务的活动中产生的固体废物。城市固体废物主要来自城市居民家庭和城市商业、服务业、市政环卫业、交通运输业、文教卫生业和行政事业单位等。城市固体废物主要包括：厨余物、废纸、废塑料、废织物、废金属、废玻璃、废陶瓷片、砖瓦渣土、粪便及废家具、废旧电器、庭院废物、废建筑材料以及给水排水污泥等。城市生活垃圾的组成与城市所在地的气候条件、季节变化、居民生活水平、生活习性等因素紧密相关。

（2）工业固体废物

工业固体废物是指在各种工业生产活动中产生的固体废物。工业固体废物主要来自冶金工业、能源工业、钢铁工业、石油化学工业、有色金属工业、轻工业、机械电子工业以及其他工业行业。典型的工业固体废物有煤矸石、粉煤灰、煤气化渣、炉渣、矿渣、废酸碱、尾矿、废金属、废塑料、废橡胶、废化学药剂、废陶瓷、废沥青等。

（3）农业固体废物

农业固体废物是指在农业生产及产品加工过程中产生的固体废物。农业固体废物主要来自农作物种植业、畜禽养殖业、水产养殖业、农副产品加工业等领域。常见的农业固体废物有稻草、麦秸、玉米秸、稻壳、果树枝杈、秕糠、根茎、果皮、果核、畜禽粪便、栏圈铺垫物、死禽死畜、羽毛、皮毛、糜烂鱼虾等。

10.1.3 固体废物对环境的影响

固体废物中含有各种有毒有害的物质。因此，固体废物在露天堆存或处理、处置过程中，其所含的污染物在自然界的物理、化学和生物的作用下会向外释放，并进入大气、地表水、地下水以及土壤中，这些污染物会直接或间接进入人体，对人的生命健康造成危害。另外，固体废物在处理和处置过程中也会对大气、水和土壤造成一定程度的污染。有关固体废物对环境的污染途径详见图 10-1。

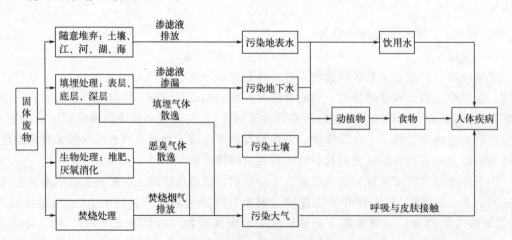

图 10-1 固体废物的污染途径

（1）对大气的影响

固体废物在堆存过程中会产生有毒有害的气体和粉尘，若不加以妥善处理会对大气环境产生不利影响。露天堆放的固体废物中的有机组分会在微生物的作用下分解而产生甲烷、氨气、硫化氢、甲硫醇等气体。甲烷是一种温室气体，其温室效应是二氧化碳的 21 倍；此外，甲烷气体具有爆炸性，当空气环境中甲烷的含量达到 5%～15% 时容易发生爆炸，对人类生命安全造成极大威胁。而氨气、硫化氢、甲硫醇等都属于恶臭气体，它们会刺激和伤害人的嗅觉器官，使人们感到恶心、厌烦，同时还会伤害人类的嗅觉和神经系统。

露天堆放的固体废物中的无机细颗粒组分可以随风飞扬，造成局部地区下风向空气污染。有研究表明，当风力达到 4 级以上时，粉煤灰或尾矿堆表层的细颗粒粉尘将出现剥离，其随风飘扬的高度可达 20～50m 以上，可以使平均视程降低 30%～50%。

（2）对水体的影响

固体废物对水体的污染有直接污染和间接污染两种形式。直接污染是指将水体作为固体废物的处置空间，向水体中直接倾倒废物，固体废物中的污染物会释放进入水体，从而导致水体的直接污染；除了污染以外，向水体中倾倒固体废物还会减小水体的有效面积，影响水体的行洪、航运、养殖和灌溉能力。间接污染是指固体废物在堆积过程中，由于雨水淋溶和自身分解产生的渗滤液流入江河、湖泊和渗入地下而导致地表水和地下水的污染。

（3）对土壤的影响

固体废物对土壤的环境影响有两个方面。

① 固体废物堆放占用大量土地。据估算，堆存 10000t 固体废物，需要占用大约 $667m^2$ 的土地。特别是一些被占用的土地属于耕地，这将导致耕地资源更加紧张。

② 固体废物在堆存过程中产生的渗滤液和扬尘会导致土壤污染。渗滤液和扬尘进入土壤后，将破坏土壤的物理、化学性质，影响植物养分吸收和生长，导致农作物减产。例如，我国西南某地农田因长时间施用生活垃圾，导致土壤中有害物质不断累积，土壤中汞的浓度超出了环境本底值 8 倍，对农作物的生长产生严重危害。除此之外，固体废物中的一些污染物在进入土壤中以后，会被农作物吸收并转移到农作物的根、茎、叶、籽中，最终通过食物链对人体和饲养的动物造成危害。

（4）对环境卫生的影响

未经处理的固体废物，例如粪便、病死动物、医疗废弃物等，容易传染痢疾、肝炎、肠炎以及寄生虫病等。

10.2　固体废物管理原则、制度和污染控制措施

10.2.1　固体废物管理原则

（1）"三化"原则

"三化"原则是指对固体废物的污染防治采取减量化、资源化、无害化的指导思想。

减量化：减量化是指采取干预措施，减少固体废物的产生量或降低其危害水平。应改变粗放经营的发展方式，鼓励和支持生产工艺替代、清洁生产、电子化媒体和商务结算等。在法律层面上，应要求固体废物产生和排放单位合理选择和利用原材料、能源和其他资源，采用废物产生量最少的生产工艺和设备。

资源化：资源化是指对已产生的固体废物进行回收加工、循环利用或其他再利用等，即废物综合利用，使废物经过综合利用后直接变为产品或转化为可供再利用的二次原料，不但可以减轻固体废物危害，还可以减少浪费，获得经济效益。

无害化：无害化是指对已产生但又无法或暂时无法进行综合利用的固体废物进行对环境无害或低危害的安全处理、处置，包括尽可能地减少固体废物种类、降低危险废物的有害程度，以及减轻和消除其危险特征等。

（2）全过程原则

全过程原则是指对固体废物的产生、运输、贮存、处理和处置的全过程及各个环节上都实行控制管理和开展污染防治工作，这一原则又形象地被称为从"摇篮到坟墓"的管理原则。固体废物环境管理是一项系统的集体活动，废物产生者、承运者、贮存者、处置者和有关过程中的其他操作者都要分担责任。

10.2.2　固体废物管理制度

（1）废物交换制度

一个行业或企业的废物可能是另一个行业或企业的原料，通过信息系统可以实现废物交换。这种废物交换不同于一般意义上的废物综合利用，而是利用信息技术实现废物资源合理配置的系统工程。

（2）废物审核制度

废物审核制度是对废物从产生、处理到处置实行全过程监督的有效手段。它的主要内容有：废物合理产生的估量、废物流向和分配及监测记录、废物处理和转化、废物的排放和废物总量衡算、废物从产生到处置的全过程评估。根据废物审核的结果可以及时判断工艺的合理性，发现操作过程中的跑、冒、滴、漏或非法排放，有助于改善工艺、改进操作，实现废物的最小量化。

（3）申报登记制度

为了使环境保护主管部门全面、及时、动态掌握工业固体废物和危险废物的种类、产生量、流向以及对环境的影响等情况，进而有效地防治工业固体废物和危险废物对环境的污染，《固体废物污染环境防治法》要求实施工业固体废物和危险废物申报登记制度。

（4）排污收费制度

《固体废物污染环境防治法》规定："产生工业固体废物的单位应当根据经济、技术条件对工业固体废物加以利用；对暂时不利用或者不能利用的，应当按照国务院生态环境等主管部门的规定建设贮存设施、场所。"固体废物排污费的缴纳，则是针对那些在按照规定和环境保护标准建成工业固体废物贮存或者处置的设施、场所或经改造这些设施、场所达到环境保护标准之前产生的工业固体废物而言。

（5）许可证制度

废物的储存、转运、加工处理特别是处置实行经营许可证制度。经营者原则上应独立于生产者，经营者和经营人员必须经过专门的培训，并经考核取得专门的资格证书，经营者必须持有专门的废物管理机构颁发的经营许可证，并接受废物管理机构的监督检查。

（6）危险废物转移联单制度

危险废物转移联单制度可以追踪危险废物流向，实现危险废物"从摇篮到坟墓"全过程的管理。这一制度，为危险废物转移管理发挥了重要作用，能够有效监管危险废物转移的流向及动态，对于监督危险废物的转移过程，推动危险废物的无害化利用与处置发挥了重要的作用。

（7）一般固体废物跨省转移利用备案制度

《固体废物污染环境防治法》规定，转移固体废物出省、自治区、直辖市行政区域利用的，应当报固体废物移出地的省、自治区、直辖市人民政府生态环境主管部门备案。移出地的省、自治区、直辖市人民政府生态环境主管部门应当将备案信息通报接受地的省、自治区、直辖市人民政府生态环境主管部门。产生工业固体废物的单位委托他人运输、利用、处置工业固体废物的，应当对受委托方的主体资格和技术能力进行核实，依法签订书面合同，在合同中约定污染防治要求。

10.2.3 固体废物处理与处置措施

（1）固化/稳定化

固化/稳定化（S/S）是指通过向废物中添加固化/稳定化基材，将固体废物中有害组分固定或包容在惰性基材中的一种无害化处理方法，经过固化/稳定化后的产物应具有良好的抗渗透性、较高的机械强度以及抗浸出、抗干湿、抗冻融等特性。固化/稳定化处理根据基材的不同可分为水泥固化/稳定化、沥青固化/稳定化、玻璃固化/稳定化、石灰固化/稳定化以及自胶结固化/稳定化等。

（2）焚烧

固体废物焚烧处理就是将固体废物进行高温分解和深度氧化的处理过程。在焚烧过程中，具有强烈的放热效应，有基态和激发态自由基生成，并伴随着光辐射。焚烧法处理固体废物，具有减量化效果显著、无害化程度彻底等优点，焚烧处理已成为城市生活垃圾和有机危险废物处理的基本方法，同时在对其他固体废物的处理中，也得到了越来越广泛的应用。

（3）热解技术

热解技术是将有机物在无氧或缺氧状态下加热，使之成为气态、液态或固态可燃物质的化学分解过程。近年来，热解技术多被用于农业固体废物和城市污泥的处理。

（4）生物处理

固体废物的生物处理是指直接或间接利用生物体的机能，对固体废物的某些组分进行转化以减少或消除污染物产生的生产工艺，或者能够高效净化环境污染，同时又生产有用物质的工程技术。采用生物处理技术就是利用微生物（如细菌、放线菌、真菌）、动物（蚯蚓等）或植物的新陈代谢作用，将固体废物通过各种工艺转化成有用的物质或能源（如提取各种有价金属、生产肥料、产生沼气、生产单细胞蛋白等），既能实现减量化、资源化和无害化，又能解决环境污染问题。

（5）处置措施

浅地表填埋是目前固体废物处置较为理想的方法之一。它是由传统的废物堆放和填埋技术发展起来的一种固体废物处置技术。经过长期的改良，借助于现代土木工程技术，填埋已演变成一种成熟的固体废物处置方法。该方法利用土木工程手段，采取有效措施，防止固体废物渗滤液及有害气体对水体、大气和土壤环境造成污染。根据固体废物的不同，填埋又可分为生活垃圾卫生填埋、一般工业固体废物填埋和危险废物安全填埋。

10.3　固体废物环境影响评价内容

10.3.1　固体废物环境影响评价的类别及其主要内容

固体废物的环境影响评价主要分为两大类：第一类是一般建设项目中有关固体废物从产生、收集、运输、处理到最终处置的环境影响评价；第二类是处理、处置固体废物设施建设项目的环境影响评价。

第一类环境影响评价内容主要包括三个方面。一是污染源调查。根据调查结果，要给出固体废物的名称、组分、形态、数量等信息，应按照一般工业固体废物和危险废物分别列出。二是对污染防治措施进行论证。根据工艺过程、各个产出环节针对性提出防治措施，并对防治措施的可行性加以论证。三是提出最终处置措施方案，如综合利用、填埋、焚烧等，并应包括固体废物收集、贮运、预处理等全过程的环境影响及污染防治措施。

第二类环境影响评价的内容主要是根据固体废物处理或处置的工艺特点，依据环境影响评价技术导则，执行相应的污染控制标准进行环境影响评价，如生活垃圾填埋场、生活垃圾焚烧厂、餐厨垃圾无害化处理设施、一般工业固体废物贮存和处置场、危险废物贮存场、危险废物安全填埋场以及危险废物焚烧厂等，在这些工程项目的污染物控制标准中，对厂（场）址选择、污染控制项目、污染物排放限制等都有相应的规定，是环境影响评价必须严格予以执行的。

10.3.2　固体废物环境影响评价特点

（1）固体废物环评贯穿建设项目的各个环节

国家要求对固体废物污染实行由产生、收集、贮存、运输、预处理直至处置的全过程控制，因此在环境影响评价中必须包括所建项目涉及的各个过程。由于固体废物的收集、贮存、运输与处理、处置构成一个整体，所以在固体废物处理和处置设施的环境影响评价中必须包含固体废物的收集、贮存以及运输过程可能对环境产生的影响。

（2）固体废物环境影响评价依赖于气、水、土壤和噪声的环境影响评价

固体废物对环境的污染主要是以空气污染、水污染（地表水和地下水）、土壤污染和噪声等形式出现，而环境空气、水（地表水和地下水）、土壤和噪声等环境要素的评价都有专门的导则、技术方法等，这就决定了固体废物环境影响评价对大气、水（地表水和地下水）、土壤、噪声等环境影响评价的依赖性。固体废物的环境影响评价主要应给出污染源强，明确在贮存、处置过程中产生与排放废气、污水等污染物的环节、浓度以及排放规律等，然后评价对各环境要素的影响。

10.3.3　一般建设项目固体废物环境影响评价

10.3.3.1　污染源调查

通过建设项目的"工程分析"，统计建设项目建设阶段和运营阶段所产生的固体废物的种类、组分、排放量和排放规律。根据《国家危险废物名录》或国家规定的危险废物鉴别标准和鉴别方法对项目产生的固体废物进行识别或鉴别，明确项目产生的固体废物是属于一般

固体废物还是危险废物，将污染源调查结果和危险废物鉴别结果列表说明，对于危险废物需明确其废物类别、废物危险特性等。

10.3.3.2 运输过程分析

一般建设项目的固体废物运输过程分析需要考虑厂内和厂外两种情形。对于厂内运输，一般存在管道运输和容器运输两种情况，在进行环境影响预测与评价时，重点关注管道运输过程可能产生的影响。对于厂外运输，需要明确固体废物运输工具和运输路线，特别要关注运输路线周围可能存在的环境敏感点。

10.3.3.3 污染防治措施论证

根据工艺过程，对各个产生固体废物的环节提出防治措施，并对防治措施的可行性加以论证。防治措施的论证一般包括防治设施选址可行性分析、防治措施处置能力分析以及防治措施工艺分析。

10.3.3.4 一般固体废物环境影响预测与评价

对一般固体废物采用防治措施后可能产生的环境影响进行预测和评价。重点分析建设项目自建固体废物防治措施对大气、水、土壤等环境介质可能产生的影响。当委托厂外其他机构代为处理或处置固体废物时，需要明确代为处理或处置的固体废物的种类和数量、委托处置单位的名称和所采取的工艺等。

10.3.3.5 危险废物环境影响预测与评价

当一般建设项目产生危险废物时，首先确定危险废物的种类和数量。对于环境影响评价阶段无法鉴别又可能具有危险特性的固体废物，环境影响评价文件中应明确废物的名称、种类、可能的有害成分，并明确暂按危险废物从严管理，并要求在该类废物产生后开展危险性鉴别。在确定危险废物的种类和数量的基础上，对建设项目危险废物的产生、收集、贮存、运输、利用、处置等以及从项目建设期、运营期、服务期满后等全时段角度分析危险废物可能产生的环境影响。

（1）危险废物贮存场所的环境影响分析

按照《危险废物贮存污染控制标准》（GB 18597），结合区域环境条件，分析危险废物贮存场选址的可行性。根据危险废物产生量、贮存期限等分析、判断危险废物贮存场所的能力是否满足要求。按环境影响评价相关技术导则的要求，分析预测危险废物贮存过程中对大气、地表水、地下水、土壤以及环境敏感保护目标可能造成的影响。

（2）运输过程的环境影响分析

分析危险废物从厂区内的产生工艺环节运输到贮存场所或处置设施的过程中，由于危险废物散落、泄漏所引起的环境影响。对运输路线沿线有环境敏感点的，应考虑其对环境敏感点的环境影响。

（3）利用或者处置的环境影响分析

利用或者处置危险废物的建设项目环境影响分析应包括以下几方面。①按照《危险废物焚烧污染控制标准》（GB 18484）、《危险废物填埋污染控制标准》（GB 18598）等，分析论证建设项目危险废物处置方案选址的可行性。②应按建设项目建设和运营的不同阶段开展自建危险废物处置设施（含协同处置危险废物设施）的环境影响分析预测，分析对环境敏感保护目标的影响，并提出合理的防护距离要求。必要时，应开展服务期满后的环境影响评价。③对综合利用危险废物的，应论证综合利用的可行性，并分析可能产生的环境影响。

（4）委托利用或者处置的环境影响分析

环评阶段已签订委托利用或者处置意向的，应分析危险废物利用或者处置途径的可行性。暂未委托利用或者处置单位的，应根据建设项目周边有资质的危险废物处置单位的分布情况、处置能力、资质类别等，给出建设项目产生危险废物的委托利用或处置途径建议。

10.3.4　生活垃圾填埋场环境影响评价

10.3.4.1　场址选择评价

场址选择评价是填埋场环境影响评价的基本内容，主要是评价拟选场地是否符合选址标准。其方法是根据场地自然条件，采用选址标准逐项进行评判。评价的重点是场地的水文地质条件、工程地质条件、土壤自净能力等。

10.3.4.2　自然、环境质量现状调查与评价

环境现状评价方面，主要评价拟选场址及周围的大气、地表水、地下水、噪声等自然环境质量状况。同时，自然现状评价方面，要突出对地质现状的调查与评价。其方法一般是根据监测值与各种标准，采用单因子和多因子综合评判。

10.3.4.3　工程分析

主要是分析填埋场建设过程中和建成运营后可能产生的主要污染源、污染物及其数量、种类、排放方式等。其方法一般采用计算、类比、经验统计等。污染源一般有渗滤液、填埋气、恶臭、噪声等。

10.3.4.4　施工期环境影响分析

主要评价施工期场地内排放的生活污水，各类施工机械产生的机械噪声、振动以及二次扬尘对周围地区产生的环境影响。另外，还应对施工期水土流失等生态环境影响进行相应的评价。

10.3.4.5　运营期环境影响预测与评价

（1）大气环境影响预测及评价

主要评价填埋场释放气体及恶臭对环境的影响。释放气体：主要是根据排气系统的结构，预测和评价排气系统的可靠性、排气利用的可行性以及排气对环境的影响。在预测排气对环境的影响时，首先需要确定污染物的排放强度。垃圾填埋场气态污染物的排放强度计算方法如下：首先需要计算填埋场填埋气体排放强度，然后乘以填埋气体中要评价的污染物的浓度。填埋气体排放强度可参考《生活垃圾填埋场填埋气体收集处理及利用工程技术规范》（CJJ 133—2009）中的 Scholl Canyon 模型进行估算。对于某一时刻填入填埋场的生活垃圾，其填埋气体产气速率可以按照式（10-1）计算：

$$Q_t = ML_0 k e^{-kt} \tag{10-1}$$

式中　Q_t——所填垃圾在时间 t 时刻（第 t 年）的产气速率，m^3/a；

M——所填垃圾的质量，t；

L_0——单位质量垃圾的填埋气体最大产生量，m^3/t；

k——垃圾的产气速率常数，a^{-1}；

t——从垃圾进入填埋场时算起的时间，a。

由于填埋场中的垃圾是分时段填埋的，因此，填埋场填埋气体的理论产气速率宜按照式（10-2）或式（10-3）进行计算：

$$G_n = \sum_{t=1}^{n-1} M_t L_0 k e^{-k(n-t)} \quad (n \leqslant 填埋场封场时的年数 \ f) \tag{10-2}$$

$$G_n = \sum_{t=1}^{f} M_t L_0 k \mathrm{e}^{-k(n-t)} \quad (n > 填埋场封场时的年数 f) \tag{10-3}$$

式中　G_n——填埋场在运行后第 n 年的填埋气体产气速率，$\mathrm{m^3/a}$；

　　　n——自填埋场运行年至计算年的年数，a；

　　　M_t——填埋场在第 t 年填埋的垃圾量，t；

　　　f——填埋场封场时的填埋年数，a。

填埋场单位质量垃圾的填埋气体最大产气量（L_0）宜根据垃圾中可降解有机碳含量按照式（10-4）估算：

$$L_0 = 1.867 C_0 \varphi \tag{10-4}$$

式中　C_0——垃圾中有机碳含量，%；

　　　φ——有机碳降解率。

对于填埋场产生的恶臭，主要是评价运输、填埋过程中及封场后可能对环境的影响。评价时要根据垃圾的种类，预测各阶段臭气产生的位置、种类、浓度及影响范围。

（2）水环境影响预测与评价

主要评价填埋场衬垫结构的安全性以及渗滤液排出对周围水环境的不利影响。具体包括两方面内容：正常排放对地表水的影响，主要评价渗滤液经处理达到排放标准后排出，基于相应标准是否会对受纳水体产生影响或影响程度如何；正常排放对地下水的影响，主要评价渗滤液的渗漏量、污染物在衬垫层中的迁移速度等。

对于设有衬垫层的填埋场，其渗滤液的渗漏量可以通过式（10-5）计算：

$$Q_{渗滤液} = AK \frac{h_{\max} + d}{d} \tag{10-5}$$

式中　$Q_{渗滤液}$——通过填埋场底部下渗的渗滤液渗漏量，$\mathrm{m^3/s}$；

　　　A——填埋场底部衬垫层的面积，$\mathrm{m^2}$；

　　　K——防渗层的渗透系数，m/s；

　　　$h_{\max}$——填埋场内渗滤液的最大积水深度，m；

　　　d——防渗层的厚度，我国的压实黏土衬垫层的厚度一般为 2.0m。

由于衬垫层，特别是压实黏土衬垫层的厚度较大，渗滤液进入衬垫层后不会立刻对地下水产生影响，因此，在分析垃圾填埋场渗滤液对地下水环境影响时，往往需要计算渗滤液击穿衬垫层的时间。渗滤液击穿衬垫层的时间可以利用式（10-6）进行计算：

$$t = \frac{d}{v} \tag{10-6}$$

式中　d——衬垫层的厚度，m，我国的压实黏土衬垫层的厚度一般为 2.0m；

　　　v——渗滤液的迁移速度，m/s。

对于一些具有吸附作用的污染物，在计算其击穿衬垫层的时间时，应考虑使用式（10-7）：

$$t = \frac{d}{\dfrac{v}{R_d}} \tag{10-7}$$

式中，R_d 为污染物在衬垫层中的滞后因子，无量纲。

除了正常工况以外，在对填埋场进行评价时，还应考虑非正常情况下渗滤液渗漏对地下水的影响，主要评价衬垫破裂后渗滤液下渗对地下水的影响，包括渗透方向、渗透速度、迁移距离、土壤的自净能力及效果等。

（3）噪声环境影响预测及评价

主要评价垃圾运输、场地施工、垃圾填埋操作和封场各阶段由各种机械产生的噪声对环境的影响。噪声环境影响可根据各种机械的特点采用机械噪声声压级预测，然后再结合卫生标准和功能区标准评价，判断是否满足噪声控制标准，是否会对最近的居民区点产生影响。

10.3.4.6　污染防治措施及可行性论证

主要包括渗滤液的处理和控制措施、填埋场衬垫破裂补救措施、填埋气体的导排或综合利用措施以及防臭措施、减振防噪措施等。

10.3.5　垃圾焚烧厂环境影响评价

（1）厂址选择评价

厂址选择评价是垃圾焚烧厂环境影响评价的基本内容，主要评价拟选厂址是否符合选址标准。方法是根据厂址水文地质条件、工程地质条件、污染物扩散和稀释条件、城市各项规划及交通状况等逐项评判。

（2）环境质量现状调查与评价

主要评价拟选厂址及周围大气、地表水、地下水、土壤、声环境等自然环境质量状况。其方法一般是根据监测值与各种标准，采用单因子或多因子综合评价。调查评价区域的环境敏感区域和污染源。

（3）工程分析

分析垃圾焚烧厂服务区垃圾产生量和垃圾基本性质，分析垃圾焚烧厂拟采用的焚烧设备的先进性和合理性，分别核算正常工况和非正常工况条件下污染源源强。

（4）施工期环境影响分析及减缓措施

评价施工期运输、施工机械、生活生产废水、生活垃圾、建筑垃圾、临时弃土对环境产生的影响。提出施工期污染防治对策和措施。

（5）运营期环境影响预测与评价

① 大气环境影响预测与评价。选择合适的预测模式和相关参数，评价焚烧炉烟气、灰仓废气、水泥仓废气、活性炭贮存仓废气、垃圾池及垃圾渗滤液处理站恶臭气体对环境的影响。评价需分正常工况和非正常工况。

② 水环境影响预测与评价。评价正常工况和非正常工况下垃圾渗滤液等废水对地表水和地下水的影响。

③ 噪声环境影响预测与评价。评价余热锅炉蒸汽排空管、高压蒸汽吹管、汽轮发电机组、送风机、引风机、空压机、水泵等产生的噪声对环境的影响。

④ 固体废物环境影响预测与评价。统计固体废物来源、种类、产生量和排放量，并提出固体废物处置方案，同时对该处置方案的环境影响进行分析。

（6）污染防治措施及可行性论证

主要包括焚烧炉烟气治理措施，烟气、粉尘处理措施，垃圾焚烧飞灰处理措施。

10.3.6　餐厨垃圾无害化处理设施环境影响评价

（1）工程概况

明确项目的地理位置、占地面积及与四邻的关系，介绍项目的组成及主要建设的内容；

对厨余垃圾产生量和理化性质进行预测；对项目的服务范围和收运系统进行分析。

（2）工程产污环节分析

对生产工艺环节、运输系统和辅助设施生产环节的产污点进行分析，明确污染物类型。分别计算施工期和运营期污染源源强，给出"三废"排放总量汇总表。

（3）环境现状调查与评价

对项目所在地的地质构造与地震情况、地形地貌、气候气象条件、河流水系、水文地质和工程地质进行评价；对项目所在地的土地利用现状、植被类型进行调查，查明主要生态问题；对项目所在地的环境空气质量现状、地表水和地下水质量现状、声环境质量现状和土壤环境质量现状进行检测和评价。

（4）施工期环境影响分析

评价施工期场地内生活污水、施工机械和运输车辆噪声、二次扬尘、水土流失、固体废物排放对周围环境（包括生态环境）的不利影响。

（5）运营期环境影响预测与评价

利用环评导则推荐的大气估算工具，计算不同污染源最大落地浓度及占标率，评价建设项目对大气环境的影响；评价项目厂区生活污水和生产废水对环境的影响；评价餐饮垃圾预处理系统、厨余垃圾预处理系统、厌氧发酵预处理系统、沼渣脱水系统、沼气净化系统以及沼气发电系统和污水处理系统中机械设备噪声对环境的影响。提出预处理杂物、沼渣、废脱硫剂、废催化剂、污水处理站污泥等的处理方法并分析它们对环境的影响。

（6）污染防治措施及可行性论证

提出施工期废气、废水、噪声等污染减缓措施，论证措施可行性；提出运行期废气、废水、噪声等污染减缓措施，并论证措施可行性。

10.4 固体废物环境影响评价案例

本节以典型机械加工企业为案例，给出了固废产生环节、环境影响分析、环保措施及要求，详细内容可扫描二维码查看。

二维码 7 固体废物环境影响评价案例

第11章

生态环境影响评价

"生态兴则文明兴，生态衰则文明衰"。生态环境是人类健康生存的根基，是人类走向未来的依托，也是人类可持续发展所依赖的基本条件。然而，人类大规模、高强度的生产开发活动对生态环境的破坏在不断加剧，对生态环境造成的影响也愈加明显，造成了污染、资源枯竭、森林退化、海洋环境恶化以及生物多样性减少等后果，进而危及自身健康和可持续发展。根据建设项目对环境影响的方式和途径的不同，环境影响评价将建设项目分为污染型建设项目和生态影响型建设项目两大类。由于生态影响型建设项目与污染型建设项目对环境造成不良影响的特征不同，生态环境影响评价成为环境影响评价独具特色的重要组成部分。

11.1 生态环境影响评价基础知识

11.1.1 生态环境影响评价概念

生态环境影响评价是指通过揭示和预测人类活动对生态环境及人类健康和经济发展的作用，确定一个地区的生态负荷或环境容量，并提出减少影响或改善生态环境的策略和措施。生态环境影响评价的内涵体现了人类的开发建设活动对生态系统可能产生影响的综合分析和预测，着重于水利、水电、矿业、农业、林业、牧业、交通运输和旅游等行业所进行的自然资源的开发利用、海洋开发及海岸带开发等，是对生态环境造成影响的建设项目和区域开发项目的生态影响评价。

生态环境影响评价一般分为生态环境质量评价和生态影响评价。

生态环境质量评价主要考虑生态系统属性信息，通过选定的指标体系，运用综合评价的方法评定某区域生态环境的优劣，作为环境现状评价或环境影响评价的参考标准，或为环境规划和环境建设提供基本依据。例如，野生生物种群状况、自然保护区的保护价值、栖息地适宜性与重要性评价等，都属于生态环境质量评价。生态环境质量评价还可用于资源评价。

生态影响评价是对人类开发建设活动可能导致的生态环境影响进行分析和预测，并提出减少影响或改善生态环境的策略和措施。例如，分析某生态系统的生产力和环境服务功能，分析区域主要的生态环境问题，评价自然资源的利用情况和评价污染的生态后果，以及某种开发建设行为的生态后果等。

生态环境影响评价是环境影响评价的核心和灵魂。以往的环境影响评价侧重于建设项目的污染评价，忽略或者轻视了建设项目的生态环境影响评价。实际上，生态环境影响评价是建设项目环境影响评价的重要组成部分，一些建设项目的环境影响主要就是生态影响，如公路建设、水利工程等。但目前生态环境影响评价的研究与运用和实际需要还有一定的差距。

11.1.2　生态影响评价中的有关术语

生态影响：工程占用、施工活动干扰、环境条件改变、时间或空间累积作用等，直接或间接导致物种、种群、生物群落、生境、生态系统以及自然景观、自然遗迹等发生的变化。生态影响包括直接、间接和累积的影响。

直接生态影响：经济社会活动导致的不可避免的、与该活动同时同地发生的生态影响。

间接生态影响：经济社会活动及其直接生态影响诱发的、与该活动不在同一地点或不在同一时间发生的生态影响。

累积生态影响：经济社会活动各个组成部分之间或者该活动与其他相关活动（包括过去、现在、未来）之间造成生态影响的相互叠加。

生态敏感区：包括法定生态保护区域、重要生境以及其他具有重要生态功能、对保护生物多样性具有重要意义的区域。其中，法定生态保护区域包括依据法律法规、政策等规范性文件划定或确认的国家公园、自然保护区、自然公园等自然保护地、世界自然遗产、生态保护红线等区域；重要生境包括重要物种的天然集中分布区、栖息地，重要水生生物的产卵场、索饵场、越冬场和洄游通道，迁徙鸟类的重要繁殖地、停歇地、越冬地以及野生动物迁徙通道等。

生态保护目标：受影响的重要物种、生态敏感区以及其他需要保护的物种、种群、生物群落及生态空间等。

生态保护红线：指在生态空间范围内具有特殊重要生态功能、必须强制性严格保护的区域，是保障和维护国家生态安全的底线和生命线，通常包括具有重要水源涵养、生物多样性维护、水土保持、防风固沙、海岸生态稳定等功能的生态功能重要区域，以及水土流失、土地沙化、石漠化等生态环境敏感脆弱区域。

重要物种：在生态影响评价中需要重点关注，具有较高保护价值或保护要求的物种，包括国家及地方重点保护野生动植物名录所列的物种，《中国生物多样性红色名录》中列为极危、濒危和易危的物种，国家和地方政府列入拯救保护的极小种群物种，特有种以及古树名木等。

生态监测：运用物理、化学或生物等方法对生态系统或生态系统中的生物因子、非生物因子状况及其变化趋势进行的测定、观察。

生物监测：利用生物个体、种群或群落对环境污染或变化所产生的反应，阐明环境污染状况，从生物学角度为环境质量的监测和评价提供依据。

生态因子：亦称生态因素，指对生物的生长、发育、繁殖、形态特征、生理功能和地理分布等有影响的环境条件，主要包括光照、水分、温度、大气、土壤、火和生物因子等。

生物量：指某一时刻单位面积内实存生活的有机物质（干重）（包括生物体内所存食物的质量）总量，通常用 kg/m^2 或 t/hm^2 表示。

优势种：是指对群落的结构和群落环境的形成起主要作用的物种。

生态系统：指在自然界的一定空间内，生物与环境构成的统一整体，在这个统一整体中，生物与环境之间相互影响、相互制约，并在一定时期内处于相对稳定的动态平衡状态。

空间异质性：是指生态学过程和格局在空间分布上的不均匀性及复杂性。

生物多样性：是指所有来源的活的生物体中的变异性，这些来源主要包括陆地、海洋和其他水生生态系统及其构成的生态综合体，包含物种内、物种间和生态系统的多样性。

生态演替：是指随着时间的推移，一种生态系统类型（或阶段）被另一种生态系统类型（或阶段）替代的顺序过程，是生物群落与环境相互作用导致生境变化的过程，依演替趋向可分为进展演替和逆行演替。

生态制图：将生态学的研究结果用图形的方式表达。

植被覆盖率：是指森林面积占土地总面积之比，一般用百分数表示。

11.1.3 生态影响特点

（1）阶段性

项目建设对生态环境的影响往往从规划设计开始就有表现，贯穿全过程，并且在不同建设阶段影响不同。因此，生态环境影响评价应从项目开始时介入，注重整个过程。如道路建设项目对生态环境的影响包括设计阶段、施工阶段、运营阶段、服务期满（或退役阶段）全过程。在设计阶段就应考虑路线及其结构物的所有要素要尽可能与地形地貌相吻合，规避一些敏感区、居民集中区、温泉疗养区、风景旅游点等；在施工期，挖掘和排水措施以及山体切割和林地征用会导致植被退化、水资源减少、水质变化等问题；运营期，车辆行驶排放的大量尾气等污染物质会影响植物的生长，噪声影响鸟类的繁殖、生存和迁移，公路网的分割使野生动物的栖息地破碎化从而影响动物的活动范围等。

（2）区域性和流域性

生态系统有显著的地域特点，因此相同建设项目在不同区域或流域不可能产生完全相同的影响。进行生态环境影响评价，特别是影响分析与提出相应措施时，应有针对性，分析所在区域或流域的主要生态环境特点与问题。如南水北调工程，对于水量输入区而言，东线通过海河平原时由于土壤本身含有一定盐分，地下水位上升，容易造成土壤盐渍化；对于输水通过区而言，可能使草食性大型鱼类减少，小型鱼类增加；输出区水量减少，可能导致泥沙淤积、污染加重、海水倒灌等生态环境问题。

（3）高度相关性和综合性

这与生态因子间的复杂关联密切相关。如在河流上游修水库，不仅水库对外环境有影响，而且外环境对水库也有重要影响。上游的污染源会使水库水质恶化，上游流域的水土流失会增加水库的淤积，而水土流失又与植被覆盖度密切联系，所以水库区的森林与水、陆地与河流是高度相关的。此外，生态环境动态与自然资源的开发利用息息相关，所以生态环境影响不仅涉及自然问题，还常常涉及社会和经济问题。因此，进行生态环境影响评价时，应有整体观点，即不管影响到生态系统的哪些因子，其影响效应是系统综合性的。

（4）累积性

项目建设对生态系统的影响常常是一个量变到质变的过程，显示累积性影响特点，即生态系统在某种外力作用下，其变化起初可能是不显著的，或者不为人们所察觉与认识的，但当这种变化发生到一定程度时，就突然地、显著地以出乎常人预料的结果显示出来。如森林退化是渐进的、缓慢的，但当退化到一定程度时，一场大雨或暴雨降临，山洪突然间汹涌而下，人们才会感受到森林砍伐的生态环境后果，最终将导致生态系统不可逆转的质的恶化或破坏。

（5）多样性

项目建设对生态系统的影响是多方面的，包括直接的、间接的、显见的、潜在的、长期的、短期的、暂时的、累积的等。有时间接影响比直接影响更大，或潜在影响比显见影响重要。如水电站大坝及其他构筑物阻隔将影响一些洄游性鱼类通道，淹没鱼类的产卵场，大坝上下游形成不同的水生生态系统，改变鱼类的生态条件等。

11.1.4 生态影响评价技术导则

《环境影响评价技术导则 生态影响》（HJ 19—2022）给出了建设项目的生态环境影响评价的基本任务和基本要求。

（1）基本任务

在工程分析和生态现状调查的基础上，识别、预测和评价建设项目在施工期、运行期以及服务期满后（可根据项目情况选择）等不同阶段的生态影响，提出预防或者减缓不利影响的对策和措施，制定相应的环境管理和生态监测计划，从生态影响角度明确建设项目是否可行。

（2）基本要求

① 建设项目选址选线应尽量避让各类生态敏感区，符合自然保护地、世界自然遗产、生态保护红线等管理要求以及国土空间规划、生态环境分区管控要求。

② 建设项目生态影响评价应结合行业特点、工程规模以及对生态保护目标的影响方式，合理确定评价范围，按相应评价等级的技术要求开展现状调查、影响分析及预测工作。

③ 应按照避让、减缓、修复和补偿的次序提出生态保护对策措施，所采取的对策措施应有利于保护生物多样性，维持或修复生态系统功能。

（3）工作程序

生态影响评价工作一般分为三个阶段，具体见 HJ 19 的 4.3 节。

11.1.5 生态影响评价工程分析

11.1.5.1 工程分析的要求

（1）工程分析时段

涵盖勘察设计期、施工期（建设阶段）、运营期（运行阶段）和退役期（服务期满后阶段），施工期和运营期为工程分析的重点。

勘察设计期：一般不晚于生态影响评价阶段结束，主要包括初勘、选址选线和工程可行性（预）研究报告。初勘和选址选线工作在进入环境影响评价阶段前完成，其主要成果在工程可行性（预）研究报告中会有体现；工程可行性（预）研究报告与环评是一个互动阶段，环境影响评价以工程可行性（预）研究报告为基础，评价过程中发现初勘、选址选线和相关工程设计中存在环境影响问题时，应提出调整或修改建议，工程可行性（预）研究报告据此进行修改或调整，最终形成科学的工程可行性（预）研究报告与环评报告。

施工期：一般是临时性的，但在一定条件下，其产生的间接影响可能是永久性的。在实际工程中，施工期生态影响注重直接影响的同时，也不应忽略可能造成的间接影响。施工期是生态影响评价必须重点关注的时段。

运营期：时间跨度长，该时期的生态和污染影响可能会造成区域性的环境问题，如水库蓄水会使周边区域地下水位抬升，进而可能造成区域土壤盐渍化甚至沼泽化，井工采矿时大量疏干排水可能导致地表沉降和地面植被生长不良甚至荒漠化。因此，运营期也是生态环境影响评价必须重点关注的时段。

退役期：不仅包括主体工程的退役，也涉及主要设备和相关配套工程的退役，如矿井（区）闭矿、渣场封闭、设备报废更新等，也可能存在环境影响问题需要解决。

（2）工程分析内容

工程分析内容应包括：项目所处的地理位置、工程的规划依据和规划环评依据、工程类型、项目组成、占地规模、总平面及现场布置、施工方式、施工时序、运行方式、替代方案、工程总投资与环保投资、设计方案中的生态保护措施等。

（3）工程分析重点

根据评价项目自身特点、区域的生态特点以及评价项目与影响区域生态系统的相互关系，确定工程分析的重点，分析生态影响的源及其强度。主要内容应包括：①可能产生重大生态影响的工程行为；②与特殊生态敏感区和重要生态敏感区有关的工程行为；③可能产生间接、累积生态影响的工程行为；④可能造成重大资源占用和配置的工程行为。

11.1.5.2　工程分析技术要点

生态环境影响评价工程分析的技术要点主要包括：

① 工程组成完全。要把所有工程活动都纳入分析范围中，一般建设项目工程组成包括主体工程、辅助工程、配套工程、公用工程和环保工程。有的将作业场等支柱性工程称为大临工程（大型临时工程）或储运工程系列。但必须将所有的工程建设活动，无论临时的还是永久的，施工期的还是运营期的，直接的还是相关的，都考虑在内。一般应有完善的项目组成表，明确占地、施工、技术标准等主要内容。

② 重点工程明确。主要造成环境影响的工程，应作为重点的工程分析对象，明确其名称、位置、规模、建设方案、施工方案、运营方式等。一般还应将其所涉及的环境作为分析对象，因为同样的工程发生在不同的环境中，其影响作用是不同的。

③ 全过程分析。生态环境影响是一个过程，不同时期有不同的问题需要解决，因此必须做全过程分析。一般可将全过程分为选址选线期（工程预可研期）、设计方案期（初步设计与工程设计）、建设期（施工期）、运营期和运营后期（结束期、闭矿、设备退役和渣场封闭等）。

④ 污染源分析。明确主要污染源、污染物类型、源强、排放方式和纳污环境等。污染源可能发生于施工建设阶段，亦可能发生于运营期。污染源的控制要求与纳污的环境功能密切相关，因此必须同纳污环境联系起来分析。大多数生态影响型建设项目的污染源强较小，影响亦较小，评价一般是三级，可以利用类比资料，并以充足的污染防治措施为主。

⑤ 其他分析。不同施工、运营方式的影响、风险问题等。

11.1.5.3　典型生态影响型建设项目工程分析

根据项目特点（线型/区域型）和影响方式，选择公路、油气开采和水电项目为代表，阐述工程分析的技术要求。

（1）公路项目

工程分析应涉及勘察设计期、施工期和运营期，以施工期和运营期为主，按生态环境、声环境、水环境、环境空气、固体废物和社会环境等要素识别影响源和影响方式，并估算源强。

勘察设计期工程分析的重点是选址选线和移民安置，详细说明工程与各类保护区、区域路网规划、各类建设规划和环境敏感区的相对位置关系及可能存在的影响。

施工期是公路工程产生生态破坏和水土流失的主要环节，应重点考虑工程用地、桥隧工程和辅助工程（施工期临时工程）所带来的环境影响和生态破坏。在工程用地分析中说明临时租地和永久征地的类型、数量，特别是占用基本农田的位置和数量；桥隧工程要说明位置、规模、施工方式和施工时间计划；辅助工程包括进场道路、施工便道、施工营地、作业场地、各类料场和废弃渣料场等，应说明其位置、临时用地类型和面积及恢复方案，不要忽略表土保存和利用问题。

施工期要注意主体工程行为带来的环境问题。如路基开挖工程涉及弃土利用和运输、路基填筑需要借方和运输、隧道开挖涉及弃方和爆破、桥梁基础施工底泥清淤弃渣等。

运营期主要考虑交通噪声、管理服务区"三废"、线性工程阻隔和景观等方面的影响，同时根据沿线区域环境特点和可能运输货物的种类，识别运输过程中可能产生的环境污染和风险事故。

（2）油气开采

工程分析涉及勘察设计期、施工期、运营期和退役期四个时段，各时段影响源和主要影响对象存在一定差异。

工程概况中应说明工程开发性质、开发形式、建设内容、产能规划等，项目组成应包括主体工程（井场工程）、配套工程［各类管线、井场道路、监控中心、办公和管理中心、储油（气）设施、注水站、集输站、转运站点、环保设施、供水、供电、通信等］和施工辅助工程，分别给出位置、占地规模、平面布局、污染设施（设备）和使用功能等相关数据及工程总体平面图、主体工程（井位）平面布置图、重要工程平面布置图和土石方、水平衡图等。

勘察设计时段工程分析以探井作业、选址选线和钻井工艺、井组布设等作为重点。井场、站场、管线和道路布设的选择要尽量避开环境敏感区域，应采用定向井或丛式井等先进钻井及布局，其目的均是从源头上避免或减少对环境敏感区域的影响。而探井作业是勘察设计期主要影响源，勘探期钻井防渗和探井科学封堵有利于防止地下水串层，保护地下水。

施工期，土建工程的生态保护应重点关注水土保持、表土保存和恢复利用、植被恢复等措施；对钻井工程更应注意钻井泥浆的处理处置、落地油处理处置、钻井套管防渗等措施的有效性，避免土壤、地表水和地下水受到污染。

运营期，以污染影响和事故风险分析和识别为主。按环境要素进行分析，重点分析含油废水、废弃泥浆、落地油、油泥的产生点，说明其产生量、处理处置方式和排放量、排放去向。对滚动开发项目，应按"以新带老"要求，分析原有污染源并估算源强。风险事故应考虑到钻井套管破裂、井场和站场漏油（气）、油气罐破损和油气管线破损等而产生泄漏、爆炸和火灾情形。

退役期，主要考虑封井作业。

（3）水电项目

工程分析应涉及勘察设计期、施工期和运营期，以施工期和运营期为主。

勘察设计期工程分析以坝体选址选型、电站运行方案设计合理性和相关流域规划的合理性为主。移民安置也是水利工程特别是蓄水工程设计时应考虑的重点。

　　施工期工程分析，应在掌握施工内容、施工量、施工时序和施工方案的基础上，识别可能引发的环境问题。

　　运营期的影响源应包括水库淹没高程及范围、淹没区地表附属物名录和数量、耕地和植被类型与面积、机组发电用水及梯级开发联合调配方案、枢纽建筑布置等方面。

　　运营期生态影响识别时应注意水库、电站运行方式不同，运营期生态影响也有差异。对于引水式电站，厂址间段会出现不同程度的脱水河段，对水生生态、用水设施和景观影响较大。对于日调节水电站，下泄流量、下游河段河水流速和水位在日内变化较大，对下游河道的航运和用水设施影响明显。对于年调节水电站，水库水温分层相对稳定，下泄河水温度相对较低，对下游水生生物和农灌作物影响较大。对于抽水蓄能电站，上水库区域易对区域景观、旅游资源等造成影响。

　　环境风险主要是水库库岸侵蚀、下泄河段河岸冲刷引发塌方，甚至诱发地震。

11.1.6　生态影响评价等级

　　依据建设项目影响区域的生态敏感性和影响程度，评价等级划分为一级、二级和三级。按以下原则确定评价等级：

　　① 涉及国家公园、自然保护区、世界自然遗产、重要生境时，评价等级为一级；

　　② 涉及自然公园时，评价等级为二级；

　　③ 涉及生态保护红线时，评价等级不低于二级；

　　④ 根据 HJ 2.3 判断属于水文要素影响型且地表水评价等级不低于二级的建设项目，生态影响评价等级不低于二级；

　　⑤ 根据 HJ 610、HJ 964 判断地下水水位或土壤影响范围内分布有天然林、公益林、湿地等生态保护目标的建设项目，生态影响评价等级不低于二级；

　　⑥ 当工程占地规模大于 20km² 时（包括永久和临时占用陆域和水域），评价等级不低于二级，改扩建项目的占地范围以新增占地（包括陆域和水域）确定；

　　⑦ 除①～⑥以外的情况，评价等级为三级；

　　⑧ 当评价等级判定同时符合上述多种情况时，应采用其中最高的评价等级。

　　建设项目涉及经论证对保护生物多样性具有重要意义的区域时，可适当上调评价等级。

　　建设项目同时涉及陆生、水生生态影响时，可针对陆生生态、水生生态分别判定评价等级。

　　在矿山开采可能导致矿区土地利用类型明显改变，或拦河闸坝建设可能明显改变水文情势等情况下，评价等级应上调一级。

　　线性工程可分段确定评价等级。线性工程地下穿越或地表跨越生态敏感区，在生态敏感区范围内无永久、临时占地时，评价等级可下调一级。

　　涉海工程评价等级判定参照《海洋工程环境影响评价技术导则》（GB/T 19485）。

　　符合生态环境分区管控要求且位于原厂界（或永久用地）范围内的污染影响类改扩建项目，位于已批准规划环评的产业园区内且符合规划环评要求、不涉及生态敏感区的污染影响型建设项目，可不确定评价等级，直接进行生态影响简单分析。

11.1.7　生态影响评价范围和期限

　　《环境影响评价技术导则　生态影响》（HJ 19—2022）中规定：生态影响评价应能够充

分体现生态完整性和生物多样性保护要求，涵盖评价项目全部活动的直接影响区域和间接影响区域。评价范围应依据评价项目对生态因子的影响方式、影响程度和生态因子之间的相互影响和相互依存关系确定。可综合考虑评价项目与项目区的气候过程、水文过程、生物过程等生物地球化学循环过程的相互作用关系，以评价项目影响区域所涉及的完整气候单元、水文单元、生态单元、地理单元界限为参照边界。

（1）生态环境影响评价范围

① 涉及占用或穿（跨）越生态敏感区时，应考虑生态敏感区的结构、功能及主要保护对象合理确定评价范围。

② 矿山开采项目评价范围应涵盖开采区及其影响范围、各类场地及运输系统占地以及施工临时占地范围等。

③ 水利水电项目评价范围应涵盖枢纽工程建筑物、水库淹没、移民安置等永久占地、施工临时占地以及库区坝上和坝下地表地下、水文水质影响河段及区域、受水区、退水影响区、输水沿线影响区等。

④ 公路、铁路等线性工程穿越生态敏感区时，以线路穿越段向两端外延 1km、线路中心线向两侧外延 1km 为参考评价范围，实际确定时应结合生态敏感区主要保护对象的分布、生态学特征、项目的穿越方式、周边地形地貌等适当调整，主要保护对象为野生动物及其栖息地时，应进一步扩大评价范围，涉及迁徙、洄游物种的，其评价范围应涵盖工程影响的迁徙洄游通道范围；穿越非生态敏感区时，以线路中心线向两侧外延 300m 为参考评价范围。

⑤ 陆上机场项目以占地边界外延 3～5km 为参考评价范围，实际确定时应结合机场类型、规模、占地类型、周边地形地貌等适当调整。涉及有净空处理的，应涵盖净空处理区域。航空器爬升或近航线下方区域内有以鸟类为重点保护对象的自然保护地和鸟类重要生境的，评价范围应涵盖受影响的自然保护地和重要生境范围。

⑥ 涉海工程的生态影响评价范围参照《海洋工程环境影响评价技术导则》（GB/T 19485）。

⑦ 污染影响型建设项目评价范围应涵盖直接占用区域以及污染物排放产生的间接生态影响区域。

（2）生态环境影响评价期限

生态环境影响评价（现状与预测评价）：对施工期和运行期进行评价和分析，对远期运行情况进行预测。

生态环境影响后评价：是指编制环境影响报告书的建设项目在通过环境保护竣工验收且稳定运行一定时期后，对其实际产生的环境影响进行评价，主要针对重大自然资源开发项目。

11.1.8 生态影响的判断依据

环境影响评价以污染控制为宗旨，主要评价的对象是大气、水、土壤等人类的物化环境，可以用一组物化指标表征其环境质量，这就是评价标准，其评价标准有两类：环境质量评价标准和污染排放标准。在进行环境影响评价时，以是否达到标准作为项目可行与否的基本度量，是一种纯质量型评价。

在进行生态环境影响评价时，也需要一定的判别基准。但是，生态系统不同于土壤、大气和水等均匀介质和单一体系，是一个组成复杂、结构精细、运行精巧的非均匀体系，具有地域分异特点，又具有多种多样的功能，因而其功能、保护目标、指标标准都比较复杂。开发建设项目的生态环境影响评价的标准应能满足一些基本要求，如能反映生态环境的优劣，特别是能够衡量生态环境功能的变化；能反映生态环境受影响的范围和程度，尽可能定量化；能利用规制开发建设活动行为方式，即具有可操作性。

生态环境影响评价的判断依据可从以下几方面选取：

① 国家、行业和地方已颁布的资源环境保护等相关法规、政策、标准、规划和区划等确定的目标、措施与要求。如国家已颁布的环境质量标准如《地表水环境质量标准》（GB 3838）、《环境空气质量标准》（GB 3095）、《农田灌溉水质标准》（GB 5084）等。行业发布的环境评价规范、规定、设计要求等。地方政府颁布的标准和规划区目标、河流水系保护要求、特别区域的保护要求（如绿化率要求、水土流失防治要求）等，均是可选择的生态环境影响的判断依据。

② 科学研究判定的生态效应或评价项目实际的生态监测、模拟结果。通过当地或相似条件下科学研究已判定的保障生态安全的绿化率要求、污染物在生物体内的最高允许量、特别敏感生物的环境质量要求等，均可作为生态环境影响的判断依据或参考依据。

③ 评价项目所在地区及相似地区生态背景值或本底值。如区域土壤背景值、区域植被覆盖率与生物量、区域水土流失本底值等。以类似的环境条件下发生的影响和类似生态系统的生产力、植被覆盖率、蓄水功能、防风固沙的能力等作为影响评价参考时，这类参照对象或数据不是严格意义上的标准，但在没有规定标准时，可用作比较的尺度，但须根据评价内容和要求科学地选取。

④ 已有性质、规模以及区域生态敏感性相似项目的实际生态影响类比。对于一些难以计量的环境要素，或尚未确定工程的环境干扰以未受干扰的相似生态环境或相似自然条件下的自然生态系统作为生态影响类比。

⑤ 相关领域专家、管理部门及公众的咨询意见。

11.1.9　生态影响识别

11.1.9.1　生态影响识别的内容

生态环境影响识别是一种定性的和宏观的生态影响分析，其目的是明确主要影响因素、主要受影响的生态系统和生态因子，从而筛选出评价工作的重点内容。生态环境影响识别包括生态环境影响因素识别、生态环境影响对象识别、生态环境影响效应识别三个方面。

（1）生态环境影响因素识别

影响因素识别是对作用主体（开发建设项目）的识别。在时间序列上，应包括施工期、运营期以及服务期满后的影响识别。在空间上，应包括集中开发建设地和分散影响点，永久占地与临时占地等的影响识别。此外，还包括影响的发生方式、作用时间的长短、直接作用还是间接作用等。

（2）生态环境影响对象识别

影响对象的识别是对影响受体即生态环境的识别。识别的内容应包括以下几方面。①生态系统及其组成要素，包括影响区域的生态系统类型，组成生态系统的生物因子（动物与植物）、非生物因子（水和土壤等），生态系统的区域性特点、作用与主要生态环境服务功能等。②重要生境。③区域自然资源及主要生态问题。区域自然资源对开发建设项目及区域生态系统具有较大的影响或限制作用，耕地资源、水资源等都是在影响识别及保护时首先要予以考虑的。同时，由于自然资源的不合理利用以及生境的破坏等，一些区域性的生态环境问题，如水土流失、沙漠化和各种自然灾害等也需要在影响识别中予以注意。④环境敏感区。有无影响到敏感生态保护目标，如水源地、水源林、保护区、风景名胜区、珍稀濒危动植物、特别脆弱生态系统等；是否影响到地方要求的特别生态保护目标，如文物古迹、自然遗迹、特产地和其他有特别意义或科学价值的地方。

（3）生态环境影响效应识别

影响效应识别主要包括影响性质和影响程度。影响性质主要识别是正影响还是负影响，是可逆影响还是不可逆影响，可否恢复或补偿，有无替代方案，是长期影响还是短期影响，是累积影响还是非累积影响等。但很多开发项目生态影响的性质介于可逆与不可逆之间，或者部分生态功能可以恢复，而部分生态功能不可恢复，此时的影响性质识别应根据具体情况进行具体分析。影响程度主要识别影响发生范围的大小、持续时间的长短，影响发生的剧烈程度，是否影响到生态系统的主要组成因素、生态功能的损失程度等。

11.1.9.2 敏感保护目标识别

环境影响评价中，除进行依法评价，贯彻执行法规规定之外，很重要的一个评价任务是进行科学性评价，即评价建设项目的布局或生产建设行为的环境合理性。从"以人为本"和可持续发展出发，保护那些对人类长远生存与发展具有重大意义的环境事物（即敏感保护目标），是评价中最应关注的问题。

在环境影响评价中，敏感保护目标常作为评价的重点，也是衡量评价工作是否深入或是否完成任务的标志。然而，敏感保护目标又是一个比较笼统的概念。按照约定俗成的含义，敏感保护目标包括一切重要的、值得保护或需要保护的目标，包括法定生态保护区域、重要生境以及其他具有重要生态功能、对保护生物多样性具有重要意义的区域。其中，法定生态保护区域包括依据法律法规、政策等规范性文件划定或确认的国家公园、自然保护区、自然公园等自然保护地、世界自然遗产、生态保护红线等区域；重要生境包括重要物种的天然集中分布区、栖息地，重要水生生物的产卵场、索饵场、越冬场和洄游通道，迁徙鸟类的重要繁殖地、停歇地、越冬地以及野生动物迁徙通道等。

11.1.10 生态影响评价因子筛选

在生态影响识别的基础上进行评价因子的筛选，是评价工作不断深化并具体操作的必要步骤，也是对环境更深层次认识的反映。生态环境影响评价因子是一个比较复杂的体系，评价中应根据具体的情况进行筛选。生态影响评价因子筛选表详见 HJ 19 的表 A.1。

筛选中主要考虑的因素是：能反映建设项目的性质和特点；能代表和反映受影响生态环境的性质和特点；能表征出生态资源与生态环境问题。一般而言，生态环境影响评价因子可针对不同的评价对象进行选择。下面列出了几种生态系统的评价因子和参数。

（1）森林生态系统评价因子与参数

植被：类型或群系组成、分布、面积、覆盖率（度）。

生物多样性：动植物多样性、生境（多样性退化、片段化）、种群特征、保护物种。

珍稀濒危生物：种类、分布、保护级别、珍稀度、濒危度、种群动态及生境条件。

重要动植物：受威胁物种、特有种、生态重要种、科学文化意义物种、指示动物等。

生产力：生产量或种群量、生物生长率、限制因素。

功能：涵养水源、保持水土、净化环境、栖息地、防灾减灾、景观与文化等，重要生态功能区。

系统稳定性：资源开发强度、气候恶化、环境退化、自然灾害、污染等。

（2）河流生态系统评价因子与参数

系统：流量、流态、洪枯比、水系分布、极端水情。

水质：按规划功能及相应水质指标选择，底质成分。

生物多样性：水生植物、浮游生物、游泳动物、底栖动物、鱼类，保护物种。

珍稀濒危生物：种类、保护级别，珍稀濒危度、生态习性、种群动态及生境条件。

重要生物：受威胁生物、特有生物、洄游生物，渔业资源物种及生产力（食性、居栖性质、产卵场、产量及构成比例等）等。

重要生境（河口、滩涂、暗滩、浅水湾等）：分布、面积、生物利用情况、维持条件等。

整体性：河道通畅性、河道河岸自然性、流量流态稳定性等。

可持续性：河道整体性维持、重要生境维持、流域植被与水土流失、流域污染源与河流自净能力、河流开发压力与发展趋势。

（3）农业生态系统评价因子与参数

系统：农业结构、用地类型与比例、用地分布。

耕地：等级、人均面积、生产力（亩均产量）、特产及特产地。

基本农田：面积、占耕地比例、分布。

基础设施：农田水利设施、灌溉土地面积及保证率。

农田防护林：面积、结构、效果。

农田环境：生物多样性及保护物种、森林覆盖率、生态平衡调节、重要生态功能区、农业自然灾害（风、旱、涝、虫等）、农业污染环境。

农业土壤：肥力（有机质、氮磷钾含量）、污染物、水土流失。

可持续性：土地农业利用可持续性、土地非农利用发展趋势、后备土地资源潜力等。

（4）土壤评价因子与参数

组成：成土母质、类型、组成成分、粒度、容重、土层厚度。

质量：酸碱性、理化性质、有机质、氮磷钾、重金属与特征污染物。

环境特征：土壤水分、持水能力、抗侵能力。

土壤侵蚀：侵蚀类型、侵蚀模数、侵蚀面积、侵蚀特点。

土壤退化：风沙化、盐渍化、流失、贫瘠化（生产力降低）。

土壤生物多样性：种类、密度、分布、生态习性等。

（5）生态环境问题评价因子与参数

水土流失：侵蚀类型、侵蚀模数、侵蚀面积、侵蚀特点、预防监督治理区分布。

沙漠化：土壤类型、沙化强度（景观形态判别法、植被覆盖度判别法、生物量判别法等）、沙化面积与分布、沙化发展趋势、生态损失等，法定保护区域或对象。

土壤盐渍化：土地利用与盐分（全盐含量）、盐渍化土壤面积、盐渍化级别、地下水埋深及矿化度、盐渍化危险指数、盐渍化危害指数。

土壤重金属污染：重金属输入量、重金属动态、土壤重金属背景值、土壤重金属浓度、土壤中重金属累积。

（6）区域或流域生态环境

生态系统：类型、优势种群，面积、分布、占地比例及其在区域或流域中的生态意义（拼块类型）、性质（人工或自然）。

生物多样性：陆生植物、陆生动物、水生生物、海洋生物、湿地生物等（按科、属、种分类与阐述），珍稀生物、特有生物等，种群特征与动态。

敏感保护目标：自然保护区和重要生态功能区等环境敏感区，法定保护生物种，法定保护资源，法定保护区域，具有生态学、地质、科学、文化、历史、景观、环境安全等意义的保护目标。

环境问题：水土流失、沙漠化、土壤盐渍化、城市化、环境污染、自然灾害等。

自然资源：水资源、土地资源、旅游资源、矿业资源、区位优势、开发规划。

区域生态环境整体性：按景观生态结构的特点与功能指标选取。

11.2　生态现状调查与评价

生态调查至少要进行两个阶段：影响识别和评价因子筛选前要进行初次调查与现场踏勘；环境影响评价中要进行详细勘测和调查。

11.2.1　生态参数来源

与其他环境要素评价一样，生态环境现状与影响评价也需要通过一系列的指标即评价因子或评价参数来表示，这些因子或参数即生态参数。

获得生态参数的途径有：野外调查；室内化验分析；定位或半定位观测；从地图、航片、卫片上提取信息；从有关部门收集、统计和咨询等。其中，野外调查和数据收集是常用方法，室内化验分析与咨询等方法在多数情况下是辅助手段，其他几种方法近几年发展比较完善，在评价范围广、评价等级较高时常要求使用。

11.2.2　生态现状调查要求

生态现状调查应在充分收集资料的基础上开展现场工作，生态现状调查范围应不小于评价范围。应坚持定性和定量相结合、尽量采用定量方法的原则。生态现状调查及评价工作成果应采用文字、表格和图件相结合的表现形式，且满足以下几方面的要求：

① 引用的生态现状资料其调查时间宜在 5 年以内，用于回顾性评价或变化趋势分析的资料可不受调查时间限制。

② 当已有调查资料不能满足评价要求时，应通过现场调查获取现状资料，现场调查遵循全面性、代表性和典型性原则。项目涉及生态敏感区时，应开展专题调查。

③ 工程永久占用或施工临时占用区域应在收集资料基础上开展详细调查，查明占用区域是否分布有重要物种及重要生境。

④ 陆生生态一级、二级评价应结合调查范围、调查对象、地形地貌和实际情况选择合适的调查方法。开展样线、样方调查的，应合理确定样线、样方的数量、长度或面积，涵盖评价范围内不同的植被类型及生境类型，山地区域还应结合海拔段、坡位、坡向进行布设。根据植物群落类型（宜以群系及以下分类单位为调查单元）设置调查样地，一级评价每种群落类型设置的样方数量不少于 5 个，二级评价不少于 3 个，调查时间宜选择植物生长旺盛季

节。一级评价每种生境类型设置的野生动物调查样线数量不少于 5 条，二级评价不少于 3 条，除了收集历史资料外，一级评价还应获得近 1～2 个完整年度不同季节的现状资料，二级评价尽量获得野生动物繁殖期、越冬期、迁徙期等关键活动期的现状资料。

⑤ 水生生态一级、二级评价的调查点位、断面等应涵盖评价范围内的干流、支流、河口、湖库等不同水域类型。一级评价应至少开展丰水期、枯水期（河流、湖库）或春季、秋季（入海河口、海域）两期（季）调查，二级评价至少获得一期（季）调查资料，涉及显著改变水文情势的项目应增加调查强度。鱼类调查时间应包括主要繁殖期，水生生境调查内容应包括水域形态结构、水文情势、水体理化性状和底质等。

⑥ 三级评价现状调查以收集有效资料为主，可开展必要的遥感调查或现场校核。

⑦ 生态现状调查中还应充分考虑生物多样性保护的要求。

⑧ 涉海工程生态现状调查要求参照《海洋工程环境影响评价技术导则》（GB/T 19485）。

11.2.3　生态现状调查内容

（1）陆生生态现状调查内容

陆生生态现状调查内容主要包括：评价范围内的植物区系、植被类型，植物群落结构及演替规律，群落中的关键种、建群种、优势种；动物区系、物种组成及分布特征；生态系统的类型、面积及空间分布；重要物种的分布、生态学特征、种群现状，迁徙物种的主要迁徙路线、迁徙时间，重要生境的分布及现状。

（2）水生生态现状调查内容

水生生态现状调查内容主要包括：评价范围内的水生生物、水生生境和渔业现状；重要物种的分布、生态学特征、种群现状以及生境状况；鱼类等重要水生动物调查包括种类组成、种群结构、资源时空分布，产卵场、索饵场、越冬场等重要生境的分布、环境条件以及洄游路线、洄游时间等行为习性。

（3）生态敏感区现状调查内容

收集生态敏感区的相关规划资料、图件、数据，调查评价范围内生态敏感区主要保护对象、功能区划、保护要求等。

（4）主要生态问题调查内容

调查区域存在的主要生态问题，如水土流失、沙漠化、石漠化、盐渍化、生物入侵和污染危害等。调查已经存在的对生态保护目标产生不利影响的干扰因素。

（5）改扩建、分期实施的建设项目生态现状调查内容

对于改扩建、分期实施的建设项目，调查既有工程、前期已实施工程的实际生态影响以及采取的生态保护措施。

11.2.4　生态现状调查方法及结果统计

（1）资料收集法

收集现有的可以反映生态现状或生态背景的资料，分为现状资料和历史资料，包括相关文字、图件和影像等。引用资料应进行必要的现场校核。

（2）现场调查法

现场调查应遵循整体与重点相结合的原则，整体上兼顾项目所涉及的各个生态保护目标，突出重点区域和关键时段的调查，并通过实地踏勘，核实收集资料的准确性，以获取实

际资料和数据。

（3）专家和公众咨询法

通过咨询有关专家，收集公众、社会团体和相关管理部门对项目的意见，发现现场踏勘中遗漏的相关信息。专家和公众咨询应与资料收集和现场调查同步开展。

（4）生态监测法

当资料收集、现场调查、专家和公众咨询获取的数据无法满足评价工作需要，或项目可能产生潜在的或长期累积影响时，可选用生态监测法。生态监测应根据监测因子的生态学特点和干扰活动的特点确定监测位置和频次，有代表性地布点。生态监测方法与技术要求须符合国家现行的有关生态监测规范和监测标准分析方法。对于生态系统生产力的调查，必要时需现场采样、实验室测定。

（5）遥感调查法

包括卫星遥感、航空遥感等方法。遥感调查应辅以必要的实地调查工作。

（6）陆生、水生、动植物、海洋生态等调查方法

陆生、水生动植物野外调查所需要的仪器、工具和常用的技术方法见 HJ 710.1～HJ 710.13。

海洋生态调查方法见《海洋工程环境影响评价技术导则》（GB/T 19485）。

淡水渔业资源调查方法见《淡水渔业资源调查规范　河流》（SC/T 9429）。

淡水浮游生物调查方法见《淡水浮游生物调查技术规范》（SC/T 9402）。

（7）生态调查统计表格

① 植物群落调查表。植物群落调查表如表 11-1 所示。

表 11-1　植物群落调查结果统计表

植被型组	植被型	植被亚型	群系	分布区域	工程占用情况	
					占用面积/hm²	占用比例/%
Ⅰ.××	一、××	（一）××	1. ××群系			
			2. ××群系			
			…			
		（二）××	1. ××群系			
			2. ××群系			
			…			
	二、××	（一）××	1. ××群系			
		…	…			
	…	…				
Ⅱ.××	一、××	（一）××	1. ××群系			
		…	…			
	二、××	（一）××	1. ××群系			
		…	…			
	…	…				
…	…					

② 重要物种调查。重要野生植物调查结果统计表如表 11-2 所示，重要野生动物调查结果统计表如表 11-3 所示，古树名木调查结果统计表如表 11-4 所示。

表 11-2　重要野生植物调查结果统计表

序号	物种名称 （中文名/拉丁名）	保护级别	濒危等级	特有种 （是/否）	极小种群野生植物 （是/否）	分布区域	资料来源	工程占用情况 （是/否）
1								
2								
...								

注：1. 保护级别根据国家及地方正式发布的重点保护野生植物名录确定。
　　2. 濒危等级、特有种根据《中国生物多样性红色名录》确定。
　　3. 资料来源包括环评现场调查、文献记录、历史调查资料及科考报告等。
　　4. 涉及占用的应说明具体工程内容和占用情况（如株数等），不直接占用的应说明与工程的位置关系。

表 11-3　重要野生动物调查结果统计表

序号	物种名称 （中文名/拉丁名）	保护级别	濒危等级	特有种 （是/否）	分布区域	资料来源	工程占用情况 （是/否）
1							
2							
...							

注：1. 保护级别根据国家及地方正式发布的重点保护野生动物名录确定。
　　2. 濒危等级、特有种根据《中国生物多样性红色名录》确定。
　　3. 分布区域应说明物种分布情况以及生境类型。
　　4. 资料来源包括环评现场调查、文献记录、历史调查资料及科考报告等。
　　5. 说明工程占用生境情况。涉及占用的应说明具体工程内容和占用面积，不直接占用的应说明生境分布与工程的位置关系。

表 11-4　古树名木调查结果统计表

序号	树种名称（中文名/拉丁名）	生长状况	树龄	经纬度和海拔	工程占用情况（是/否）
1					
2					
...					

注：涉及占用的应说明具体工程内容和占用情况，不直接占用的应说明与工程的位置关系。

11.2.5　生态现状评价内容及要求

（1）生态现状评价内容

一级、二级评价应根据现状调查结果选择以下全部或部分内容开展评价：

① 根据植被和植物群落调查结果，编制植被类型图，统计评价范围内的植被类型及面积，可采用植被覆盖度等指标分析植被现状，图示植被覆盖度空间分布特点。

② 根据土地利用调查结果，编制土地利用现状图，统计评价范围内的土地利用类型及面积。

③ 根据物种及生境调查结果，分析评价范围内的物种分布特点、重要物种的种群现状以及生境的质量、连通性、破碎化程度等，编制重要物种、重要生境分布图，迁徙、洄游物种的迁徙、洄游路线图。涉及国家重点保护野生动植物、极危和濒危物种的，可通过模型模拟物种适宜生境分布，图示工程与物种生境分布的空间关系。

④ 根据生态系统调查结果，编制生态系统类型分布图，统计评价范围内的生态系统类型及面积；结合区域生态问题调查结果，分析评价范围内的生态系统结构与功能状况以及总体变化趋势。涉及陆地生态系统的，可采用生物量、生产力、生态系统服务功能等指标开展评价；涉及河流、湖泊、湿地生态系统的，可采用生物完整性指数等指标开展评价。

⑤ 涉及生态敏感区的，分析其生态现状、保护现状和存在的问题；明确并图示生态敏感区及其主要保护对象、功能分区与工程的位置关系。

⑥ 可采用物种丰富度、香农-威纳多样性指数、Pielou 均匀度指数、Simpson 优势度指数等对评价范围内的物种多样性进行评价。

（2）生态现状评价要求

三级评价可采用定性描述或面积、比例等定量指标，重点对评价范围内的土地利用现状、植被现状、野生动植物现状等进行分析，编制土地利用现状图、植被类型图、生态保护目标分布图等图件。

对于改扩建、分期实施的建设项目，应对既有工程、前期已实施工程的实际生态影响、已采取的生态保护措施的有效性和存在问题进行评价。

海洋生态现状评价还应符合《海洋工程环境影响评价技术导则》（GB/T 19485）。

11.3 生态影响预测与评价

11.3.1 总体要求

生态影响预测与评价内容应与现状评价内容相对应，根据建设项目特点、区域生物多样性保护要求以及生态系统功能等选择评价预测指标。生态影响预测与评价尽量采用定量方法进行描述和分析。

11.3.2 生态影响预测与评价内容及要求

一级、二级评价应根据现状评价内容选择以下全部或部分内容开展预测评价：

① 采用图形叠置法分析工程占用的植被类型、面积及比例；通过引起地表沉陷或改变地表径流、地下水水位、土壤理化性质等方式对植被产生影响的，采用生态机理分析法、类比分析法等分析植物群落的物种组成、群落结构等变化情况。

② 结合工程的影响方式预测分析重要物种的分布、种群数量、生境状况等变化情况；分析施工活动和运行产生的噪声、灯光等对重要物种的影响；涉及迁徙、洄游物种的，分析工程施工和运行对迁徙、洄游行为的阻隔影响；涉及国家重点保护野生动植物和极危、濒危物种的，可采用生境评价方法预测分析物种适宜生境的分布及面积变化、生境破碎化程度等，图示建设项目实施后的物种适宜生境分布情况。

③ 结合水文情势、水动力和冲淤、水质（包括水温）等影响预测结果，预测分析水生生境质量、连通性以及产卵场、索饵场、越冬场等重要生境的变化情况，图示建设项目实施后的重要水生生境分布情况；结合生境变化预测分析鱼类等重要水生生物的种类组成、种群结构、资源时空分布等变化情况。

④ 采用图形叠置法分析工程占用的生态系统类型、面积及比例，结合生物量、生产力、生态系统功能等变化情况预测分析建设项目对生态系统的影响。

⑤ 结合工程施工和运行引入外来物种的主要途径、物种生物学特性以及区域生态环境特点，参考 HJ 624 分析建设项目实施可能导致外来物种造成生态危害的风险。

⑥ 结合物种、生境以及生态系统变化情况，分析建设项目对所在区域生物多样性的影响；分析建设项目通过时间或空间的累积作用方式产生的生态影响，如生境丧失、退化及破碎化和生态系统退化、生物多样性下降等。

⑦ 涉及生态敏感区的，结合主要保护对象开展预测评价；涉及以自然景观、自然遗迹为主要保护对象的生态敏感区时，分析工程施工对景观、遗迹完整性的影响，结合工程建筑物、构筑物或其他设施的布局及设计，分析与景观、遗迹的协调性。

三级评价可采用图形叠置法、生态机理分析法、类比分析法等预测分析工程对土地利用、植被、野生动植物等的影响。

不同行业应结合项目规模、影响方式、影响对象等确定评价重点：

① 矿产资源开发项目应对开采造成的植物群落及植被覆盖度变化、重要物种的活动和分布及重要生境变化以及生态系统结构和功能变化、生物多样性变化等开展重点预测与评价；

② 水利水电项目应对河流、湖泊等水体天然状态改变引起的水生生境变化和鱼类等重要水生生物的分布及种类组成、种群结构变化，水库淹没、工程占地引起的植物群落、重要物种的活动、分布及重要生境变化，调水引起的生物入侵风险，以及生态系统结构和功能变化、生物多样性变化等开展重点预测与评价；

③ 公路、铁路、管线等线性工程应对植物群落及植被覆盖度变化、重要物种的活动和分布及重要生境变化、生境连通性及破碎化程度变化、生物多样性变化等开展重点预测与评价；

④ 农业、林业、渔业等建设项目应对土地利用类型或功能改变引起的重要物种的活动和分布及重要生境变化、生态系统结构和功能变化、生物多样性变化以及生物入侵风险等开展重点预测与评价；

⑤ 涉海工程海洋生态影响评价应符合《海洋工程环境影响评价技术导则》（GB/T 19485）的要求，对重要物种的活动和分布及重要生境变化、海洋生物资源变化、生物入侵风险以及典型海洋生态系统的结构和功能变化、生物多样性变化等开展重点预测与评价。

11.3.3 生态影响预测与评价方法

生态影响预测与评价方法应根据评价对象的生态学特性，在调查、判定该区主要的、辅助的生态功能以及完成功能必需的生态过程的基础上，采用定量分析与定性分析相结合的方法进行预测与评价。HJ 19—2022 附录 C 给出了 11 种常用的方法，包括列表清单法、图形叠置法、生态机理分析法、指数法与综合指数法、类比分析法、系统分析法、生物多样性评价方法、生态系统评价方法、景观生态学评价方法、生境评价方法和海洋生物资源影响评价方法。

11.3.3.1 列表清单法

列表清单法是 Little 等人于 1971 年提出的一种定性分析方法。该方法的特点是简单明了、针对性强，基本做法是将拟实施的开发建设活动的影响因素与可能受影响的环境因子分别列在同一张表格的行与列内，逐点进行分析，并逐条阐明影响的性质、强度等，由此分析开发建设活动的生态影响。

列表清单法主要应用于：①开发建设活动对生态因子的影响分析；②生态保护措施的筛选；③物种或栖息地重要性或优选度比选。

11.3.3.2 图形叠置法

图形叠置法是美国著名生态规划师 McHarg 提出的一种进行环境分析的通用方法。图形叠置法是把两个以上的生态信息叠合到一张图上，构成复合图，用以表示生态变化的方向和程度。该方法的特点是直观、形象，简单明了。

图形叠置法有两种基本制作手段：指标法和 3S 叠图法。

图形叠置法将一套表示环境特征的环境图叠置起来，表示区域环境的综合特征。这种方法能反映出建设项目环境影响的范围和性质，但不能综合评定环境影响的强度或环境因子的重要性，不能定量表示对环境的影响，如果不结合地理信息系统技术，则会造成时效性较差，手工叠图时，如果一次叠图较多，则可能会因颜色太杂而难以说明问题。其具体应用：①主要用于区域生态质量评价和影响评价；②用于具有区域性影响的特大型建设项目评价，如大型水利枢纽工程、新能源基地建设、矿业开发项目等；③用于土地利用开发和农业开发。

11.3.3.3 生态机理分析法

生态机理分析法是根据建设项目的特点和受影响物种的生物学特征，依照生态学原理分析、预测建设项目生态影响的方法。该方法需要与生物学、地理学、水文学、数学及其他多学科合作评价，才能得出较为客观的结果。

评价过程中可根据实际情况进行相应的生物模拟试验，如环境条件、生物习性模拟试验及生物毒理学试验、实地种植或放养试验等；或进行数学模拟，如种群增长模型的应用。

11.3.3.4 指数法与综合指数法

指数法是利用同度量因素的相对值来表明因素变化状况的方法，分为综合指数法和单因子指数法。指数法的难点在于需要建立表征生态环境质量的标准体系并进行赋权和准确定量。综合指数法是从确定同度量因素出发，把不能直接对比的事物变成能够同度量的方法。

选定合适的评价标准，可进行生态因子现状或预测评价。例如，以同类型立地条件的森林植被覆盖率为标准，可评价项目建设区的植被覆盖现状情况；以评价区现状植被盖度为标准，可评价项目建成后植被盖度的变化率。可用于生态单因子质量评价、生态多因子综合质量评价、生态系统功能评价。

11.3.3.5 类比分析法

类比分析法是一种比较常用的定性和半定量评价方法，是根据两个研究对象或两个系统在某些属性上类似而推出其他属性也类似的思维方法，是一种由个别到个别的推理形式。其类比对象间共有的属性越多，类比结论的可靠性越大。一般有生态整体类比、生态因子类比和生态问题类比等。

根据已有建设项目的生态影响，分析或预测拟建项目可能产生的影响。选择好类比对象（类比项目）是进行类比分析或预测评价的基础，也是该方法成功的关键。类比分析法的难点在于难以找到两个完全相似的项目。在实际的生态影响评价中，由于自然条件千差万别，单项类比或部分类比使用得更多一些。

类比对象的选择条件是：工程性质、工艺和规模与拟建项目基本相当，生态因子（地理、地质、气候、生物因素等）相似，项目建成已有一定时间，所产生的影响已基本全部显现。类比对象确定后，需选择和确定类比因子及指标，并对类比对象开展调查与评价，再分析拟建项目与类比对象的差异。根据类比对象与拟建项目的比较，做出类比分析结论。

11.3.3.6　系统分析法

系统分析法是指把要解决的问题作为一个系统，对系统要素进行综合分析，找出解决问题的可行方案的咨询方法。具体步骤包括：限定问题、确定目标、调查研究、收集数据、提出备选方案和评价标准、备选方案评估和提出最可行方案。

系统分析法因其能妥善解决一些多目标动态性问题，已广泛应用于各行各业，尤其在进行区域开发或解决优化方案选择问题时，系统分析法显示出其他方法所不能达到的效果。

在生态系统质量评价中使用系统分析的具体方法有专家咨询、层次分析、模糊综合评判、综合排序、系统动力学、灰色关联等方法。

11.3.3.7　生物多样性评价方法

生物多样性是生物（动物、植物、微生物）与环境形成的生态复合体以及与此相关的各种生态过程的总和，包括生态系统、物种和基因三个层次。

生态系统多样性指生态系统的多样化程度，包括生态系统的类型、结构、组成、功能和生态过程的多样性等。物种多样性指物种水平的多样化程度，包括物种丰富度和物种多度。基因多样性（或遗传多样性）指一个物种的基因组成中遗传特征的多样性，包括种内不同种群之间或同一种群内不同个体的遗传变异性。

物种多样性常用的评价指标包括物种丰富度、香农-威纳多样性指数、Pielou 均匀度指数、Simpson 优势度指数等，具体见 HJ 19 附录 C。

11.3.3.8　生态系统评价方法

（1）植被覆盖度

植被覆盖度可用于定量分析评价范围内的植被现状。

基于遥感估算植被覆盖度可根据区域特点和数据基础采用不同的方法，如植被指数法、回归模型、机器学习法等。

植被指数法主要是通过对各像元中植被类型及分布特征的分析，建立植被指数与植被覆盖度的转换关系。采用归一化植被指数（NDVI）估算植被覆盖度的方法如下：

$$FVC = (NDVI - NDVI_s) / (NDVI_v - NDVI_s) \tag{11-1}$$

式中　FVC——所计算像元的植被覆盖度；

　NDVI——所计算像元的 NDVI 值；

　NDVI$_v$——纯植物像元的 NDVI 值；

　NDVI$_s$——完全无植被覆盖像元的 NDVI 值。

（2）生物量

生物量是指一定地段面积内某个时期生存着的活有机体的质量。不同生态系统的生物量测定方法不同，可采用实测与估算相结合的方法。

地上生物量可采用植被指数法、异速生长方程法等进行估算。基于植被指数的生物量统计法是通过实地测量的生物量数据和遥感植被指数建立统计模型，在遥感数据的基础上反演得到评价区域生物量的方法。

（3）生产力

生产力是生态系统的生物生产能力，反映生产有机质或积累能量的速率。群落（或生态系统）初级生产力是单位面积、单位时间群落（或生态系统）中植物利用太阳能固定的能量或生产的有机质的量。净初级生产力（NPP）是从固定的总能量或产生的有机质总量中减去植物呼吸所消耗的量，直接反映了植被群落在自然环境条件下的生产能力，表征陆地生态系统的质量状况。

NPP 可利用统计模型（如 Miami 模型）、过程模型（如 BIOME-BGC 模型、BEPS 模型）和光能利用率模型（如 CASA 模型）进行计算。根据区域植被特点和数据基础确定具体方法。

通过 CASA 模型计算净初级生产力的公式如下：

$$NPP(x,t) = APAR(x,t) \times \varepsilon(x,t) \tag{11-2}$$

式中　NPP——净初级生产力；

　　APAR——植被吸收的光合有效辐射；

　　　　ε——光能转化率；

　　　　t——时间；

　　　　x——空间位置。

（4）生物完整性指数

生物完整性指数已被广泛应用于河流、湖泊、沼泽、海岸滩涂、水库等生态系统健康状况评价，指示生物类群也由最初的鱼类扩展到底栖动物、着生藻类、维管植物、两栖动物和鸟类等。生物完整性指数评价的工作要点是选择指示物种、参考点和干扰点、生物完整性指数、评分标准。

（5）生态系统功能评价

陆域生态系统服务功能评价方法可参考《全国生态状况调查评估技术规范——生态系统服务功能评估》（HJ 1173—2021），根据生态系统类型选择适用指标。

11.3.3.9　景观生态学评价方法

景观生态学主要研究宏观尺度上景观类型的空间格局和生态过程的相互作用及其动态变化特征。景观格局是指大小和形状不一的景观斑块在空间上的排列，是各种生态过程在不同尺度上综合作用的结果。景观格局变化对生物多样性产生直接而强烈影响，其主要原因是生境丧失和破碎化。

景观变化的分析方法主要有三种：定性描述法、景观生态图叠置法和景观动态的定量化分析法。目前较常用的方法是景观动态的定量化分析法，主要是对收集的景观数据进行解译或数字化处理，建立景观类型图，通过计算景观格局指数或建立动态模型对景观面积变化和景观类型转化等进行分析，揭示景观的空间配置以及格局动态变化趋势。

景观指数是能够反映景观格局特征的定量化指标，分为三个级别，代表三种不同的应用尺度，即斑块级别指数、斑块类型级别指数和景观级别指数，可根据需要选取相应的指标，采用 FRAGSTATS 等景观格局分析软件进行计算分析。涉及显著改变土地利用类型的矿山开采、大规模的农林业开发以及大中型水利水电建设项目等可采用该方法对景观格局的现状及变化进行评价，公路、铁路等线性工程造成的生境破碎化等累积生态影响也可采用该方法进行评价。常用的景观指数及其含义见表 11-5。

表 11-5　常用的景观指数及其含义

名称	含义
斑块类型面积(CA)	斑块类型面积是度量其他指标的基础,其值的大小影响以此斑块类型作为生境的物种数量及丰度
斑块所占景观面积比例(PLAND)	某一斑块类型占整个景观面积的百分比,是确定优势景观元素的重要依据,也是决定景观中优势种和数量等生态系统指标的重要因素
最大斑块指数(LPI)	某一斑块类型中最大斑块占整个景观的百分比,用于确定景观中的优势斑块,可间接反映景观变化受人类活动的干扰程度
香农多样性指数(SHDI)	反映景观类型的多样性和异质性,对景观中各斑块类型非均衡分布状况较敏感,值增大表明斑块类型增加或各斑块类型呈均衡趋势分布
蔓延度指数(CONTAG)	高蔓延度值表明景观中的某种优势斑块类型形成了良好的连接性,反之则表明景观具有多种要素的密集格局,破碎化程度较高
散布与并列指数(IJI)	反映斑块类型的隔离分布情况,值越小表明斑块与相同类型斑块相邻越多,而与其他类型斑块相邻的越少
聚集度指数(AI)	基于栅格数量测度景观或者某种斑块类型的聚集程度

11.3.3.10　生境评价方法

物种分布模型是基于物种分布信息和对应的环境变量数据对物种潜在分布区进行预测的模型,广泛应用于濒危物种保护、保护区规划、入侵物种控制及气候变化对生物分布区影响预测等领域。目前已发展了多种多样的预测模型,每种模型因其原理、算法不同而各有优势和局限,预测表现也存在差异。其中,基于最大熵理论建立的最大熵模型(maximum entropy model,MaxEnt),可以在分布点相对较少的情况下获得较好的预测结果,是目前使用频率最高的物种分布模型之一。

11.3.3.11　海洋生物资源影响评价方法

海洋生物资源影响评价技术方法参见《海洋工程环境影响评价技术导则》(GB/T 19485)相关要求。

11.3.3.12　其他

(1)生物量变化的评价方法

① 皆伐实测法。皆伐实测法估算植被生物量,首先是选取一定面积的林地,然后将该林地内所有的植被(乔木、草木等)皆伐,测定皆伐面积内所有植被生物量,各类植被生物量之和即为皆伐林地的总生物量。最后根据皆伐林地面积与林地总面积之间的相对关系推算出该林地总植被生物量。

皆伐实测法测定植被生物量较为准确,可以用于草木和灌木植被生物量的估算。但该方法对生态系统的破坏性较大,对乔木植被生物量不容易测定,还需要耗费大量的人力资源。

② 标准木法。标准木法分为平均标准木法和分层标准木法。平均标准木法是通过调查林地全部林木的树高、胸径等指标,计算指标的平均值作为选择标准木的基准值的方法。分层标准木法是在平均标准木法的基础上发展起来的。首先根据林木胸径或树高对林木进行级别分层,再对各层次选择的标准木伐倒称重测定标准木生物量,得到各层次的平均生物量,然后将各层生物量平均值与各层株数乘积相加,即可得到总的生物量。

标准木法和皆伐实测法都需要伐倒标准木进行生物量的测定,但皆伐实测法对生态系统产生的破坏相比标准木法要大得多。标准木法测定生物量操作起来相对比较容易,但在实际生态环境影响评价中,根据树高、胸径选择标准木推算出来的林分生物量会有较大的差异。

由于人工林的林木一般呈具有较小或中等离散度的正态频率分布，运用标准木法估算生物量更适用于人工林。

③ 回归估计法。植被生物量回归估计法是以模拟林分内树木各分量（干、茎、叶、皮、根、枝等）干物质重量为基础的一种总体估算方法。在生态环境影响评价中进行植被生物量的调查，首先需要选取合适的调查样本，建立相关数学表达关系式，用较容易的测算因子来估算其他待测因子，这样就可以实现对植被进行无破坏性的生物量调查。

对于现阶段的研究而言，林木的生物量主要可以用三种模型方程来表示，形式上有线性、非线性以及多项式三种。在这三种生物量模型方程中，非线性模型的应用最为普遍，尤其是 Huxley 在 1932 年提出的法则最受认可和具有代表性。

④ 遥感估测法。绿色植物具有显著的、独特的光谱特征，不同的植被及同一种植物在不同的生长发育阶段，其反射光谱特征不同，遥感作为植被调查的信息源，可通过植物的反射光谱来实现。通过 GIS 软件的综合分析可对大区域的森林植被类型、植物季相节律、植被演化等进行监测分析。利用遥感影像的信息对植被生物量进行估算，解决了由于调查区域地形复杂很难获取实测数据的问题，并针对大区域的植被生物量进行估算。在实际工作中，当涉及区域范围较大或主导生态因子的空间等级尺度较大，通过人力踏勘较为困难或难以完成评价时，可采用遥感调查法。遥感估测法对软件技术要求较高，在遥感调查过程中必须辅助必要的现场勘查工作。

（2）土壤侵蚀预测方法

① 土壤侵蚀。水土流失，又称土壤侵蚀，是指在水力、风力、冻融、重力以及其他外应力作用下，土壤、土壤母质及其他地面组成物质（如岩屑、松软岩层）被损坏、剥蚀、转运和沉积的全过程。

② 土壤侵蚀的表示数据。一般有侵蚀模数、侵蚀面积和侵蚀量几个定量数据，侵蚀面积可通过资料调查或遥感解译得出，侵蚀量可根据侵蚀面积与侵蚀模数的乘积计算得出，也可根据实测得出。

侵蚀模数是土壤侵蚀强度单位，是衡量土壤侵蚀程度的一个量化指标，也称为土壤侵蚀率、土壤流失率或土壤损失幅度，是指表层土壤在自然营力（水力、风力、重力及冻融等）和人为活动等的综合作用下，单位面积和单位时间内被剥蚀并发生位移的土壤侵蚀量，其单位为 $t/(km^2 \cdot a)$。

③ 土壤侵蚀强度分级。土壤容许流失量是指在长时期内保持土壤的肥力和维持土地生产力基本稳定的最大土壤流失量。我国主要侵蚀类型区的土壤容许流失量如表 11-6 所示。

表 11-6 主要侵蚀类型区的土壤容许流失量

侵蚀类型区	土壤容许流失量/$[t/(km^2 \cdot a)]$
西北黄土高原区	1000
东北黑土区	200
北方土石山区	200
南方红壤丘陵区	500
西南土石山区	500

土壤侵蚀和风力侵蚀的强度分级如表 11-7 和表 11-8 所示。

表 11-7　土壤侵蚀强度分级标准表

级别	平均侵蚀模数/[t/(km² · a)]			平均流失厚度/(mm/a)		
	西北黄土高原区	东北黑土区/北方土石山区	南方红壤丘陵区/西南土石山区	西北黄土高原区	东北黑土区/北方土石山区	南方红壤丘陵区/西南土石山区
微度	<1000	<200	<500	<0.74	<0.15	<0.37
轻度	1000~2500	200~2500	500~2500	0.74~1.90	0.15~1.90	0.37~1.90
中度	2500~5000			1.9~3.7		
强度	5000~8000			3.7~5.9		
极强度	8000~15000			5.9~11.1		
剧烈	>15000			>11.1		

表 11-8　风蚀强度分级表

强度分级	植被覆盖度/%	年风蚀厚度/mm	侵蚀模数/[t/(km² · a)]
微度	>70	<2	<200
轻度	70~50	2~10	200~2500
中度	50~30	10~25	2500~5000
强度	30~10	25~50	5000~8000
极强度	<10	50~100	8000~15000
剧烈	<10	>100	>15000

④ 侵蚀模数预测方法。

已有资料调查法。根据各地水土保持试验、水土保持研究站所的实测径流和泥沙资料，经统计分析和计算后作为该类型区土壤侵蚀的基础数据。

物理模型法。在野外和室内采用人工模拟降雨方法，对不同土壤、植被、坡度、土地利用等情况下的侵蚀量进行试验。

现场调查法。通过对坡面侵蚀沟和沟道侵蚀量的测量，建立定点定位观测，对沟道水库、塘坝淤积量进行实测，对已产生的水土流失量进行测算，计算侵蚀量。利用小水库、塘坝、淤地坝的淤积量进行量算，经来沙淤积折算，计算出土壤侵蚀量。

水文手册查算法。根据各地《水文手册》中土壤侵蚀模数、河流输沙模数等资料，推算侵蚀量。

土壤侵蚀及产沙数学模型法：通用水土流失方程式（USLE）如式（11-3）所示。

$$A = RKLSCP \tag{11-3}$$

式中　A——单位面积多年平均土壤侵蚀量，$t/(km^2 \cdot a)$；

　　　R——降雨侵蚀力因子，$R = EI_{30}$（一次降雨总动能×最大 30min 雨强）；

　　　K——土壤可蚀性因子，根据土壤的机械组成、有机质含量、土壤结构及渗透性确定；

　　　L——坡长因子；

　　　S——坡度因子，我国黄河流域实验资料，$LS = 0.067L^{0.2}S^{1.3}$；

　　　C——植被和经营管理因子，与植被覆盖度和耕作期相关；

　　　P——水土保持措施因子，主要有农业耕作措施、工程措施、植物措施。

（3）水体富营养化的评价方法

水体富营养化是指在人类活动的影响下，生物所需的氮、磷等营养物质大量进入湖泊、河流、海湾等缓流水体，引起藻类及其他浮游生物迅速繁殖，水体溶解氧量下降，水质恶化，鱼类及其他生物大量死亡的现象。水体富营养化问题会制约水生态环境安全和经济社会可持续发展，是急需解决的重大环境问题之一，水体富营养化监测、预警以及评价等研究工作也相继得到开展。

水体富营养化评价是对水体富营养化发展过程中某一阶段的营养状况进行定量描述，其主要目的是通过对具有水体富营养化代表性指标的监测与调查，判定该水体的营养状态，了解其富营养化进程及预测其发展趋势，为水体水质管理及富营养化防治提供科学依据。

水体富营养化评价水质指标包括总磷（TP）、总氮（TN）、高锰酸盐指数（I_{Mn}）、叶绿素 a（Chl-a）浓度和透明度（SD）等。近半个世纪以来，各国学者对湖泊的富营养化评价进行过深入的探讨，形成了多种形式的湖泊富营养化评价方法，主要包括：参数法、营养状态指数法、评分法、生物指标评价法、特征法、灰色评价法、遥感技术评价法、模糊评价法和神经网络评价法等。

每个评价方法都有自己的优缺点，不同的评价方法适合不同类型的水体，各个评价方法在实际工程中的应用也取得了很多的研究成果。能够反映水体营养状态的变量很多，但只有部分指标可被用于水体营养状态的评价，而且不同国家和地区选取的评价指标也不同，其中TP、TN 和 Chl-a 均为必选的评价指标。在各水质的监测指标中，Chl-a 是最能够直接反映水体藻类数量的指标，而 TP、TN 是直接影响藻类生成、繁殖的主要因素。

11.3.4 生态影响评价结论

对生态现状、生态影响预测与评价结果、生态保护对策措施等内容进行概括总结，从生态影响角度明确建设项目是否可行。

11.3.5 生态影响评价自查表

生态影响评价完成后，应对生态影响评价主要内容与结论进行自查。生态影响评价自查表内容与格式具体见 HJ 19—2022 的附录 E。

11.4 生态影响评价图件规范与要求

生态影响评价图件是指以图形、图像的形式，对生态影响评价有关空间内容的描述、表达或定量分析。生态影响评价图件是生态影响评价报告的必要组成内容，是评价的主要依据和成果的重要表现形式，是指导生态保护措施设计的重要依据。

11.4.1 数据来源与要求

生态影响评价图件的基础数据来源包括已有图件资料、采样、实验、地面勘测和遥感信息等。图件基础数据应满足生态影响评价的时效性要求，选择与评价基准时段相匹配的数据源。当图件主题内容无显著变化时，制图数据源的时效性要求可在无显著变化期内适当放宽，但必须经过现场勘验校核。

11.4.2　制图与成图精度要求

生态影响评价制图应采用标准地形图作为工作底图，精度不低于工程设计的制图精度，比例尺一般在 1∶50000 以上。调查样方、样线、点位、断面等布设图及生态监测布点图、生态保护措施平面布置图、生态保护措施设计图等应结合实际情况选择适宜的比例尺，一般为 1∶10000～1∶2000。当工作底图的精度不满足评价要求时，应开展针对性的测绘工作。生态影响评价成图应能准确、清晰地反映评价主题内容，满足生态影响判别和生态保护措施的实施。图件内容要求见 HJ 19 表 D.1。

11.4.3　图件编制规范要求

生态影响评价图件应符合专题地图制图的规范要求，图面内容包括主图以及图名、图例、比例尺、方向标、注记、制图数据源（调查数据、实验数据、遥感信息数据、预测数据或其他）、成图时间等辅助要素。图式应符合 GB/T 20257。图面配置应在科学性、美观性、清晰性等方面相互协调。良好的图面配置总体效果包括：符号及图形的清晰与易读；整体图面的视觉对比度强；图形突出于背景；图形的视觉平衡效果好；图面设计的层次结构合理。

11.5　生态保护对策措施

11.5.1　总体要求和基本原则

生态环境影响的防护与生态恢复措施是整个生态环境影响评价工作成果的集中体现，也是环境影响报告书中生态环境评价最精华的部分，应满足的总体要求如下：

① 应针对生态影响的对象、范围、时段、程度，提出避让、减缓、修复、补偿、管理、监测、科研等对策措施，分析措施的技术可行性、经济合理性、运行稳定性、生态保护和修复效果的可达性，选择技术先进、经济合理、便于实施、运行稳定、长期有效的措施，明确措施的内容、设施的规模及工艺、实施位置和时间、责任主体、实施保障、实施效果等，编制生态保护措施平面布置图、生态保护措施设计图，并估算（概算）生态保护投资。

② 优先采取避让方案，源头防止生态破坏，包括通过选址选线调整或局部方案优化避让生态敏感区，施工作业避让重要物种的繁殖期、越冬期、迁徙洄游期等关键活动期和特别保护期，取消或调整产生显著不利影响的工程内容和施工方式等。优先采用生态友好的工程建设技术、工艺及材料等。

③ 坚持山水林田湖草沙一体化保护和系统治理的思路，提出生态保护对策措施。必要时开展专题研究和设计，确保生态保护措施有效。坚持尊重自然、顺应自然、保护自然的理念，采取自然的恢复措施或绿色修复工艺，避免生态保护措施自身的不利影响。不应采取违背自然规律的措施，切实保护生物多样性。

应满足的基本原则有以下几个方面：

① 体现法律的严肃性。环评工作从始至终都须依照法律规定执行，体现法律的严肃性。

② 体现可持续发展思想与战略。可持续发展战略谋求经济、社会和资源生态的协调，而不是传统的单一经济数量增长的发展；谋求发展的持续性，包括建设项目的持续存在和长期效益，而不是"短命"的应景项目。这些均应体现到环境影响评价提出的环保措施中。

③ 体现产业政策方向与要求。生态环境保护战略特别注重保护三类地区：一是生态环境良好的地区，要预防对其造成破坏；二是生态系统特别重要的地区，要加强保护；三是资源高强度利用，生态系统十分脆弱，处于高度不稳定或正在发生退化性变化的地区。

④ 满足多方面的目的要求。注重生态保护的整体性，以保护生物多样性为核心。

⑤ 遵循生态保护科学原理。生态系统的变化与发展有其特定的规律，生态保护措施必须遵循这些规律才能符合实际，才能取得时效。注重保护生态系统的整体性，以保护生物多样性为核心，保护重要的生境，防止干扰脆弱的生态系统，对关系全局的重要生态系统（生态安全区）加强保护，保护具有地方特色的生态目标，注意缓解区域性生态问题和防止自然灾害，合理开发利用自然资源以保持其再生产能力，注重保护耕地和水资源，以及恢复、修复或重建被破坏的生态系统，都是主要的措施方向。

⑥ 全过程评价与管理。措施应包括勘探期、可行性研究（选址选线）阶段、设计期、施工建设期、运营期及运营后期的措施。

⑦ 突出针对性与可行性。建设项目的生态保护措施必须针对工程的特点和环境的特点，必须充分体现特殊性的问题。生态的地域性特点和保护生态的不同要求，决定了生态保护措施的多样性和各具特色的内容。

11.5.2 生态保护措施

① 项目施工前应对工程占用区域可利用的表土进行剥离，单独堆存，加强表土堆存防护及管理，确保有效回用。施工过程中，采取绿色施工工艺，减少地表开挖，合理设计高陡边坡支挡、加固措施，减少对脆弱生态的扰动。

② 项目建设造成地表植被破坏的，应提出生态修复措施，充分考虑自然生态条件，因地制宜，制定生态修复方案，优先使用原生表土和选用乡土物种，防止外来生物入侵，构建与周边生态环境相协调的植物群落，最终形成可自我维持的生态系统。生态修复的目标主要包括：恢复植被和土壤，保证一定的植被覆盖度和土壤肥力；维持物种种类和组成，保护生物多样性；实现生物群落的恢复，提高生态系统的生产力和自我维持力；维持生境的连通性等。生态修复应综合考虑物理（非生物）方法、生物方法和管理措施，结合项目施工工期、扰动范围，有条件的可提出"边施工、边修复"的措施要求。

③ 尽量减少对动植物的伤害和生境占用。项目建设对重点保护野生植物、特有植物、古树名木等造成不利影响的，应提出优化工程布置或设计、就地或迁地保护、加强观测等措施，具备移栽条件、长势较好的尽量全部移栽。项目建设对重点保护野生动物、特有动物及其生境造成不利影响的，应提出优化工程施工方案、运行方式，实施物种救护，划定生境保护区域，开展生境保护和修复，构建活动廊道或建设食源地等措施。采取增殖放流、人工繁育等措施恢复受损的重要生物资源。项目建设产生阻隔影响的，应提出减缓阻隔、恢复生境连通的措施，如野生动物通道、过鱼设施等。项目建设和运行噪声、灯光等对动物造成不利影响的，应提出优化工程施工方案、设计方案或降噪遮光等防护措施。

④ 矿山开采项目还应采取保护性开采技术或其他措施控制沉陷深度和保护地下水的生态功能。水利水电项目还应结合工程实施前后的水文情势变化情况、已批复的所在河流生态流量（水量）管理与调度方案等相关要求，确定合适的生态流量，具备调蓄能力且有生态需求的，应提出生态调度方案。涉及河流、湖泊或海域治理的，应尽量塑造近自然水域形态、底质、亲水岸线，尽量避免采取完全硬化措施。

11.5.3　生态影响的补偿与建设

补偿是一种重建生态系统以补偿因开发建设活动而损失的环境功能的措施。补偿有就地补偿和异地补偿两种形式。就地补偿类似于恢复，但建立的新生态系统与原生态系统没有一致性；异地补偿则是在开发建设项目发生地无法补偿损失的生态功能时，在项目发生地以外实施补偿措施。如水利工程建设最常见的补偿是耕地和植被的补偿。首先是植被补偿。植被补偿按生物物质产生等当量的原理确定具体的补偿量。补偿措施的确立应考虑流域或区域生态功能保护的要求和优先次序，考虑建设项目对区域生态功能的最大需求。补偿措施体现群众等使用和保护环境的权利，也体现生态保护的特殊性要求。植被补偿中迁地保护是保存种质资源最为有效的措施。其次是耕地补偿。水利工程建设应尽量不占或少占耕地，占有的耕地应严格按照《土地管理法》、"占一补一"的规定进行补偿，占用耕地土壤肥力较高的，应严格按照《土地管理法》中的要求给予保护，在工程施工前提前剥离堆集，用于新开垦的耕地及迹地恢复。在初步设计和施工阶段，控制用地规模，集约、节约利用土地，在工程建设中不得破坏规划用地以外的土地。

11.5.4　替代方案

替代方案主要指项目中的选线、选址替代方案，项目的组成和内容替代方案，工艺和生产技术的替代方案，施工和运营方案的替代方案、生态保护措施的替代方案。

替代方案是为在环境影响评价中防止拟建项目对自然资源造成重大损失或者对生态环境造成重大影响的重要措施。因此，应从生态环境保护的角度提出不同的选择方案和优缺点，在确定最佳方案时，考虑备用方案，为决策部门提供决策的科学依据。在确定替代方案时，应遵循客观性和科学性原则。客观性原则要求从事实出发，全面考虑问题。以厂址选择为例，厂址选择合理与否，应有经济、技术、社会、环境等多方面的影响，全面论证，多方案比较后再提出推荐方案。科学性原则要求用数据说话，数据才是最有说服力的论据。

替代方案编制方法大致有以下几点。①提出方案。②列出方案指标。对已提出的几个方案，分别列出各项指标，根据指标的新进、落后顺序，并从经济、环境等方面对备选方案进行排序。③提出推荐方案。

评价时应对替代方案进行生态可行性论证，优先选择生态影响小的替代方案，最终选定的方案至少应该是生态保护可行的方案。

11.5.5　生态监测和环境管理

① 结合项目规模、生态影响特点及所在区域的生态敏感性，针对性地提出全生命周期、长期跟踪或常规的生态监测计划，提出必要的科技支撑方案。大中型水利水电项目、采掘类项目、新建100km以上的高速公路及铁路项目、大型海上机场项目等应开展全生命周期生态监测；新建50~100km的高速公路及铁路项目、新建码头项目、高等级航道项目、围填海项目以及占用或穿（跨）越生态敏感区的其他项目应开展长期（施工期并延续至正式投运后5~10年）跟踪生态监测；其他项目可根据情况开展常规生态监测。

② 生态监测计划应明确监测因子、方法、频次、点位等。开展全生命周期和长期跟踪生态监测的项目，其监测点位以代表性为原则，在生态敏感区可适当增加调查密度、频次。

③ 施工期重点监测施工活动干扰下生态保护目标的受影响状况，如植物群落变化及重要

物种的活动、分布变化、生境质量变化等；运行期重点监测对生态保护目标的实际影响、生态保护对策措施的有效性以及生态修复效果等。有条件或有必要的，可开展生物多样性监测。

④ 明确施工期和运行期环境管理原则与技术要求。可提出开展施工期工程环境监理、环境影响后评价等环境管理和技术要求。

11.6 生态影响评价案例

本节以某铁路工程为典型案例，给出了生态环境影响评价等级判定、现状调查、影响预测与评价及生态环境保护对策等内容，详细可扫描二维码查看。

二维码8 生态影响评价案例

第12章

土壤环境影响评价

12.1　土壤环境影响评价基础知识

土壤是维系人类生存的最重要的环境要素之一。土壤与地球表层环境、生物健康、人类健康均有重大关系。土壤环境的内部因素包括土壤养分条件、理化性质、微生物群落结构、土壤肥力等，外部因素包括地形地貌、土地利用方式、污染状况等。土壤环境影响评价是环境影响评价的重要内容之一，开展土壤环境影响评价，可以从源头分析土壤环境恶化问题，为区域土壤环境管理及合理开发利用提供决策依据，为控制土壤污染、保障社会经济可持续发展提供支撑。

土壤环境影响评价通过识别建设项目土壤环境影响类型、影响途径、影响源及影响因子，确定土壤环境影响评价工作等级。通过开展土壤环境现状调查，完成土壤环境现状监测与评价，并给出相应的结论。

《环境影响评价技术导则　土壤环境（试行）》（HJ 964—2018）中规定："土壤环境影响评价应对建设项目建设期、运营期和服务期满后（可根据项目情况选择）对土壤环境理化特性可能造成的影响进行分析、预测和评估，提出预防或者减轻不良影响的措施和对策，为建设项目土壤环境保护提供科学依据。"

12.1.1　影响土壤环境质量的主要因素

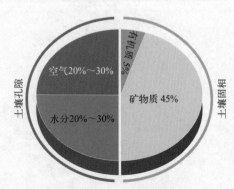

图 12-1　土壤的组成

土壤是由颗粒状矿物质、有机质、水分、空气、微生物等组成的，覆盖于地球表面的一层疏松物质（图 12-1）。土壤的密度为 $2.6 \sim 2.7 \mathrm{g/cm^3}$，容重为 $1.0 \sim 1.5 \mathrm{g/cm^3}$。根据土壤中各粒级的构成情况不同，土壤可分为壤土、砂土、黏土三种类型。土壤作为自然界组成部分，与水、气等其他环境因素存在交互作用，具有水分循环、养分循环、作物生产等功能。土壤是动植物的栖息地，地球生物多样性的四分之一存在于土壤之中。对于人类来说，土壤是宝贵的不可再生资源，人类自身的一切活动也对土壤产生各种各样的影响。

土壤污染是指人类活动产生的环境污染物通过多种途径进入土壤后，其数量和积累速度超过了土壤自净作用的数量和速度，破坏了自然动态平衡，当积累到一定程度，引起土壤环境质量恶化的现象。与水污染、大气污染和固体废物污染等通过感官就能察觉的污染相比，土壤污染具有隐蔽性和滞后性。土壤污染从产生到出现问题通常会滞后较长的时间。对土壤污染进行调查，往往要通过采集土壤样品或者种植作物，利用化学分析手段对土壤及作物中的污染物进行分析检测才能甄别。如日本的"痛痛病"经过了 10~20 年之后才被人们所认识。

土壤污染物大致可分为无机污染物和有机污染物两大类。无机污染物主要包括酸、碱、重金属、盐类，含砷、硒、氟的化合物等。有机污染物主要包括有机农药、酚类、氰化物、石油、合成洗涤剂、苯并芘以及化工生产过程中产生的一些新兴污染物。建设项目引起土壤环境污染的因素主要包括项目类型、污染源特点、污染途径、污染物性质、污染物排放强度、项目所在区域的环境特点、土壤类型和质地等。一般工业污染源多为点源，影响范围较小，而农业或交通污染源分别为面源和线源，污染面较宽，影响范围较大。污染源排放强度，一般与污染程度和污染范围呈正相关。项目所在区域的环境条件，则对污染物进入土壤的速度、浓度和范围产生间接影响。如碱性土壤，可缓冲酸性沉降物质的酸度；有机质含量高和黏性大的土壤，对重金属有较强的吸附作用；微生物数量多且活性强的土壤，对有机污染物有较好的降解作用。

土壤退化是指在人为因素或自然因素的影响下，所发生的不同强度侵蚀而导致土壤质量及生产力下降，乃至土壤环境全面恶化甚至荒漠化的现象。土壤退化可分为物理、化学、生物退化三方面。土壤物理退化主要包括土层变薄、土壤沙化或砾石化、土壤板结等。土壤化学退化包括土壤肥力降低、养分失衡，以及土壤酸化、碱化、盐化等。土壤生物退化主要指土壤微生物多样性减少、群落结构改变、有害生物增加、生物过程紊乱等。引起土壤退化的主要因素是人类对土地的不合理利用。土壤退化已成为严重的全球性环境问题之一，直接危及人类的生存基础和生存环境。

耕地土壤是人类赖以生存的最珍贵的土壤资源，是农业生产最基本的生产资料。在农业生产中，人类高强度的利用及不合理的种植、耕作、施肥等活动，是导致耕地土壤退化和生产力下降的主要原因。如在草原地区，盲目扩大发展畜牧业，过度放牧，会引起草原土壤沙化。丘陵和山地区的土壤过度垦殖和森林砍伐可导致土壤侵蚀。

工业活动在为人类文明提供大量财富的同时，也会对土壤造成不良影响。建设活动多需要占用土地，改变土地利用情况，同时减少土壤资源，影响土壤环境，打破土壤生态系统的协调和平衡，可能导致土壤污染、退化和破坏。如建设水库和灌渠，可能会引起建设区附近的地下水位抬升，使土壤发生沼泽化。在干旱和半干旱地区，地下水含盐量过高，还会引起土壤盐渍化。厂房、道路、矿山的建设，由于需要开挖和剥离土壤，破坏植被，可能引起土壤侵蚀，造成土壤的严重破坏。

12.1.2 土壤环境影响评价的任务

土壤环境影响评价是环评的重要组成部分，广义的土壤环境影响评价指对人为活动（包括建设项目、资源开发、区域开发、政策、立法、法规等）可能造成的土壤环境影响，包括土壤环境污染和生态破坏进行分析和论证，并提出土壤污染防治措施和对策的过程。狭义的土壤环境影响评价是指在建设项目施工前，对项目选址、设计和施工等过程，尤其是运营和生产阶段可能带来的土壤环境影响进行预测和分析，提出相应的防治措施，以便为项目选址、设计及建成投产后的环境管理提供科学依据。

土壤环境影响评价的任务是根据建设项目所在区域的土壤环境质量现状，对建设项目所排放的污染物在土壤中的迁移规律与积累趋势提出预测模式，计算主要污染物在土壤中的累积或残留量，或者评估对建设项目所产生的生态影响，以预测未来的土壤环境质量状况和变化趋势，为建设项目实现合理布局和管理提供科学依据。

HJ 964—2018 中，将建设项目根据行业特征、工艺特点或规模大小分为Ⅰ类、Ⅱ类、Ⅲ类、Ⅳ类。根据建设项目类别的不同，土壤环境影响评价的任务有所不同。建设项目为Ⅰ类、Ⅱ类、Ⅲ类的，需进行土壤环境影响评价。Ⅳ类建设项目可不进行土壤环境影响评价。但是如果项目自身为敏感目标，则需要根据实际情况进行土壤环境现状调查。

土壤环境影响评价的工作等级分为一、二、三级。工作等级的划分依据主要为：①项目占地面积、地形条件和土壤类型，可能会破坏的植被种类、面积以及对当地生态系统影响的程度；②项目所在区域的土壤环境功能区划；③土壤中主要污染物的种类、含量、毒性效应及降解的难易程度以及受污染的土壤面积；④土壤的自净能力，以及现有的土壤环境容量。

按照时间顺序，土壤环境影响评价主要包括环境质量现状调查与评价和环境影响预测评价。

土壤环境质量现状调查与评价是土壤环境影响预测评价的主要依据。现状调查的内容包括区域自然环境特征调查、区域社会经济状况调查、区域土壤类型特征调查。在土壤现状调查的基础上，进行土壤环境污染现状评价、土壤退化现状评价及土壤破坏现状评价。

土壤环境影响预测评价主要是对污染物在土壤中的累积和污染趋势，或者由于建设项目开发引起的土壤沙化、盐渍化、沼泽化、土壤侵蚀等土壤退化趋势进行预测。一般是用类比分析或者建立预测模型估算土壤退化趋势。此外，随着开发建设项目的实施，不可避免地要占据或破坏一部分土壤，造成土壤资源的破坏和损失。对土壤资源破坏和损失进行预测，提出相应的防控措施和对策，是土壤环境影响预测评价的重要环节。

12.1.3　土壤环境影响评价工作程序

土壤环境影响评价的总体工作流程为：通过识别建设项目对土壤环境的影响类型、影响途径、影响源及影响因子，确定土壤环境影响评价工作等级；进行土壤环境现状调查，完成土壤环境现状监测与评价；预测与评价建设项目对土壤环境可能造成的影响，提出相应的防控措施与对策。工作程序见 HJ 964 的 4.3、4.4 节。

准备阶段的主要工作内容是收集与项目和土壤环境保护相关的资料并对其进行分析。通过对收集的资料进行分析以确定建设项目对当地土壤环境可能产生的影响。所需收集的资料主要包括：①国家和地方土壤环境相关的法律、法规、政策、标准及规划等；②项目工程概况资料（项目规模、占地面积、地质条件和项目性质）、项目区域的环境资料（土壤类型、地质构造、气候环境、地表水、地下水）、地方社会经济发展资料等。

现状调查与评价阶段需结合工程分析，识别建设项目对土壤环境可能造成的影响类型，分析可能造成土壤环境影响的主要途径；通过现场踏勘工作，识别土壤环境敏感目标；确定评价等级、范围与内容；针对项目具体情况，对土壤环境相关指标进行监测，根据监测结果分析且识别建设项目对土壤环境所造成的破坏性影响。

预测分析与评价阶段是根据污染物在土壤中的迁移转化规律、土壤自净能力和土壤环境质量标准，通过计算污染物输入量、输出量、残留量对污染趋势进行研究，建立土壤污染物积累的计算模型，预测在一定条件下的土壤环境质量变化趋势，提出控制污染和消除污染的有效措施。

在结论阶段，需综合分析各阶段成果，提出土壤环境保护措施与对策，对土壤环境影响评价结论进行总结。

12.2　土壤环境现状调查与评价

土壤环境现状调查与评价是土壤环境影响预测、分析、影响评价的主要依据。土壤环境现状调查与评价的基本程序是通过现场调查、取样、监测和数据分析等处理工作，以识别建设项目土壤环境影响类型、影响途径、影响源及影响因子，进而确定土壤环境影响评价工作等级，并根据调查和监测结果进行土壤环境现状评价。土壤环境现状调查与评价工作应遵循资料收集与现场调查相结合、资料分析与现状监测相结合的原则。土壤环境现状调查与评价包括土壤环境理化特性及利用状况调查、土壤环境影响源调查、土壤环境质量现状监测与评价三部分。

12.2.1　土壤环境影响类型

土壤是人类生存不可分割的组成部分。根据人类活动对土壤产生影响的性质、影响时段、影响方式、程度和方向可分为多种影响类型。

（1）生态影响型和污染影响型

根据建设项目对土壤环境可能产生的影响结果和性质，将土壤环境影响类型分为生态影响型与污染影响型。土壤环境生态影响主要指土壤环境的盐化、酸化、碱化等。一般交通工程、水利工程、森林开采、矿产资源的开发对土壤产生的影响属于生态影响型。土壤环境污染影响型指建设项目在建设和投产使用过程中，或者项目服务期满后所排放的污染物在土壤中通过迁移与积累，对土壤环境产生的化学性、物理性或生物性污染危害。多数工业建设项目产生的污染属于污染影响型。

（2）建设期、运营期和服务期满后的影响

按建设项目的建设和运行不同时段产生的影响，可将土壤环境影响分为建设期、运营期和服务期满后的影响。建设期影响指项目施工期间对土壤产生的影响。运营期影响指建设项目投产运行和使用期间产生的影响。服务期满后的影响指建设项目使用结束后仍继续对土壤环境产生的影响。

（3）直接影响和间接影响

根据影响方式，可将土壤环境影响分为直接影响和间接影响。直接影响是指影响因子直接作用于受影响的对象，并直接产生影响关系。如以土壤环境作为影响对象时，土壤侵蚀、荒漠化、土壤污染等均属于直接影响。间接影响指影响因子通过中间转化或者中间介质作用于被影响的对象。如以土壤环境作为影响对象时，由于地下水或地表水的浸泡作用和矿物盐类的浸渍作用产生的土壤沼泽化或盐渍化即为间接影响。土壤污染物通过食物链的作用进入人体进而危害人群健康，也属于间接影响。

（4）可逆影响和不可逆影响

根据影响程度可将土壤环境影响分为可逆影响和不可逆影响。可逆影响指影响活动停止后，土壤经由一定时期后恢复到原来状态。土壤具有一定的自净能力和容量，轻微程度的土壤退化和土壤污染属于可逆影响。但当进入土壤的污染物超过土壤的自净容量，或者土壤退化、破坏严重时，属于不可逆影响。

（5）累积影响和协同影响

累积影响一般指污染物对土壤产生的影响经过长时期的作用后，积累超过一定的阈值后显现出来，如一些重金属对土壤植物的累积作用。协同影响指两种以上的污染物同时作用于土壤时产生的影响大于两种污染物单独作用时的影响之和。

12.2.2　土壤环境影响途径

污染影响型和生态影响型的途径、影响源和影响因子各不相同。生态影响型建设项目主要表现为土壤盐化、碱化和酸化，其影响途径主要包括物质输入、运移和水位变化；污染影响型建设项目的影响途径主要为大气沉降、地面漫流、垂直入渗等。

大气沉降是指由于生产活动过程中排放的气体间接造成土壤环境污染的影响途径，地面漫流主要指由于占地范围内原有污染物质的水平扩散造成污染范围水平扩大的影响途径，垂直入渗是由于占地范围内原有污染物质的入渗迁移造成污染范围垂向扩大的影响途径。例如在有色金属的冶炼过程中，废气中含有的大量重金属元素经过复杂的化学和物理作用后，通过大气沉降作用降落至地面，渗透进入土壤，导致土壤的重金属污染。利用未经达标处理的工业废水灌溉农田，或者工业废水的随意排放均可通过地面漫流作用污染土壤。工业固体废物的掩埋或堆放可通过垂直入渗作用影响土壤的不同剖面。

土壤盐化是指土地由于盐分积聚而缓慢恶化的过程。在蒸发作用下，地下浅层水经毛细管输送到地表被蒸发掉，毛细管向地表输水的过程中，也把水中的盐分带到地表，水被蒸发后，盐分就留在了地表及地面浅层土壤中，这样积累的盐分多了，就形成了土壤盐化。根据土壤中的盐分含量（soil salt content，SSC，g/kg），将土壤盐化程度分为未盐化、轻度盐化、中度盐化、重度盐化、极重度盐化（HJ 964 表 D.1）。

土壤酸化、碱化指受人为影响后导致的土壤 pH 值变化。根据土壤 pH 值的大小，可将土壤酸化、碱化强度分为极重度酸化、重度酸化、中度酸化、轻度酸化、无酸化或碱化、轻度碱化、中度碱化、重度碱化、极重度碱化（HJ 964 表 D.2）。

12.2.3　影响源和影响因子

（1）污染影响型建设项目的土壤环境影响源及影响因子

多数工业建设项目对土壤产生的影响属于污染影响型。在各种工业建设项目中，对土壤环境产生影响的工业主要有钢铁工业、有色金属冶炼工业、化学工业、石油工业、造纸工业等。这些工业建设项目对土壤的环境影响主要来自工业"三废"排放。工业生产过程中的烟气排放来源于燃料燃烧，以及生产过程本身产生的烟气。例如有色金属的冶炼过程中产生大量二氧化硫排入大气，二氧化硫在大气中经过复杂的化学和物理作用后，通过大气沉降降落至地面渗入土壤，导致土壤酸化。此外，有色金属的冶炼废气中含有大量重金属元素，随废气排入大气，再通过大气沉降进入土壤。此外，工业排放废水如果未经达标处理排放或者用于农业灌溉，可能通过地面漫流等途径污染土壤环境。工业固体废物在掩埋或堆放处可能通过垂直入渗等途径危害土壤环境。

建设项目对土壤环境污染的影响因子，主要包括建设项目类型、污染物性质、污染源特点、排放强度、土壤环境条件、土壤类型和土壤理化性质等。例如，有色金属冶炼及开采工业，主要污染物为重金属和酸性物质；石油、化学工业的主要污染物为矿物油和有机物；以煤为能源的火电厂，主要污染物为粉煤灰等。污染物通过大气沉降或水体传输的地面漫流作用进入土壤，污染范围较宽；而以垃圾、污泥等固废形式垂直入渗进入土壤，污染范围相对较小。这些因素均与污染源直接相关，是污染影响建设项目的决定性因素。

（2）生态影响型建设项目的土壤环境影响源及影响因子

交通工程、水利工程、森林开采、矿产资源的开发对土壤产生的影响属于生态影响型。主要表现为对土壤的破坏、酸化、碱化、盐化和退化作用。这些项目的建设多需要占用土地，减少土壤资源，改变土壤发育。水库和灌渠建设等水利工程，可能引起附近地下水位抬升，促进土壤沼泽化。在干旱和半干旱地区，地下水矿化度较高时还可能引起土壤发生盐渍化。矿产资源的开发需要剥离土壤，使植被受到破坏，有可能引起土壤侵蚀，向沙化发展。

在对土壤环境进行现状调查与评价时，需根据 HJ 964—2018 附录 B 要求填写建设项目土壤环境影响源及影响因子识别表。

（3）土壤环境敏感目标

土壤环境敏感目标指建设项目影响区域内的环境敏感保护对象。污染影响型建设项目的敏感目标主要指周边存在的耕地、园地、牧草地、饮用水水源保护区或居民区、学校、医院、疗养院等土壤环境敏感目标，较敏感目标是指国家公园、自然保护区、水源保护区、风景名胜区、重点保护的野生动物栖息地和野生植物生长繁殖基地等。

生态环境影响评价中的"敏感保护目标"可按下述依据判别：需特殊保护地区、生态敏感与脆弱区、社会关注区。

12.2.4 土壤环境影响评价工作等级

土壤环境影响评价工作等级分为一级、二级、三级。

土壤环境影响评价工作分级的基本程序是：在工程分析结果的基础上，结合土壤环境敏感目标，根据建设项目建设期、运营期和服务期满后三个阶段的具体特征，识别土壤环境影响类型（污染影响型或者生态影响型）与影响途径（污染影响型的影响途径——大气沉降、地面漫流、垂直入渗等；生态影响型的影响途径——盐化、碱化、酸化等）。然后根据行业类别及土壤环境影响源、影响途径、影响因子的识别结果，将土壤环境影响评价项目类别分为 I 类、II 类、III 类、IV 类（具体分类见 HJ 964—2018 附录 A）。根据土壤环境敏感程度将建设项目分为敏感、较敏感和不敏感（具体分类方法见表 12-1 和表 12-2）。对于污染影响型建设项目，还需根据建设项目占地面积大小，将建设项目分为大型（$\geqslant 50hm^2$）、中型（$5\sim50hm^2$）、小型（$\leqslant 5hm^2$）。最后，根据土壤环境影响评价类别和敏感程度分级，将土壤环境影响评价工作分为一级、二级、三级（分级方法见表 12-3 和表 12-4）。

表 12-1 污染影响型建设项目敏感程度分级表

敏感程度	判别依据
敏感	建设项目周边存在耕地、园地、牧草地、饮用水水源地或居民区、学校、医院、疗养院等土壤环境敏感目标
较敏感	建设项目周边存在其他土壤环境敏感目标
不敏感	其他情况

表 12-2　生态影响型建设项目敏感程度分级表

敏感程度	判别依据		
	盐化	酸化	碱化
敏感	建设项目所在地干燥度>2.5,且常年地下水位埋深<1.5m的地势平坦区域;或土壤含盐量>4g/kg的区域	pH≤4.5	pH≥9.0
较敏感	建设项目所在地干燥度>2.5,且常年地下水位埋深≥1.5m的,或1.8<干燥度≤2.5且常年地下水位平均埋深<1.8m的地势平坦区域;建设项目所在地干燥度>2.5,或常年地下水位平均埋深<1.5m的平原区;或2g/kg<土壤含盐量≤4g/kg的区域	4.5<pH≤5.5	8.5≤pH<9.0
不敏感	其他	5.5<pH<8.5	

注:表中的干燥度指采用 E601 观察的多年平均水面蒸发量与降水量的比值,即蒸降比值。

表 12-3　污染影响型评价工作等级划分表

敏感程度	Ⅰ类			Ⅱ类			Ⅲ类		
	大	中	小	大	中	小	大	中	小
敏感	一级	一级	一级	二级	二级	二级	三级	三级	三级
较敏感	一级	一级	二级	二级	二级	三级	三级	三级	—
不敏感	一级	二级	二级	二级	三级	三级	三级	—	—

注:"—"表示可不开展土壤环境影响评价工作。

表 12-4　生态影响型评价工作等级划分表

敏感程度	Ⅰ类	Ⅱ类	Ⅲ类
敏感	一级	二级	三级
较敏感	二级	二级	三级
不敏感	二级	三级	—

注:"—"表示可不开展土壤环境影响评价工作。

12.2.5　土壤环境理化特性及利用状况调查

(1)区域自然环境特征调查

区域自然环境特征调查的主要内容包括:①地质地貌,包括区域地层、岩性、地质构造等基本情况;②气候气象,包括区域内的风向、风速、气温、降水和蒸发等;③水文状况,包括地表水和地下水两个方面。地表水的调查主要包括该区域的水系分布情况、水文及其时空变化情况。地下水的调查包括区域水文地质状况和地下水类型等。

(2)土壤环境理化特性调查

对土壤环境理化特性的调查采用资料收集和现场调查相结合的方法。形成土壤的五个自然因素包括:母质因素、地形因素、气候因素、时间因素和生物因素。对土壤类型特征的调查也是基于这五个自然因素进行。具体调查内容包括:①土体构型,包括成土母质和成土母岩类型;②土壤类型,包括土壤结构、土壤质地、各类型土壤的面积及所占比例、分布情况;③土壤组成,包括土壤有机质、矿物质、氮磷钾营养元素和主要微量元素含量;④土壤理化性质,包括土壤 pH 值、阳离子交换量、氧化还原电位、饱和导水率、土壤容重、孔隙度、盐基饱和度等。土壤环境生态影响型建设项目还需调查植被、地下水位埋深、地下水溶解性总固体等。

土壤理化特性调查表基本格式见 HJ 964—2018 中表 C.1。评价工作等级为一级的建设项目还需填写土壤剖面调查表（基本格式见 HJ 964—2018 中表 C.2）。

（3）土壤利用状况调查

对建设项目区域内的土地资源特点、土壤利用结构与布局、土壤利用程度和效果及存在的问题进行调查，查清各种利用方式的土地数量、质量、分布状况和面积。收集土地利用历史情况、土地利用现状图、土地利用规划图以及土壤类型分布图。

12.2.6 土壤环境影响源调查

建设项目土壤环境影响源可分为污染型影响源和生态型影响源，对于不同类型的环境影响源，其调查与评价的重点和方法不同。

（1）污染型影响源的调查

土壤污染型影响源包括工业污染源和农业污染源两种类型。多数建设项目的污染影响源为工业污染源，多属于点源污染，对土壤工业污染源需重点调查工业生产活动产生的"三废"排放进入土壤的途径、污染物种类和数量。农业污染源多为面源污染，主要是农业生产过程中向土壤中施入的农药、化肥、地膜等，需要对污染物来源、成分及使用量或污水灌溉情况进行调查。

土壤污染影响源评价因子的选择，要综合考虑评价目的和土壤污染物类型等因素。对于重金属及其他无机有毒物质，一般选择汞、镉、铅、锌、铜、铬、镍、砷、氟、氰等作为评价因子；对于有机污染物，评价因子主要包括酚、DDT、六六六、石油、苯并芘、三氯乙醛、多氯联苯以及和项目相关的特征因子。

（2）生态型影响源的调查

根据生态影响的空间和时间调查影响区域内涉及的生态系统类型、结构、功能和过程，以及相关的非生物因子（气候、土壤、地形地貌、水文地质等）特征，重点调查受保护的珍稀濒危物种、关键种、土著种，天然的重要经济物种等。分析影响建设区域内生态系统状况的主要原因，对生态系统的结构和功能状况（如水源涵养、防风固沙、生物多样性保护等生态功能）、生态系统面临的压力和存在的问题、生态系统的总体变化趋势等做出评价。

12.2.7 土壤环境现状监测与评价

根据项目的影响类型、影响途径，有针对性地开展土壤环境现状监测，以便了解或掌握调查评价范围内的土壤环境现状。土壤环境现状监测主要流程包括：采样点的布设、土壤样品的收集、土壤样品的制备分析、土壤环境现状评价等。

12.2.7.1 采样点布设规则

采样点布设是土壤现状监测工作的重要步骤，选取的样点具有代表性是决定监测结果准确性的前提条件。布点时应根据调查区内土壤类型及分布、土地利用及地质地貌条件、建设项目环境影响类型、评价工作等级等确定。同时遵循均布性与代表性相结合的原则，以保证调查结果的代表性和准确性。

一般多采用网格法进行布点，即在调查区内按一定面积分成若干方格，每个方格至少 1个样点。在土壤类型复杂的地区，应根据土壤类型布点，调查评价范围内的每种土壤类型应至少设置 1 个表层样监测点，应尽量设置在未受污染的区域。对于污染影响型建设项目，需根据项目所在地的地形特征、地面径流方向设置表层样监测点。也可根据不同的污染发生类型布点，如涉及入渗途径影响的，需在主要产污装置区设置柱状样监测点，采样深度需在装置底部与土壤接触面以下。涉及大气沉降影响的，应在占地范围外主导风向的上、下风向各设置1个表层样监测点，并在最大落地浓度点增设表层样监测点。涉及地面漫流途径影响的，应结合地形地貌，在占地范围外的上、下游各设置1个表层样监测点。对于线性工程，应重点在站场位置（如输油站、泵站、阀室、加油站及维修场所等）设置监测点。涉及危险品、化学品或石油等输送管线的，需根据评价范围内土壤环境敏感目标或厂区内的平面布局情况确定监测点布设位置。建设项目不同评价工作等级的监测点数见表12-5。根据HJ 964—2018规定，生态影响型建设项目占地范围超过5000hm²的，每增加1000hm²增加1个监测点。污染影响型建设项目占地范围超过100hm²的，每增加20hm²增加1个监测点。

表 12-5 土壤环境现状监测布点类型与数量

评价工作等级		建设项目占地范围内	建设项目占地范围外
一级	生态影响型	5个表层采样点①	6个表层采样点
	污染影响型	5个柱状采样点②，2个表层采样点	4个表层采样点
二级	生态影响型	3个表层采样点	4个表层采样点
	污染影响型	3个柱状采样点，1个表层采样点	2个表层采样点
三级	生态影响型	1个表层采样点	2个表层采样点
	污染影响型	3个表层采样点	—

① 表层样应在0~0.2m取样；

② 柱状样通常在0~0.5m、0.5~1.5m、1.5~3m分别取样，3m以下每3m取1个样，可根据基础埋深、土体构型适当调整。

12.2.7.2 采样点布设方法

为使取样具有代表性，表层样品的采集利用多点取样混合均匀的方式。表层采样的几种形式包括：①对角线采样，适用于污水灌溉的农田，由农田进水口按对角引线，在对角线上取3~5个点[图12-2(a)]；②梅花形采样，适用于地势平坦，土壤均匀的小面积样地，一般采5~10个样点[图12-2(b)]；③棋盘式采样，适用于中等面积，地势平坦方正，但土壤不均匀的地块，一般取10个以上样点[图12-2(c)]；④蛇形采样，适用于面积较大、地势崎岖的地块，需布设较多的采样点[图12-2(d)]；⑤放射状布点法，适用于工厂周围受大气污染的地块，以大气污染源为中心，向周围画射线，在射线上布设采样点，在主导风向的下风向适当增加采样点之间的距离和采样点数量[图12-2(e)]；⑥网格布点法，适用于农用化学物质污染的土壤，或者调查土壤背景值，将地块划分成若干均匀网状方格，采样点设在两条直线的交点处或方格的中心[图12-2(f)]。

进行土壤剖面取样（柱状取样）时，利用单点分层取样方式。

12.2.7.3 监测因子的选择

土壤环境现状监测因子包括基本因子和建设项目的特征因子。监测因子的选取是否合理，关系到评价结论的科学性和准确性。选择监测因子时，要综合考虑土壤环境影响评价的目的和土壤污染物类型等因素。

农用地和建设用地的基本因子选择分别以《土壤环境质量　农用地土壤污染风险管控标准（试行）》(GB 15618)、《土壤环境质量　建设用地土壤污染风险管控标准（试行）》(GB

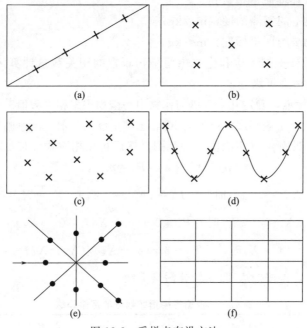

图 12-2 采样点布设方法

36600)为依据,并根据调查评价范围内的土地利用类型选取。通常选取的特征因子包括汞、镉、铅、锌、铜、铬、镍、砷、氟、氰及其他有毒物质,对于有机污染物,较常规的评价因子包括酚、DDT、六六六、石油、苯并芘、三氯乙醛、多氯联苯等。特征因子为建设项目产生的特有因子,例如可反应土壤污染物质的积累、迁移和转化特征的土壤有机质、土壤质地、酸度、氧化还原电位等。既是特征因子又是基本因子的,按特征因子对待。

12.2.7.4 监测频次

评价工作等级为一级的建设项目,开展至少 1 次现状监测;评价工作等级为二级、三级的建设项目,可以使用近 3 年至少 1 次的监测数据资料,不进行现状监测,但需要说明数据有效性。对于特征因子,需至少开展 1 次现状监测。

12.2.7.5 评价因子和评价标准的确定

评价因子为现状监测因子。对于污染影响型评价,根据调查评价范围内的土地利用类型,分别选取 GB 15618、GB 36600 等标准中的筛选值进行评价。对于在 GB 15618、GB 36600 等标准中未规定筛选值的评价因子,可根据行业、地方或国外相关标准进行评价,也可以区域土壤背景值作为评价标准。区域土壤背景值是指一定区域内,远离工矿、城镇和道路,无明显"三废"污染,历史上也无"三废"影响的土壤中相关元素的平均含量。无可参照标准或土地利用类型无相应标准的只给出现状监测值。

12.2.7.6 评价模式的确定

(1)单因子评价

单因子评价是分别计算各项因子的环境质量指数。环境质量指数的计算方法有以下两种:

① 以土壤污染物实测值和评价标准相比计算单因子环境质量指数(土壤污染指数):

$$P_i = \rho_i / S_i \tag{12-1}$$

式中 P_i ——单因子环境质量指数；

$\quad\quad\rho_i$ ——污染物 i 的实测浓度，mg/kg；

$\quad\quad S_i$ ——污染物 i 的评价标准，mg/kg。

② 分级污染指数：根据土壤和作物中污染物积累的相关数量计算污染指数，再根据计算出的污染指数判定污染等级。

首先，根据评价标准，确定几个土壤与作物中污染物积累相关数值。土壤初始污染值（土壤环境背景值）为 X_a，土壤轻度污染值为 X_c，土壤重度污染值（土壤临界含量）为 X_e。

计算时，首先需明确 ρ_i（实测值）的范围，然后再按相应式（12-2）～式（12-5）计算。

$$\rho_i \leqslant X_a 时，\quad P_i = \rho_i / X_a \tag{12-2}$$

$$X_a < \rho_i \leqslant X_c 时，\quad P_i = 1 + (\rho_i - X_a)/(X_c - X_a) \tag{12-3}$$

$$X_c < \rho_i \leqslant X_e 时，\quad P_i = 2 + (\rho_i - X_c)/(X_e - X_c) \tag{12-4}$$

$$\rho_i > X_e 时，\quad P_i = 3 + (\rho_i - X_e)/(X_e - X_c) \tag{12-5}$$

算出污染指数后，再按照表 12-6 划分污染等级。

表 12-6   根据污染指数划分的污染等级

污染指数	$P_i \leqslant 1$	$1 < P_i \leqslant 2$	$2 < P_i \leqslant 3$	$P_i > 3$
污染等级	清洁级	轻度污染级	中度污染级	重度污染级

（2）多因子评价

综合考虑土壤中各污染因子的影响，计算出综合指数进行评价。常用的方法有代数叠加法、内梅罗污染指数法、加权叠加法、均方根指数法、极值法。

① 代数叠加法。将土壤中各污染物的污染指数叠加，作为综合污染指数。

$$P = \frac{1}{n} \sum_{i=1}^{n} P_i \tag{12-6}$$

式中 P ——土壤综合指数；

$\quad\quad P_i$ ——单一污染物的污染指数；

$\quad\quad n$ ——污染物种类数。

② 内梅罗污染指数法。按内梅罗污染指数计算综合污染指数。

$$P = \sqrt{\frac{\text{avr}(\rho_i/s_i)^2 + \max(\rho_i/s_i)^2}{2}} \tag{12-7}$$

③ 加权叠加法。以土壤中各污染物的污染指数和权重计算土壤综合指数。

$$P = \sum_{i=1}^{n} W_i P_i \tag{12-8}$$

式中 W_i ——污染物 i 的权重。

④ 均方根指数法。计算均方根作为综合指数。

$$P = \sqrt{\frac{1}{n} \sum_{i=1}^{n} P_i^2} \tag{12-9}$$

⑤ 极值法。认为各种污染物造成的污染影响同等重要，选取各个污染指数中的最大值

作为综合指数。

$$P = \max(P_1, P_2, \cdots, P_n) \qquad (12\text{-}10)$$

根据式（12-6）～式（12-10）计算出综合指数，需进行土壤环境质量分级。一般 $P \leqslant 1$，为未受污染；$P > 1$，为已受污染。P 越大，受到的污染越严重。

对于污染型建设项目，采用以上标准指数法进行土壤环境质量现状评价，并进行统计分析，给出样本数量、最大值、最小值、均值、标准差、检出率和超标率、最大超标倍数等。对于生态影响型建设项目，对照表 12-1 和表 12-2 给出各监测点位土壤盐化、酸化、碱化的级别，统计样本数量、最大值、最小值和均值，并评价均值对应的级别。

12.2.7.7 评价结论

对于污染影响型建设项目，需给出评价因子是否满足 GB 15618、GB 36600 或者行业、地方或国外相关标准的结论，当评价因子存在超标时，分析超标原因。生态影响型建设项目给出土壤盐化、酸化、碱化的现状。

12.3 土壤环境影响预测与评价

12.3.1 土壤环境影响预测方法

土壤环境影响预测是根据建设项目所在区域的土壤环境状况，拟建项目可能造成的污染、土壤退化（侵蚀、盐化、酸碱化）等，利用公式或模型预测土壤污染、退化等趋势及未来的土壤环境质量状况。

（1）面源污染土壤环境预测一般步骤

土壤面源污染指没有固定排污口的环境污染。主要由地表的土壤泥沙颗粒、氮磷营养物质、农药、秸秆、农膜等固体废物，污水、各种大气颗粒物通过大气沉降、地面漫流、土壤侵蚀、农田排水等形式进入土壤环境，具有分散性、隐蔽性、随机性、潜伏性、累积性和模糊性等特点。

对于以面源形式进入土壤环境的物质，以及酸、碱、盐类物质进入土壤所引起的土壤酸化、碱化和盐化等进行环境影响预测的方法步骤为：

① 计算土壤中污染物质的输入量。土壤污染物的输入量取决于评价区内污染物的本底浓度和建设项目新增浓度之和。因此，对于污染物输入量的计算，除需对污染源现状进行调查外，还应根据污染途径进行工程分析，以计算污染物输入土壤的数量。涉及大气沉降影响的，参照 HJ 2.2 相关技术方法进行计算。

② 计算土壤中污染物质的输出量。土壤中污染物质的输出方式包括淋溶或径流排出、植物（作物）吸收、微生物降解、土壤缓冲消耗等。建设项目土壤中污染物质的输出量，一般只考虑淋溶或径流排出、土壤缓冲消耗等两部分。

③ 计算土壤中污染物质的增量。通过分析比较输入量和输出量，计算出土壤中某种物质的增量。

④ 预测土壤污染趋势。根据土壤中污染物质的输入量与输出量来说明土壤污染状况，一般是将土壤中某种物质的增量与土壤现状值进行叠加后，进行土壤环境影响预测。

（2）土壤面源污染（包括土壤酸化和碱化）环境预测公式

① 单位质量土壤中某种物质的增量可用下式计算：

$$\Delta S = n(I_s - L_s - R_s)/(\rho_b \times A \times D) \tag{12-11}$$

式中 ΔS——单位质量表层土壤中某种物质的增量，g/kg；

　　　　　表层土壤中游离酸或游离碱浓度增量，mmol/kg；

　　　I_s——预测评价范围内单位年份表层土壤中某种物质的输入量，g；

　　　　　预测评价范围内单位年份表层土壤中游离酸、游离碱输入量，mmol；

　　　L_s——预测评价范围内单位年份表层土壤中某物质经淋溶排出的量，g；

　　　　　预测评价范围内单位年份表层土壤中经淋溶排出的游离酸、游离碱量，mmol；

　　　R_s——预测评价范围内单位年份表层土壤中某物质经径流排出的量，g；

　　　　　预测评价范围内单位年份表层土壤中经径流排出的游离酸、游离碱的量，mmol；

　　　ρ_b——表层土壤容重，kg/m³；

　　　A——预测评价范围，m²；

　　　D——表层土壤深度，一般取 0.2m，可根据实际情况适当调整；

　　　n——持续时间，a。

② 单位质量土壤中某种物质的预测值可根据其增量叠加现状值进行计算：

$$S = \Delta S + S_b \tag{12-12}$$

式中 S——单位质量土壤中某种物质的预测值，g/kg；

　　　ΔS——单位质量表层土壤中某种物质的增量，g/kg；

　　　S_b——单位质量土壤中某种物质的现状值，g/kg。

③ 酸性物质或碱性物质排放后表层土壤 pH 预测值，可根据表层土壤游离酸或游离碱浓度的增量进行计算：

$$pH = pH_b \pm \Delta S/BC_{pH} \tag{12-13}$$

式中 pH——土壤 pH 预测值；

　　　pH_b——土壤 pH 现状值；

　　　BC_{pH}——缓冲容量，mmol/(kg·pH)。

④ 缓冲容量（BC_{pH}）测定方法：采集调查区土壤样品，加入不同量游离酸或游离碱后分别进行 pH 值测定，绘制不同浓度游离酸或游离碱和 pH 值之间的曲线，曲线斜率即为缓冲容量。

（3）点源污染土壤环境预测方法

点污染源是指具有确定空间位置的、集中在一点或可当作一点的小范围内排放污染物的发生源。对于某种物质以点源形式垂直进入土壤环境的影响预测，一般是利用一维非饱和溶质运移模型对污染物可能影响到的深度进行预测。具体预测公式如式（12-14）所示。

① 一维非饱和溶质垂向运移控制方程。

$$\frac{\partial(\theta c)}{\partial t} = \frac{\partial}{\partial z}\left(\theta D \frac{\partial c}{\partial z}\right) - \frac{\partial}{\partial z}(qc) \tag{12-14}$$

式中 c——污染物在介质中的浓度，mg/L；

D——弥散系数，m^2/d；

q——渗流速率，m/d；

z——沿 z 轴的距离，m；

t——时间变量，d；

θ——土壤含水率，%。

② 初始条件。

$$c(z,t)=0 \qquad t=0, L \leqslant z < 0 \qquad (12\text{-}15)$$

③ 边界条件。主要包括以下两类。

第一类 Dirichlet 边界条件，其中式（12-16）适用于连续点源情景，式（12-17）适用于非连续点源情景。

$$c(z,t)=c_0 \qquad t>0, z=0 \qquad (12\text{-}16)$$

$$c(z,t)=\begin{cases} c_0 & 0<t \leqslant t_0 \\ 0 & t>t_0 \end{cases} \qquad (12\text{-}17)$$

第二类 Neumann 零梯度边界。

$$-\theta D \frac{\partial c}{\partial z}=0 \qquad t>0, z=L \qquad (12\text{-}18)$$

（4）土壤盐化预测方法

土壤盐化是指土壤底层或地下水的盐分随毛细管水上升到地表，水分蒸发后，盐分积累在表层土壤中的过程，主要发生在干旱、半干旱和半湿润地区。盐碱土的可溶性盐主要包括钠、钾、钙、镁等的硫酸盐、氯化物、碳酸盐和碳酸氢盐。硫酸盐和氯化物一般为中性盐，碳酸盐和碳酸氢盐为碱性盐。

影响土壤盐化的主要因素包括地下水位埋深、土壤干燥度（蒸降比值）、土壤本底含盐量、地下水中溶解性总固体、土壤质地等。土壤盐化的预测方法是将各影响因素的分值与其权重相乘后加和得出土壤盐分综合评分值，再将所得分值与土壤盐化预测分级标准比较，即可对评价区土壤盐化程度进行分析。

土壤盐分预测结果：选取各项影响因素的分值与权重，采用式（12-19）计算土壤盐化综合评分值（Sa），对照土壤盐化预测分级标准得出土壤盐分综合评分预测结果。影响因素指标分值和指标权重见 HJ 964 表 F.1，土壤盐化预测分级标准见 HJ 964 表 F.2。

$$Sa=\sum_{i=1}^{n}Wx_i \times Ix_i \qquad (12\text{-}19)$$

式中 Sa——土壤盐化综合分值；

n——影响因素指标数目；

Ix_i——影响因素 i 指标分值；

Wx_i——影响因素 i 指标权重。

（5）土壤中农药残留预测

土壤农药残留量（R）计算公式：

$$R=Ce^{-kt} \qquad (12\text{-}20)$$

式中 R——农药残留量，mg/kg；

C——农药施用量，mg/kg；

k——降解常数，d^{-1}；

t——时间，d。

该式关键是 k 的确定。

假定施用农药一次，施药后土壤中农药浓度为 ρ_0，一年后的残留量为 ρ，则农药残留率：

$$f = \rho / \rho_0 \qquad (12\text{-}21)$$

如果以每年一次的频率连续使用农药，则农药在土壤中数年后的残留总量为：

$$R_n = (1 + f + f^2 + f^3 + \cdots + f^n)\rho_0 \qquad (12\text{-}22)$$

当 $n \rightarrow \infty$ 时，则

$$R_n = \rho_0 / (1 - f) \qquad (12\text{-}23)$$

式中　R_n——农药在土壤中达到平衡时的残留量，mg/kg。

（6）土壤环境容量

土壤环境容量指土壤受纳污染物而不会产生明显的不良生态效应的最大数量，计算公式如下：

$$Q = (C_R - B) \times 2250 \qquad (12\text{-}24)$$

式中　Q——土壤中某种污染物的固定环境容量，g/hm^2；

　　C_R——土壤中某种污染物的容许含量（临界值），mg/kg；

　　B——土壤中某种污染物的环境背景值，mg/kg；

　　2250——每公顷表土的计算质量，t/hm^2。

12.3.2　土壤环境影响预测分析的广度和程度

（1）土壤环境影响的广度

土壤环境影响广度是指建设项目引起的土壤污染及酸化、碱化、盐化等土壤退化在空间范围、时间尺度上的影响作用。

污染影响型的广度分析主要包括：建设项目开发前不同污染级别的土壤面积与评价区总面积的百分比；项目开发后，不同污染级别土壤面积的变化情况和速率、主要污染物在土壤剖面中的浓度变化趋势、在水平方向上的扩散范围等。

生态影响型的广度分析主要包括：土壤酸化、碱化、盐化和土壤侵蚀面积分布的范围、强度，项目开发后的变化和发展趋势，对周边地区土壤环境的影响等。

（2）土壤环境影响的程度

土壤环境影响程度是指由于土壤污染、生态破坏所造成的土壤质量、肥力和环境容量的下降程度，以及对人类生产生活及其他环境要素造成的影响程度。

对污染影响型的程度分析主要包括污染物在土壤中的迁移转化和积累情况、对其相邻区域的环境影响程度，以及对大气、水等环境介质和人类社会经济活动的影响等。例如，分析重金属在土壤中的分布对土壤微生物、土壤植物和土壤动物的抑制作用大小，对土壤肥力、土壤营养元素循环的影响作用；通过食物链进入人体，造成人体危害的可能性和程度；对地

下水和地表水的潜在污染风险，进而影响水生生物的可能性。

12.3.3 预测评价结论

（1）可得出建设项目土壤环境影响可接受结论的情况

在污染影响型建设项目的不同阶段，占地范围内及土壤环境敏感目标处的各评价因子均满足《土壤环境质量 农用地土壤污染风险管控标准（试行）》（GB 15618—2018）、《土壤环境质量 建设用地土壤污染风险管控标准（试行）》（GB 36600—2018）。或者在建设项目的不同阶段，土壤环境敏感目标处或占地范围内有个别点位、层位或评价因子出现超标，但采取措施后，可满足 GB 15618—2018、GB 36600—2018 或其他土壤污染防治相关管理规定。这些情况下可得出建设项目土壤环境影响可接受的结论。

对于生态影响型建设项目，在建设项目的不同阶段，占地范围内及土壤环境敏感目标处的各评价因子均满足土壤盐化分级标准、土壤酸化及碱化分级标准，或者在生态影响型建设项目的不同阶段，尽管出现或加重了土壤盐化、酸化、碱化等问题，但采取防控措施后可满足相关标准要求，这些情况下可得出建设项目土壤环境影响可接受的结论。

（2）不能得出建设项目土壤环境影响可接受结论的情况

在污染影响型建设项目的不同阶段，土壤环境敏感目标处或占地范围内多个点位、层位或评价因子出现超标，采取必要措施后，仍无法满足 GB 15618—2018、GB 36600—2018 或其他土壤污染防治相关管理规定；对于生态影响型建设项目，土壤盐化、酸化、碱化等对预测评价范围内土壤原有生态功能造成重大不可逆影响。这些情况下不能得出建设项目土壤环境影响可接受的结论。

12.3.4 保护措施与对策

（1）土壤环境质量现状保障措施

严格执行《中华人民共和国宪法》《中华人民共和国环境保护法》《中华人民共和国土地管理法》《中华人民共和国土壤污染防治法》《土壤污染防治行动计划》等有关土壤保护的法规和条例。建设项目占地范围内的土壤环境质量存在点位超标的，应依据土壤污染防治相关管理办法、规定和标准，采取有关土壤污染防治措施。

（2）源头控制措施

生态影响型建设项目通过结合项目的生态影响特征，按照生态系统功能优化的理念，提出高效适用的源头防控措施。污染影响型建设项目需针对关键污染源、污染物的迁移途径提出源头控制措施，并与 HJ 2.2、HJ 2.3、HJ 19、HJ 169、HJ 610 等标准或技术规范的要求相协调。

（3）过程防控措施

根据建设项目的行业特点与占地范围内的土壤特性，按照相关技术要求采取过程阻断、污染物削减和分区防控措施。涉及酸化、碱化影响的通过采取相应措施调节土壤 pH 值，以减轻土壤酸化、碱化的程度；涉及盐化影响的，需采取排水排盐或降低地下水位等措施减轻土壤盐化的程度。对于受大气沉降影响的项目，在占地范围内应采取绿化措施，种植具有较强吸附能力的植物；对于受地面漫流影响的项目，应根据建设项目所在地的地形特点优化地面布局，或者设置地面硬化、围堰或围墙；涉及入渗途径影响的，需根据相关标准规范要求，对设备设施采取相应的防渗措施，防止土壤环境污染。

12.4 土壤环境影响评价案例

本节以某化工企业生产为例，列出了土壤环境影响评价的等级判定、现状调查、影响预测、防范措施，详细内容可扫描二维码查看。

二维码 9 土壤环境影响评价案例

第13章

环境风险评价

13.1 环境风险评价概述

13.1.1 起源与发展

随着现代工业的高速发展，突发环境事件时有发生，企业环境风险管理总是伴随着各种大规模事故，各国政府不断从中吸取教训，完善法律法规。

（1）国外企业环境风险管理历程

第一阶段为 20 世纪 30~60 年代，是环境风险评价的萌芽阶段。该阶段并没有明确提出环境风险管理，而是医学中的流行病领域出现了针对特殊工作环境对人体健康的影响研究，例如，暴露在危险化学品场所或者长期接触或吸入低毒性危险化学品对人类健康的影响。

第二阶段为 20 世纪 70~80 年代，发达国家进入工业化中期后都相继爆发了比较严重的企业环境问题，并且由此导致生产安全和污染问题，最终影响到人们的生命健康。欧美国家和地区开始通过立法规定有可能发生化学事故危险的工厂必须进行环境风险评价。

第三阶段为 20 世纪 90 年代至今，企业环境风险管理处于不断发展和完善阶段，主要的推动力量在于新技术和理论的应用。各类法案不断出台，完善了风险管理体系。

（2）我国企业环境风险管理历程

我国工业化起步较晚，借鉴已完成工业化进程的发达国家在环境应急管理制度建设方面的成功经验，初步建立了环境风险管理的理论技术及方法体系。

第一阶段：环境风险管理起步阶段，20 世纪 80 年代末到 21 世纪。1989 年 3 月国家环保局成立了有毒化学品管理办公室，组织有毒化学品的风险评价和管理，标志着我国开展环境风险管理的开端。我国环境风险管理的研究，以介绍国外的理论和模型为起始，以核设施运行环境风险评价和管理为行业试点。

第二阶段：环境风险管理快速发展阶段，21 世纪初至今。2004 年国家环保总局颁布的《建设项目环境风险评价技术导则》对环境风险评价工作等级、程序、基本内容、源项分析、后果风险计算进行了较为翔实的规定，2018 年对该导则进行了修订。

（3）环境风险管控的基本思路

① 制定明确的防控化学物质及其限量清单；

② 以化学物质清单为基础，判断企业风险水平，界定监管企业范围；

③ 对监管企业提出明确和具体的管理要求；

④ 应急救援理念，即先救人、再救环境、最后救财物。

13.1.2　基本概念

危险：危险是对存在危害的警告词，意味着可能对周围环境造成不利影响的情况或物体，例如电、化学药品、有毒气体或繁重的工作可能很危险，具有现实危害。危险源于古法语单词 hazard，意思是"使用骰子的机会游戏"。

风险：是将来可能发生的潜在危害或危险，可以减轻或避免，而不是应立即面对的当前问题。例如，爬山或海洋游泳被认为是冒险。风险仅存在预期，是造成损害或伤害的可能性。风险这个词源于古典希腊语 Rizikon，意为"根"，后来在拉丁语中被称为"悬崖"。

危险物质：具有易燃易爆、有毒有害等特性，会对环境造成危害的物质。危险物质既有危险性，也有风险性，是环境风险的物质条件，在《建设项目环境风险评价技术导则》（HJ 169—2018）及《企业突发环境事件风险分级方法》（HJ 941—2018）中也称其为风险物质。

风险源：存在物质或能量意外释放，并可能产生环境危害的源。

危险单元：由一个或多个风险源构成的具有相对独立功能的单元，事故状况下可实现与其他功能单元的分割。

风险物质的临界量：指根据物质毒性、环境危害性以及易扩散特性，对某种或某类突发环境事件风险物质规定的数量。

最大可信事故：是基于经验统计分析，在一定可能性区间内发生的事故中，造成环境危害最严重的事故。

突发性事故：突发事件中的事故类，评价中不考虑人为破坏及自然灾害引发的事故，是环境风险的起因。

环境风险：突发性事故对环境造成的危害程度及可能性。

环境风险潜势：对建设项目潜在环境危害程度的概化分析表达，是基于建设项目涉及的物质和工艺系统危险性及所在地环境敏感程度的综合表征。

环境风险评价：以突发性事故导致的危险物质环境急性损害防控为目标，对建设项目的环境风险进行分析、预测和评估，提出环境风险预防、控制、减缓措施，明确环境风险监控及应急建议要求，为建设项目环境风险防控提供科学依据。

13.1.3　环境风险系统构成

13.1.3.1　系统组成

环境风险系统可归纳为四个组成部分，即风险源、风险释放与传播途径、风险控制过程、环境风险受体，系统组成如图 13-1 所示。

在突发环境事件危害作用过程中，四者之间紧密联系、相互影响，共同决

图 13-1　环境风险系统构成图

定环境危害和影响程度。

13.1.3.2 风险源

风险源是指可能产生环境危害的源头，风险源的存在是突发环境事件发生的前提条件。突发事件发生时，其环境危害和影响后果与风险源的强弱相关。只要风险源发生事故的概率不为 0，则认为风险源存在环境危害性。尽管突发事件有各种各样的表现形式，但从本质上讲，之所以能造成环境危害后果，都可归结为存在有毒有害物质和能量，这两方面因素的失控或它们的综合作用，导致有毒有害物质的泄漏、释放。因此，风险源属性分析可分为两部分：物质的危险性分析和工艺过程的危险性分析。环境风险物质具有多种属性，从不同的角度均可以对环境风险物质进行分类，见表 13-1。

表 13-1 环境风险物质分类表

按物质来源	按危险化学品	按危害性质	按物质状态	按转移途径	按可能导致事故
生产原辅材料 燃料 中间产品 副产品 最终产品 污染物 事故反应产物 燃烧产物	爆炸品 压缩气体和液化气体 易燃液体 易燃固体和遇湿易燃物品 氧化剂和有机过氧化物 有毒品 放射性物品 腐蚀品	急性、慢性毒性 致癌、致畸性 诱变性 反应性 生物退化性 水毒性 环境中的持久性 生物可富集性 稳定性 燃烧性	气态物质 液态物质 固态物质	涉气 涉水	燃烧爆炸性事故 化学品泄漏事故 污染物非正常排放事故 固体危险废物污染事故 溢油事故 放射性事故

生产工艺过程和设施是环境风险物质的载体，其危险性直接决定并影响风险物质的释放。不同的工艺过程具有不同的原料、产品、流程、控制参数，其危险性也呈现不同水平。工艺过程的危险性表现可归纳为如下几种情况：放热的反应过程；含有易燃物料且在高温、高压下运行的反应过程；含有易燃物料且在冷冻状况下运行的反应过程；在爆炸极限内或接近爆炸极限的反应过程；有高毒物料存在的反应过程；储有压力能量较大的反应过程等。

在化工生产过程中，危险性较高的反应过程主要有：催化、裂解、氯化、氧化、还原、加氢、聚合、硝化、烷基化、胺化、缩合、重氮化、磺化、酯化、酸化、偶联等。

13.1.3.3 风险释放与传播途径

主要指可能引起风险释放的风险因子和诱发因素，并确定风险传播及危害范围，以及影响风险传播的自然条件控制因素。风险释放的强度、规模、频度、速率都将影响环境风险的大小。对大量突发环境事件进行统计分析，可以确定事故的诱发因素以泄漏为主，因此事故源强计算主要考虑泄漏情景。事故诱发原因考虑造成工艺过程设施的失效因素，即腐蚀、设备故障、设计失误、爆炸、火灾等，不包括因振动引起的金属疲劳、操作失误、外部撞击。

美国 EPA 在事故危险性排序分析中定义了污染物传播的 5 种途径：地表水、地下水、空气流动、直接接触与燃烧爆炸。

13.1.3.4 风险控制过程

主要指对风险源的控制机制及影响风险释放和传播的有效控制措施，包括突发环境事件发生初期对风险源的阻控措施、事故发生后对环境风险受体的隔离和保护措施等。工业化国家的统计表明，有效的应急控制系统可将事故的损失降低到无应急控制系统的 6%。

（1）风险防范与控制技术措施

① 工艺设备保障设施：风险源涉及的可能导致突发事件的高温、高压反应装置，应具

有完善的装置检查和维护计划，定期对设备保障设施（如抑爆装置、应急电源、紧急冷却装置、电气防爆装置等）进行维护，保障这些设备能够正常工作。

②风险源监控预警设施：企业内部应具备监控与预警设备，一旦出现异常现象，应及时反应、发出警报，以便主管机构及时采取必要的控制手段，从而对可能出现的突发事件提早预防，降低风险。应保障故障报警装置、泄漏检测装置、风险源监控系统等设施正常运行。

③风险减缓和控制措施：主要考虑风险单元的风险防范措施，包括高风险装置周边的事故围堰、阻火系统、防渗系统等，以及企业内部是否有事故应急池以接纳泄漏液体或事故废水、消防废水等。

（2）环境污染事件应急与风险管理机制

①突发环境事件应急预案制度：应急预案是为应对可能发生的紧急事件所做的预案准备，以尽可能消除或减轻突发事件造成的危害后果。可能导致突发环境事件的风险源应制定完整的应急预案，包括现场应急预案与厂外应急预案，并定期进行预案演练。应急预案的制定应体现科学性、系统性、实用性和动态性。

②人员的管理与培训：高环境风险企业应加强相关人员的环境应急管理教育与培训，提高操作人员的应急处理处置能力和素质，定期组织不同类型的环境应急实战演练，提高防范和处置突发环境事件的技能，增强实战能力。

③应急救援物资储备：高环境风险企业应配备必要的应急救援和突发环境事件应急处理处置物资，包括个人防护装备器材、消防设施，进行污染物快速处理处置的吸附剂、消解剂等，污染物收集器材和设备。

④风险交流和信息公开：突发环境事件发生后，尽快对污染物种类、数量、浓度和可能产生的危害范围等情况作出判断，按照信息披露制度，第一时间发布信息，对可能遭受危害的地区进行预警，并对公众进行防护指导，正确引导媒体，避免盲目恐慌，合理疏散群众。

13.1.3.5　环境风险受体

环境风险受体是指突发环境事件中可能暴露并受到危害的人群、动植物、敏感的环境要素以及社会财富，如居住区、学校、医院等人群聚集区，饮用水源保护区、自然保护区等生态系统，水体、土壤和大气等环境要素。

（1）人群健康

人群是突发环境事件中最敏感的环境风险受体，对人群健康的伤害是划分突发环境事件级别的最重要依据。突发环境事件对人群健康的危害类型通常有3种：死亡、重伤、轻伤。人群的抵抗力是指人易遭受某类风险因子的危害程度，以及对各种突发事件的处理能力。

突发环境事件对人群健康危害的主要影响因素有以下几种：

①人口数量和密度：突发环境事件影响范围内，危害程度与人口数量成正比。

②人的暴露程度：风险源对人群健康的危害与暴露程度成正比，暴露在风险源影响范围内的受体数量越多，风险就越高，受体的暴露数量、分布、活动状况、接触方式和采取的防护措施都将影响环境风险的大小。

③暴露途径：有害物质与受体接触或进入受体的途径，如地表水、大气、土壤、地下水等。

④暴露时间：在危害的浓度下，暴露时间越长，对人群健康的危害越大。

人群健康危害主要是分析和预测突发事件的有毒有害和易燃易爆等物质泄漏等所造成的环境污染对人身健康的危害。主要通过污染物危害鉴定、污染物暴露评价和污染物与人体的剂量-反应关系分析等，定量评估污染物对人群健康危害的潜在影响。尽管目前世界各国对污染健康风险评价的方法和模型存在较大差异，但其原理基本一致，并且都包括致癌与非致癌风险评价模型两部分。在突发环境污染事件中，由于暴露时间短，理论上不会产生致癌风险，国际上目前使用较为广泛的短期急性接触的空气浓度标准包括 AEGL（acute exposure guideline levels，急性暴露指导水平值）、ERPG（emergency response planning guideline，应急响应计划指南值）、TEEL（temporary emergency exposure limit，暂定应急暴露限值）等，由此评估危害范围内的受伤害人数。

（2）饮用水水源地

饮用水水源地或水源保护区作为高敏感环境风险受体，极易受到其上游或周边地区重大风险源的威胁。不同级别的水源地取水中断是评估突发环境事件的重要依据之一。通过调查分析可知，50%以上的突发水环境污染事件直接导致饮用水水源污染，造成自来水停水事故，甚至危害人群健康。评估饮用水水源地危害影响程度的因素有以下几种：

① 服务人口数量：突发环境事件影响范围内，危害程度与饮用水水源服务人口数量成正比。

② 突发环境事件导致的停水时间：停水时间越长，造成的社会影响和经济损失越大。

③ 行政区跨界影响：跨界分为国界、省界、市界和县界，行政区级别越高，水污染跨界影响越大。

（3）生态系统

生态系统包括自然保护区、风景名胜区、重要湿地、珍稀濒危野生动植物天然集中分布区、世界文化和自然遗产地等。

生态系统的恢复力是指系统能够承受，且可以保持系统的结构、功能和特性，以及对结构、功能的反馈在本质上不发生改变的扰动大小。有些环境污染事件直接破坏生态系统的稳定性，使生态系统在短时间内很难恢复。

事故发生时，危害范围可能覆盖的区域内生态损失与生态环境有直接关系。考虑到事故从发生到结束过程的短暂性，评价生态环境损失可以通过可能受影响的区域的生态环境面积间接反映。

（4）社会经济损失

社会经济系统损失，主要考虑突发事件导致的直接和间接经济损失。直接经济损失主要包括事件直接导致的经营生产单位停产经济损失，污染导致的渔业、农业等经济损失。

对间接经济损失的评估包括因环境污染使当地正常的经济、社会活动受到的影响，必要的群众疏散、转移等对群众生产和生活的影响。

事故发生时，危害范围可能覆盖的区域内经济损失与价值分布状况有直接关系，应考虑到不同敏感区价值密度的差异。

13.1.4 与相关评价的关系

与环境影响评价的关系。环境风险评价是环境影响评价的一个专题，考虑的是突发性事故下的急性毒害影响，源项具有很大的不确定性，即小概率事件。对编制报告表的建设项目，危险物质超过临界量时，报告表设环境风险专项评价；对编制报告书的建设项目，存在环境风险时，在报告书中做出分析预测。

与安全评价的关系。受体和范围不同，环境风险评价关注的是对企业厂界外的环境和人群的影响，以环境为传播介质和保护目标，安全评价关注的是企业厂界内的职工安全健康及财产影响。损害的途径不同，环境风险评价虽然关注火灾和爆炸，但分析的是毒性物质的扩散和浓度影响，安全评价分析的是火灾产生的热辐射和爆炸冲击波的破坏。两者也有相同点，比如泄漏模型。从建设项目存在的危险性及环境敏感目标来看，环境风险通常是由建设项目的意外事故引发的，即项目的各类安全生产事故引发的突发环境事件。环境风险评价中的危险识别、源强估算、事故概率等，应充分借鉴安全评价的结果，重点关注防范风险事故中的有毒有害物质进入环境和降低环境危害。在建设项目已经完成安全评价或安全条件分析的情况下，环境风险评价可以引用或参考安全评价的危险性辨识等内容。对环境风险防范而言，环境事件的发生往往起源于安全生产疏漏，应首先从安全评价的角度做好项目本质安全设计及管理，在此基础上针对可能出现的环境风险影响进行识别、分析、预测，做好环境风险的防控管理，使建设项目的环境风险可防可控。

与生态环境健康风险评估的关系。生态环境健康风险评估属于环境风险评价的范畴，是为预防和控制与损害公众健康密切相关的环境化学性因素而开展的环境健康风险评估，关注的是长期低浓度排放对人体健康的危害影响，也包括对生态系统的危害影响。而本章定义的环境风险评价是狭义的，即建设项目环境风险评价，仅针对建设项目在突发性事故状态下对人员及环境的急性危害，以《建设项目环境风险评价技术导则》（HJ 169—2018）（以下简称《风险导则》）为基础。

13.1.5　环境风险评价工作流程

环境风险评价通过对建设项目的环境风险进行分析、预测和评估，提出环境风险预防、控制、减缓措施，明确环境风险监控及应急建议要求，为建设项目环境风险防控提供科学依据。评价基本内容包括：风险调查、环境风险潜势初判、风险识别、风险事故情形分析、风险预测与评价、环境风险管理等。具体见 HJ 169—2018 的 4.2 节。

13.2　建设项目环境风险评价

13.2.1　风险调查

（1）建设项目风险源调查

调查建设项目危险物质数量和分布情况、生产工艺特点，收集危险物质安全技术说明书等基础资料。风险源关注的是化学风险，《风险导则》附录 B 给出了危险物质清单。

建设项目开展环境风险评价专题工作开始，就需要对建设项目及其现有工程的环境风险状况进行必要的调查，以判断建设项目环境风险评价需要开展的工作深度。如有些建设项目所在地环境非常敏感且建设项目本身引发环境事件的可能性非常大，则需要考虑对建设方案进行必要的调整；有些建设项目周边环境敏感程度很低且本身引发环境事件的可能性很小，则可以对环境风险评价专题予以简化。

危险物质数量与临界量比值（Q）由下式计算：

$$Q = \frac{q_1}{Q_1} + \frac{q_2}{Q_2} + \cdots + \frac{q_n}{Q_n} \qquad (13-1)$$

式中　　　　Q——危险物质数量与临界量比值；

$q_1, q_2, \cdots, q_n$——每种危险物质（只涉及一种危险物质时，只有 q_1）在厂界内的最大存在总量，t；

$Q_1, Q_2, \cdots, Q_n$——每种危险物质（只涉及一种危险物质时，只有 Q_1）的临界量，t。

当 $Q < 1$ 时，该项目环境风险潜势为 I。

统计危险物质时，正常工况能达标排放的废水、废气污染物不需折纯计入，溶液应折算成清单中的浓度。生产工艺按《风险导则》的表 C.1 评估。

具有多套工艺单元的项目，对每套生产工艺分别评分并求和。

固有危险性等级划分：根据危险物质数量与临界量比值（Q）和行业及生产工艺（M），按照《风险导则》的表 C.2 确定危险物质及工艺系统危险性（P）等级，即固有危险性等级。

P1、P2、P3、P4 分别表示极高危害、高度危害、中度危害、轻度危害四个等级。

（2）环境敏感目标调查

根据建设项目事故状态下危险物质可能影响途径（大气、地表水、地下水），筛选可能受影响的环境敏感目标（即环境风险受体）及敏感程度等级，分为三个等级，E1 为环境高度敏感区，E2 为环境中度敏感区，E3 为环境低度敏感区，各要素分别判断。

大气环境敏感程度分级主要量化为企业周边 5000 米及油气、化学品输送管线管段周边 500 米范围内的居住区及医疗卫生、文化教育、科研、行政办公等机构人口总数及人群敏感性。距离的确定主要根据风险评价工作的范围，判定依据见《风险导则》表 D.1，满足任何一条即划分为对应等级。

受影响水体的水环境功能等级越高、下游敏感保护目标的敏感性越强，敏感程度等级就越高，反之等级越低；污染水体经过跨界水体的时间越短，敏感程度等级就越高，反之等级越低。跨界水体考虑了两种类型，一种是跨国界水体，一种是跨省界水体。判定依据分别见《风险导则》的表 D.2、表 D.3、表 D.4。

应注意建设项目水环境敏感性与项目是否直接排放废水的区别，有些建设项目尽管无废水直接外排排放口，但是在事故状态下存在废水排入重要水体的通道或途径，在评价过程中应调查需保护的相应环境敏感目标。

地下水环境敏感程度取决于两个方面，一方面是建设项目所在场地包气带固有防渗性能，另一方面则与地下水的使用功能或下游敏感点有关。包气带是指地面与地下水面之间与大气相通的，含有气体的地带。包气带固有防渗性能决定一旦发生污染风险，污染物能否快速通过垂向渗透渗入地下水中，从而造成地下水环境污染；地下水的使用功能则代表建设项目场地所在区域地下水是否处于地下水源的补给径流区，或者自身水质条件好，应优先予以保护。判定依据分别见《风险导则》的表 D.5、表 D.6、表 D.7。当同一建设项目涉及两个 G 分区或 D 分级及以上时，取相对更敏感者。

确定各要素环境敏感程度等级后，给出环境敏感目标区位分布图，列表明确调查对象、属性、相对方位及距离等信息。

13.2.2 环境风险潜势初判

潜势意味着隐藏性、可扩展性，通过项目的固有危险性和项目所在地的环境敏感性识别对建设项目风险潜势进行初判,由此确定风险评价工作的等级、技术内容和深度。环境风险潜势根据危险物质的量、工艺危险性、环境敏感目标的敏感性、事故情形下环境影响途径四个维度,对建设项目潜在环境危害程度进行概化分析,按照表13-2确定划分为Ⅰ、Ⅱ、Ⅲ、Ⅳ和Ⅳ⁺五个等级,各要素分别判断,取其中等级较高者作为建设项目环境风险潜势综合等级。

表 13-2　环境风险潜势划分法

环境敏感程度(E)	危险物质及工艺系统危险性(P)			
	极高危害(P1)	高度危害(P2)	中度危害(P3)	轻度危害(P4)
环境高度敏感区(E1)	Ⅳ⁺	Ⅳ	Ⅲ	Ⅲ
环境中度敏感区(E2)	Ⅳ	Ⅲ	Ⅲ	Ⅱ
环境低度敏感区(E3)	Ⅲ	Ⅲ	Ⅱ	Ⅰ

注:Ⅳ⁺为极高环境风险。

注意Ⅳ⁺属于极高环境风险,初判后应当对建设方案做出调整,尽可能降低风险等级。

环境风险潜势初判得到的是在未采取风险防控措施的情况下固有的、潜在的风险状况。通过初步判断,可为环境风险评价工作重点确定、工作等级判断、风险防控措施建议提供依据,亦可为管理部门差别化管理提供技术支持。

13.2.3　评价工作等级及范围

环境风险评价工作等级划分为一级、二级、三级。根据各环境要素的风险潜势分别确定评价工作等级,分别开展预测评价。风险潜势为Ⅳ及以上,进行一级评价;风险潜势为Ⅲ,进行二级评价;风险潜势为Ⅱ,进行三级评价;风险潜势为Ⅰ,不划入等级内,可开展简单分析(定性描述危险物质、环境影响途径、环境危害后果、风险防范措施等)。

大气环境风险评价范围:一级、二级评价距建设项目边界一般不低于5km;三级评价距建设项目边界一般不低于3km。油气、化学品输送管线项目一级、二级评价距管道中心线两侧一般均不低于200m;三级评价距管道中心线两侧一般均不低于100m。当大气毒性终点浓度预测到达距离超出评价范围时,应根据预测到达距离进一步调整评价范围。地表水环境风险评价范围参照HJ 2.3确定。地下水环境风险评价范围参照HJ 610确定。

环境风险评价范围应根据环境敏感目标分布情况、事故后果预测可能对环境产生危害的范围等综合确定。项目周边所在区域,评价范围外存在需要特别关注的环境敏感目标,评价范围需延伸至所关心的目标。

13.2.4　风险识别

13.2.4.1　风险识别内容

① 物质危险性识别,包括主要原辅材料、燃料、中间产品、副产品、最终产品、污染物、火灾和爆炸伴生/次生物等。

② 生产系统危险性识别,包括主要生产装置、储运设施、公用工程和辅助生产设施,以及环境保护设施等。

③ 危险物质向环境转移的途径识别,包括分析危险物质特性及可能的环境风险类型,识别危险物质影响环境的途径,分析可能影响的环境敏感目标。

13.2.4.2　风险识别方法

(1) 资料收集和准备

环境风险评价是基于统计概率的评价方法，应当根据危险物质泄漏、火灾、爆炸等突发性事故可能造成的环境风险类型，收集和准备建设项目工程资料，周边环境资料，国内外同行业、同类型事故统计分析及典型事故案例资料。对已建工程应收集环境管理制度，操作和维护手册，突发环境事件应急预案，应急培训、演练记录，历史突发环境事件及生产安全事故调查资料、设备失效统计数据等。

(2) 物质危险性识别

按《风险导则》附录 B 提供的环境风险物质清单识别建设项目的危险物质，以图表的方式给出其易燃易爆、有毒有害危险特性，明确危险物质的分布。

该清单依据我国《危险化学品重大危险源辨识》、美国环保署《化学品事故防范法规》、我国历史环境事件中出现的污染物名录、欧盟《塞维索指令》等提出，原则上对于不在该清单中的化学品，可不识别为环境风险物质。但是随着研究和认识的深入，物质清单也在不断补充、完善和动态更新。调查时应根据自身涉及的化学品及可能产生的环境风险，确定危险物质。

(3) 生产系统危险性识别

① 按工艺流程和平面布置功能区划，结合物质危险性识别，以图表的方式给出危险单元划分结果及单元内危险物质的最大存在量，按生产工艺流程分析危险单元内潜在的风险源。危险单元的划分原则是由一个或多个风险源构成的具有相对独立功能的单元，事故状况下应可实现与其他功能单元的分割。

② 按危险单元分析风险源的危险性、存在条件和转化为事故的触发因素。

③ 采用定性或定量分析方法筛选确定重点风险源。

风险源是以危险物质为基础的，包括能量意外释放。能量意外释放理论从事故发生的物理本质出发，阐述了事故的连锁过程：由于管理失误引发的人的不安全行为和物的不安全状态及其相互作用，使不正常的或不希望的危险物质和能量释放，并转移于环境使人员和环境受到危害。可以通过减少能量和加强屏蔽来预防事故。

重点风险源应区别于安全评价中危险化学品重大危险源，考虑化学物质固有的危害和暴露情况，筛选出存在或者可能存在较高环境风险的化学物质，筛选时优先从《有毒有害大气污染物名录（2018 年）》《有毒有害水污染物名录》中选取。

(4) 环境风险类型及危害分析

① 环境风险类型包括危险物质泄漏，以及火灾、爆炸等引发的伴生/次生污染物排放。

② 根据物质及生产系统危险性识别结果，分析环境风险类型、危险物质向环境转移的可能途径和影响方式。

13.2.4.3 风险识别结果的表达

绘制危险单元分布图，给出建设项目环境风险识别汇总，包括危险单元、风险源、主要危险物质、环境风险类型、环境影响途径、可能受影响的环境敏感目标等，说明风险源的主要参数。

13.2.5 风险事故情形分析

13.2.5.1 风险事故情形设定

(1) 风险事故情形设定内容

设定风险事故情形，即在前述风险全面识别的基础上，筛选对环境影响较大并具有代表性的事故类型。设定内容应包括环境风险类型、风险源、危险单元、危险物质和影响途径等，为后果预测提供事故场景。

（2）设定原则

① 同一种危险物质可能有多种环境风险类型，如危险物质泄漏以及火灾、爆炸等引发的伴生/次生污染物排放情形。对不同环境要素产生影响的风险事故情形，应分别进行设定。

② 对于火灾、爆炸事故，既要考虑燃烧过程中产生的伴生/次生污染物，还要考虑未完全燃烧的危险物质在高温下迅速挥发释放入大气的情形。

③ 作为代表性事故情形中最大可信事故设定的参考，一般选择至极小概率（年发生概率小于 1.0×10^{-6} 次）且造成环境危害最大的事件，既是当前经济技术发展水平决定的，也是社会相对能接受的。对于年发生概率小于 1.0×10^{-8} 次的场景，可不考虑。

④ 在环境风险识别的基础上筛选在危险物质环境危害、影响途径等方面具有代表性的事故情形，克服难以包含全部可能环境风险的偏颇，从而为风险管理提供科学依据。

13.2.5.2　源项分析

（1）事故源泄漏频率

《风险导则》及相关文献所称的失效频率是指在一定时间内随机事件的发生概率，基于统计或分析，是可靠性工程的重要参数。

可采用查表法（《风险导则》附录 E）、事故树、事件树分析法或类比法等确定。

（2）事故源强的确定

事故源强是事故后果预测的输入参数，可采用计算法确定。计算法适用于以腐蚀或应力作用等引起的泄漏型为主的事故。

① 液体储罐泄漏。采用伯努利方程计算：

$$Q_L = C_d A \rho \sqrt{\frac{2(P - P_0)}{\rho} + 2gh} \tag{13-2}$$

式中　Q_L——液体泄漏速度，kg/s；

　　　P——容器压强，Pa；

　　　P_0——环境压强，Pa；

　　　ρ——泄漏液体密度，kg/m³；

　　　g——重力加速度，9.81m/s²；

　　　h——裂口之上液体高度，m；

　　　C_d——液体泄漏系数，按表 13-3 选取；

　　　A——裂口面积，m²。

表 13-3　液体泄漏系数

雷诺数 Re	裂口形状		
	圆形（多边形）	三角形	长方形
＞100	0.65	0.60	0.55
≤100	0.50	0.45	0.40

泄漏时间应结合建设项目探测和隔离系统的设计原则确定。一般情况下，设置紧急隔离

系统的单元，泄漏时间可按 10min；未设置紧急隔离系统的单元，泄漏时间可按 30min。

② 气体容器泄漏。临界判据：

当下式成立时，气体流动属于音速流动（临界流）。

$$\frac{P_0}{P} \leqslant \left(\frac{2}{\gamma+1}\right)^{\frac{\gamma}{\gamma-1}} \tag{13-3}$$

当下式成立时，气体流动属于亚音速流动（次临界流）。

$$\frac{P_0}{P} > \left(\frac{2}{\gamma+1}\right)^{\frac{\gamma}{\gamma-1}} \tag{13-4}$$

式中　P——容器压强，Pa；

P_0——环境压强，Pa；

γ——气体的绝热指数（比热容比），即定压比热容 C_P 与定容比热容 C_V 之比。

假定气体特性为理想气体，其泄漏速率 Q_G 按下式计算：

$$Q_G = YC_d AP \sqrt{\frac{M\gamma}{RT_G} \times \left(\frac{2}{\gamma+1}\right)^{\frac{\gamma+1}{\gamma-1}}} \tag{13-5}$$

式中　Q_G——气体泄漏速度，kg/s；

P——容器压强，Pa；

C_d——气体泄漏系数，当裂口形状为圆形时取 1.00，三角形时取 0.95，长方形时取 0.90；

M——物质的摩尔质量，kg/mol；

R——气体常数，8.314J/(mol·K)；

T_G——气体温度，K；

A——裂口面积，m²；

Y——流出系数，对于临界流 $Y=1.0$，对于次临界流按下式计算：

$$Y = \left(\frac{P_0}{P}\right)^{\frac{1}{\gamma}} \times \left[1 - \left(\frac{P_0}{P}\right)^{\frac{\gamma-1}{\gamma}}\right]^{\frac{1}{2}} \times \left[\left(\frac{2}{\gamma-1}\right) \times \left(\frac{\gamma+1}{2}\right)^{\frac{\gamma+1}{\gamma-1}}\right]^{\frac{1}{2}} \tag{13-6}$$

③ 储罐两相流泄漏。泄漏液体蒸发的计算见《风险导则》的 F.1.3、F.1.4，物质释放量估算见《风险导则》F.2、F.4。

13.2.6　风险预测

13.2.6.1　有毒有害物质在大气中的扩散

（1）预测工作深度

一级评价需选取最不利气象条件和事故发生地的最常见气象条件，选择适用的数值方法进行分析预测，给出风险事故情形下危险物质释放可能造成的大气环境影响范围与程度。对于存在极高大气环境风险的项目，应进一步开展关心点概率分析。二级评价需选取最不利气象条件，选择适用的数值方法进行分析预测，给出风险事故情形下危险物质释放可能造成的大气环境影响范围与程度。三级评价应定性分析说明大气环境影响后果。

（2）气云性质判断

为了确定预测模型，首先应对气云性质进行判断。

判定连续排放还是瞬时排放，可以通过对比排放时间 T_d 和污染物到达最近受体点（网格点或敏感点）的时间 T 确定。

$$T = 2X/U_r \tag{13-7}$$

式中 X——事故发生地与计算点的距离，m；

U_r——10m 高处风速，m/s。

假设风速和风向在 T 时间段内保持不变。当 $T_d > T$ 时，可被认为是连续排放的，称为稳态烟羽模式，是基于稳态侧风向平均的质量、动量、能量和物质守恒方程，并且使用空气卷吸概念来考虑气体云与环境大气的湍流混合。当 $T_d \leqslant T$ 时，可被认为是瞬时排放，称为瞬时烟团模式，基于整个体积进行空间平均。

根据气云密度与空气密度的相对大小，将气云分成重气云、中性气云和轻气云三类。如果气云密度显著大于空气密度，气云将受到方向向下的重力作用，这样的气云称为重气云。如果气云密度显著小于空气密度，气云将受到方向向上的浮力作用，这样的气云称为轻气云。如果气云密度与空气密度相当，气云将不受明显的浮力作用，这样的气云称为中性气云。轻气云和中性气云统称为非重气云。大多数危险气体泄漏后形成的气云密度比空气密度大，只有少数危险气体泄漏后形成的气云密度比空气密度小。这是因为大多数危险气体的分子量大于空气的平均分子量。即使有些危险气体的分子量小于空气的平均分子量，但是由于是冷冻储存的，发生泄漏后形成的气云温度较低，或者由于气云中含有大量的液滴，气云密度仍然可能大于空气的密度。重气云的扩散特征表现为横风向蔓延特别快、可能向上风向回流、遇到障碍物从旁边绕过。

采用理查德森数（R_i）作为气云是否为重质气体的判定准则，理查德森数以 Lewis Fry Richardson 命名，表示浮力项与流剪切项比值的无量纲数。在物理学上，理查森数用来表示势能和动能的比值。R_i 的概念公式及计算见《风险导则》的附录 G.2。

（3）预测模型的选用

《风险导则》推荐了 SLAB、AFTOX 两种模型，选择时应结合模型的适用范围、参数要求等说明模型选择的依据。如选用推荐模型以外的其他技术成熟的大气风险预测模型，需说明模型选择理由及适用性。

重气云模型：重气效应会使地面附近形成薄而宽的气云，推荐使用 SLAB 模型，适用于平坦地形下重质气体排放的扩散模拟，模型处理的排放类型包括地面水平挥发池、抬升水平喷射、烟囱或抬升垂直喷射以及瞬时体源。SLAB 模型是一维模型，假设所有性能参数（如密度、温度、浓度等）在横截面上均匀分布、轴向蔓延速度等于风速，基本公式如下：

$$C = b_0 h_0 C_0 / (bh) \tag{13-8}$$

式中 C——预测点危险物质浓度，kg/m³；

C_0——泄漏点初始浓度，kg/m³；

b——云羽垂直方向高度，m；

b_0——泄漏点初始垂直方向高度，m，$b_0 = 2h_0$；

h——云羽横风向半宽，m；

h_0——泄漏点初始垂直方向高度，m。

非重气云模型：AFTOX 是一种高斯扩散模型，适用于平坦地形下中性气体和轻质气体排放以及液池蒸发气体的扩散模拟，可模拟连续排放或瞬时排放，液体或气体，地面源或高架源，点源或面源的指定位置浓度、下风向最大浓度及其位置等。

当泄漏事故发生在丘陵、山地等时，应考虑地形对扩散的影响，选择适合的大气风险预测模型，此时应说明模型选择理由，分析其应用合理性。

（4）事故源参数

根据大气风险预测模型的需要，调查泄漏设备类型、尺寸、操作参数（压力、温度等），泄漏物质理化特性（摩尔质量、沸点、临界温度、临界压力、比热容比、气体定压比热容、液体定压比热容、液体密度、汽化热等）。

（5）气象参数

① 一级评价，需选取最不利气象条件及事故发生地的最常见气象条件分别进行后果预测。其中最不利气象条件取 F 类稳定度，风速 1.5m/s，温度 25℃，相对湿度 50％；最常见气象条件由当地近 3 年内的至少连续 1 年气象观测资料统计分析得出，包括出现频率最高的稳定度，该稳定度下的平均风速（非静风）、日最高平均气温、年平均湿度。

② 二级评价，需选取最不利气象条件进行后果预测。最不利气象条件取 F 类稳定度，风速 1.5m/s，温度 25℃，相对湿度 50％。

（6）大气毒性终点浓度值选取

大气毒性终点浓度即预测评价标准。大气毒性终点浓度值参见《风险导则》附录 H，分为 1、2 级。其中 1 级为当大气中危险物质浓度低于该限值时，绝大多数人员暴露 1h 不会对生命造成威胁，当超过该限值时，有可能对人群造成生命威胁；2 级为当大气中危险物质浓度低于该限值时，暴露 1h 一般不会对人体造成不可逆的伤害，或出现的症状一般不会损伤该个体采取有效防护措施的能力。

（7）预测范围与计算点

① 预测范围即预测物质浓度达到评价标准时的最大影响范围，通常由预测模型计算获取，预测范围一般不超过 10km。

② 计算点分特殊计算点和一般计算点。特殊计算点指大气环境敏感目标等关心点，一般计算点指下风向不同距离点。一般计算点的设置应具有一定分辨率，距离风险源 500m 范围内可设置 10～50m 间距，大于 500m 范围内可设置 50～100m 间距。

（8）预测结果表述

① 给出下风向不同距离处有毒有害物质的最大浓度，以及预测浓度达到不同毒性终点浓度的最大影响范围并图示。

② 给出各关心点的有毒有害物质浓度随时间变化情况，以及关心点的预测浓度超过评价标准时对应的时刻和持续时间。

③ 对于存在Ⅳ⁺级大气环境风险的建设项目，应开展关心点概率分析，即有毒有害气体（物质）剂量负荷对个体的大气伤害概率、关心点处气象条件的频率、事故发生概率的乘积，以反映关心点处人员在无防护措施条件下受到伤害的可能性。

毒性环境暴露下的死亡概率变量采用下式估算：

$$Y = A_t + B_t \ln(C^n \times t_e) \tag{13-9}$$

式中　Y——毒性环境暴露下的死亡概率变量，无量纲；

A_t、B_t、n——与毒性物质有关的参数；

　　　C——接触的毒性物质的质量浓度，mg/m^3；

　　　t_e——暴露于 C 质量浓度的时间，min。

个体在毒性环境暴露下的致死概率可按《风险导则》附录 I 中公式进行计算，或按表 I.1 取值。

13.2.6.2   有毒有害物质在水环境中的运移扩散

（1）预测工作深度

地表水环境风险预测。一级、二级评价应选择适用的数值方法预测地表水环境风险，给出风险事故情形下可能造成的影响范围与程度；三级评价应定性分析说明地表水环境影响后果。

地下水环境风险预测。一级评价应优先选择适用的数值方法预测地下水环境风险，给出风险事故情形下可能造成的影响范围与程度；低于一级评价的，风险预测分析与评价要求参照 HJ 610 执行。

（2）有毒有害物质进入水环境的方式

有毒有害物质进入水环境包括事故直接导致和事故处理处置过程间接导致的情况，一般为瞬时排放源和有限时段内排放的源。

（3）预测模型

① 地表水。根据风险识别结果，有毒有害物质进入水体的方式、水体类别及特征，以及有毒有害物质的溶解性，选择适用的预测模型。

对于油品类泄漏事故，流场计算按 HJ 2.3 中的相关要求，选取适用的预测模型，溢油漂移扩散过程按《海洋工程环境影响评价技术导则》（GB/T 19485）中的溢油粒子模型进行溢油轨迹预测。

其他事故，地表水风险预测模型及参数参照 HJ 2.3。

② 地下水。地下水风险预测模型及参数参照 HJ 610。

（4）终点浓度值选取

终点浓度即预测评价标准。终点浓度值根据水体分类及预测点水体功能要求，按照《地表水环境质量标准》（GB 3838）、《生活饮用水卫生标准》（GB 5749）、《海水水质标准》（GB 3097）或《地下水质量标准》（GB/T 14848）选取。对于未列入上述标准，但确需进行分析预测的物质，其终点浓度值选取可参照 HJ 2.3、HJ 610。对于难以获取终点浓度值的物质，可按质点运移到达判定。

（5）预测结果表述

① 地表水。根据风险事故情形对水环境的影响特点，预测结果可采用以下表述方式：给出有毒有害物质进入地表水体最远超标距离及时间；给出有毒有害物质经排放通道到达下游（按水流方向）环境敏感目标处的到达时间、超标时间、超标持续时间及最大浓度，对于在水体中漂移类物质，应给出漂移轨迹。

② 地下水。给出有毒有害物质进入地下水体到达下游厂区边界和环境敏感目标处的到达时间、超标时间、超标持续时间及最大浓度。

13.2.7   环境风险评价基本内容

13.2.7.1   基本要求

结合各要素风险预测，分析说明建设项目环境风险的危害范围与程度。大气环境风险的影响范围和程度由大气毒性终点浓度确定，明确影响范围内的人口分布情况；地表水、地下水对照功能区质量标准浓度（或参考浓度）进行分析，明确对下游环境敏感目标的影响情况。

环境风险可采用危害后果分析、概率分析等方法开展定性或定量评价，以避免急性损害为重点，确定环境风险防范的基本要求。

13.2.7.2 危害后果分析

（1）大气环境风险源危害后果

大气环境风险源危害后果的评价，需根据预测的大气环境风险源的危害范围，主要评价范围内的人口聚集区，考虑大气环境风险源对人身健康造成的影响，以及突发环境污染事件发生后需人群临时撤离的危害。

大气环境风险源对人身健康的危害后果主要评价突发大气环境污染事件对人群健康的直接伤害，具体计算见式（13-10）：

$$C_{人身} = \sum_{i=1}^{n} (S_i \times M_i \times \alpha_i \times P_i) \tag{13-10}$$

式中　S——人口聚集区受影响面积，hm^2；

M——人口聚集区人口密度，人/hm^2；

α——未逃脱率，当环境污染事件危害范围内的人群为无组织、信息获取困难的村镇时取值 40%，当环境污染事件危害范围内的人群为有组织、分散村镇时取值 10%，当环境污染事件危害范围属于城市和集镇时取值 2%；

P——受影响人口比例，即毒性环境暴露下的死亡概率 P_E，%；

i——敏感点个数。

大气环境风险源对社会的危害后果，主要评价突发大气环境污染事件所造成的人群临时撤离危害，具体计算见式（13-11）：

$$C_{气社} = \sum_{i=1}^{n} (S_i \times M_i \times \beta_i) \tag{13-11}$$

式中　S——人口聚集区受影响面积，hm^2；

M——人口聚集区人口密度，人/hm^2；

β——跨界调整因子，当环境污染事件跨国界时，取值 10，当环境污染事件跨省、自治区界时，取值 5，当环境污染事件跨市界时，取值 2，当环境污染事件跨县界时，取值 1；

i——敏感点个数。

（2）水环境风险源危害后果

水环境风险源危害后果的评价，需根据预测的水环境风险源的危害范围，主要评价突发水环境污染事件中因城镇集中水源地水质恶化，导致短期内城镇水源地断水的危害，见式（13-12）：

$$C_{水社} = \sum_{i=1}^{n} (S_i \times P_i \times \alpha_i \times \beta_i) \tag{13-12}$$

式中　S——集中水源地服务人口数，人；

P——受影响人口比例，%，当危害范围内无备用水源并且备用水源也受污染的情况下，P 为 100%，当备用水源具有供水能力时，P 为 $1-R_{备用水源/受污染}$；

α——为水质调整因子，当受纳水质优于 Ⅱ 类时，取值 1.2，当受纳水质为 Ⅲ 类时，取值 1，当受纳水质为 Ⅳ 类时，取值 0.8；

β——跨界调整因子，当环境污染事件跨国界时，取值 10，当环境污染事件跨省、自治区界时，取值 5，当环境污染事件跨市界时，取值 2，当环境污染事件跨县界时，取值 1；

i——敏感点个数。

13.2.7.3　事故发生概率

概率表示一个事件发生的可能性大小，是环境污染事件出现的可能性的度量。由于突发事故的成因比较复杂，事故概率计算很困难。

事故发生概率可以根据后验概率估算或先验概率估算法得到，前一种方法是根据大量已发生的事故案例数据，通过归纳统计计算得出，此方法有较大的可靠性，但也有很大的局限性：①统计数据不够，且准确度也有待进一步分析，可参考价值有限；②每个具体事故都有其实际情况，通过归纳统计无法将一些影响事故发生的因素考虑进去，如安全技术措施、安全管理水平等；③计算机处理比较困难。《风险导则》附录 E 提供了典型泄漏事故场景的频率推荐值。

先验概率估算法是根据导致事故的基本事件的概率分布形式（一般为正态分布），先计算出各基本事件（各单元、部件故障）的发生概率，再结合事故树分析（FTA），用演绎推理方法，从各基本事件发生概率估算出发，逐步向顶上事件推算，最后求得事故发生概率。这种基于事故树的先验概率估算方法对化工企业中的危险源事故概率计算有一定的指导意义，但也有明显不足之处：①当前累积的基础数据严重不足，基本事件的发生率资料不完整，给计算基本事件概率带来困难，并给最后计算顶事件概率带来困难；②基本事件的概率难以确定，因此，通过计算机进行数据处理也不现实。

当考虑建设方案的工艺安全及管理水平时，计算事故发生的概率（频率）可对行业的平均概率进行修正，见式（13-13）：

$$f_s = P \times k_h \times k_d \times k_g \tag{13-13}$$

式中　f_s——事故发生频率，次/a；

P——行业的平均概率，次/a；

k_h——行业类型调整因子；

k_d——事故类型调整因子；

k_g——管理水平调整因子。

13.2.7.4　风险值表征

环境污染风险源风险值为环境污染事件发生的概率与环境风险源危害后果的乘积，采用式（13-14）表示：

$$I = P \times C \tag{13-14}$$

式中　I——环境污染事件风险源的风险值，后果/a；

P——环境污染事件发生的概率，次/a；

C——环境风险源的危害后果，后果/次。

13.3　环境风险管理

13.3.1　环境风险管理基本要求

提出建设项目环境风险管理对策，包括明确环境风险防范措施及突发环境事件应急预案编制要求。

13.3.2 环境风险管理目标

环境风险管理目标是采用最低合理可行原则（as low as reasonably practicable，ALARP）管控环境风险，环境风险水平分为最大可接受水平和可忽略水平，两者之间为最低合理可接受水平区。最大可接受水平是不可接受风险的下限，可忽略水平是指进一步控制风险的代价可能超过所减小的风险的利益的风险水平。风险水平的关系见图 13-2。目前国内尚无标准规定项目风险可接受水平，一般而言，涉及有毒有害的工业企业环境风险最大可接受水平取死亡概率 $10^{-6} \sim 10^{-5}/a$，可忽略水平取 $10^{-7}/a$，各具体行业更客观的最大可接受风险值应基于统计调研而确定。

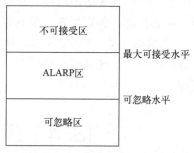

图 13-2 环境风险水平关系图

采取的环境风险防范措施应与社会经济技术发展水平相适应，运用科学的技术手段和管理方法，对环境风险进行有效的预防、监控、响应。

13.3.3 环境风险防范措施

① 大气环境风险防范应结合风险源状况，明确环境风险的防范、减缓措施，提出环境风险监控要求，并结合环境风险预测分析结果、区域交通道路和安置场所位置等，提出事故状态下人员的疏散通道及安置等应急建议并图示。

② 事故废水环境风险防范应明确"单元-厂区-园区/区域"的环境风险防控体系要求，设置事故废水收集（尽可能以非动力自流方式）和应急储存设施，以满足事故状态下收集泄漏物料、污染消防水和污染雨水的需要，明确并图示防止事故废水进入外环境的控制、封堵系统。

应急储存设施应根据发生事故的设备容量、事故时消防用水量及可能进入应急储存设施的雨水量等因素综合确定。应急储存设施内的事故废水，应及时进行有效处置，做到回用或达标排放。结合环境风险预测分析结果，提出实施监控和启动相应园区/区域突发环境事件应急预案的建议要求。

③ 地下水环境风险防范应重点采取源头控制和分区防渗措施，加强地下水环境的监控、预警，提出事故应急减缓措施。

④ 针对主要风险源，提出设立风险监控及应急监测系统，实现事故预警和快速应急监测跟踪，提出应急物资、人员等的管理要求。

⑤ 对于改建、扩建和技术改造项目，应分析依托企业现有环境风险防范措施的有效性，提出完善意见和建议。

⑥ 环境风险防范措施应纳入环保投资和建设项目竣工环境保护验收内容。

⑦ 考虑事故触发具有不确定性，厂内环境风险防控系统应纳入园区/区域环境风险防控体系，明确风险防控设施、管理的衔接要求。极端事故风险防控及应急处置应结合所在园区/区域环境风险防控体系筹考虑，按分级响应要求及时启动园区/区域环境风险防范措施，实现厂内与园区/区域环境风险防控设施及管理有效联动，有效防控环境风险。

13.3.4 突发环境事件应急预案编制要求

① 按照国家、地方和相关部门要求，提出企业突发环境事件应急预案编制或完善的原则要求，包括预案适用范围、环境事件分类与分级、组织机构与职责、监控和预警、应急响应、应急保障、善后处置、预案管理与演练等内容。

② 明确企业、园区/区域、地方政府环境风险应急体系，企业突发环境事件应急预案应体现分级响应、区域联动的原则，与地方政府突发环境事件应急预案相衔接，明确分级响应程序。

13.4　环境风险评价结论与建议

13.4.1 项目危险因素

简要说明主要危险物质、危险单元及其分布，明确项目危险因素，提出优化平面布局、调整危险物质存在量及危险性控制的建议。

13.4.2 环境敏感性及事故环境影响

简要说明项目所在区域环境敏感目标及其特点，根据预测分析结果，明确突发性事故可能造成环境影响的区域和涉及的环境敏感目标，提出保护措施及要求。

13.4.3 环境风险防范措施和应急预案

结合区域环境条件和园区/区域环境风险防控要求，明确建设项目环境风险防控体系，重点说明防止危险物质进入环境及进入环境后的控制、削减、监测等措施，提出优化调整风险防范措施建议及突发环境事件应急预案原则要求。

13.4.4 评价结论与建议

综合环境风险评价专题的工作过程，明确给出建设项目环境风险是否可防控的结论。根据建设项目环境风险可能影响的范围与程度，提出缓解环境风险的建议措施。

对存在较大环境风险的建设项目，须提出环境影响后评价的要求。

13.5　环境风险评价案例

本节以某电子企业生产为例，列出了环境风险评价的等级判定、风险识别、事故源强确定、影响预测、风险管理与防范措施，详细内容可扫描二维码查看。

二维码10　环境风险评价案例

第14章

规划环境影响评价

14.1 规划环境影响评价概述

14.1.1 规划环境影响评价概念

规划环境影响评价是某规划项目需要做的环境影响评价工作。根据《中华人民共和国环境影响评价法》，规划环境影响评价（environmental impact assessment for plan/program, PEIA）的概念是：在规划草案编制阶段，识别规划实施后可能造成的影响，并进行分析、预测、评价，在此基础上提出预防和减缓规划实施过程所产生不良环境影响的对策和措施，并进行跟踪监测的一种环境影响评价制度。

14.1.2 规划环境影响评价的目的及原则

（1）评价的目的

① 规划方案的实施可能会涉及规划草案的调整和生态环境功能改变，而规划环境影响评价就是针对区域开发对土地利用的布局以及在工业、农业、交通、城市建设、自然资源开发利用等方面所产生的影响进行分析论证并给出规划方案是否可行的结论，为政府制定区域性开发的功能和方向决策提供有力的支撑和参考，也对区域的生态环境治理和环境管理工作有积极的指导和促进作用。

② 开展规划环境影响评价，是在规划编制的决策过程中实施可持续发展战略，衔接生态环境分区管控要求，充分考虑规划草案涉及的环境问题，结合区域及各重点区块环境容量，制定区域生态环境准入清单，提出预防或减缓规划实施后可能造成的不良环境影响的措施或对策，促进区域经济高质量发展和生态环境高质量保护。

（2）评价原则

规划环境影响评价遵循"早期介入、过程互动、统筹衔接、分类指导、客观评价、结论科学"的原则，在规划编制初期以提前介入的方式，参与到规划方案编制的全过程，通过充分互动，衔接生态环境分区管控，从布局、定位、发展目标等方面优化规划方案，提高环境合理性，具体如下：

① 系统性。规划环境影响评价往往注重从更高的层次分析规划方案中环境资源的总效

益是否最大化。规划本身包含的范围较大、水平较高，这一特点使规划环境影响评价能够较好地解决长期性的、区域性的环境问题，因此应对评价对象进行系统评价，对环境要素实施系统分析预测，制定全面系统的对策方案。

② 长期性。规划方案在时间尺度上跨度一般较大，少则几年，多则几十年，相应的规划环评的时间评价范围也较大，一般可以视规划年份分为近、中、远期等几个评价时期，按照不同的水平年分析规划带来的环境影响。

③ 累积性。规划环境影响评价工作特别强调各规划对象对环境的累积影响，在评价时不应只是简单的一加一关系，而是应该考虑空间的累积影响和时间的累积影响。

④ 层次性。预测评价的层次性，通常可以从区域、区块与单元三个层次进行。制定减缓不良环境影响的对策措施时，可以从宏观战略、中观管理、微观控制三个层次循序渐进进行。

⑤ 过程导向性。在开展规划环评工作过程中，还需要采用定期会议与不定期交流反馈相结合的方式，结合广泛的公众参与、实地调查工作，及时将公众、专家、部门对规划方案的意见反馈到规划方案的改进中，实现规划环评从以往结论式评价向过程型评价的跨越。

14.1.3 规划环评的重点任务

（1）评价的基本要求

规划环评工作的基本要求主要包括以下三点。①分析评价规划可能产生的长时间、大范围、系统的、累积的生态和环境影响。②从经济与环境协调发展的角度对规划提出优化调整的建议，从决策源头预防环境污染和生态破坏。③提出不利环境影响的防治对策，以及指导下一级建设项目环境影响评价的意见和要求。

（2）评价的核心要素和重点任务

规划环境影响评价的目的是以改善环境质量和保障生态安全为目标，论证规划方案的生态环境合理性和环境效益，明确不良生态环境影响的减缓措施，据此提出规划优化调整建议，为规划决策和规划实施过程中的生态环境管理提供依据。

开展规划环境影响评价工作，应以区域发展规划为评价对象，根据规划确定的发展方案，分析不同实施阶段对区域环境的累积效应，分析区域环境承载力，确定区域环境容量，在此基础上论证规划方案的经济合理性及环境可行性。因此，规划环境影响评价的工作内容主要包括以下四个方面：

① 进行规划分析和现状调查评价，识别环境影响并确定环境目标和评价指标体系；

② 评估区域资源和环境承载力，并分要素对规划实施可能产生的环境影响进行预测和评价；

③ 综合以上内容论证规划方案的环境合理性和环境效益；

④ 提出规划优化调整建议、环境影响减缓措施、生态空间管控要求，并给出环境影响跟踪评价计划和评价结论。

规划环评的重点工作任务即通过分析规划的协调性及区域环境承载力，预测分析规划方案实施后的累积影响，从而论证规划方案的合理性，提出规划方案的优化调整建议。

14.1.4 规划环评与项目环评、区域环评的关系

规划环评是在建设项目环评、区域环评等的基础上，经过一定时间发展探索后提出并建立起来的。规划环评和项目环评、区域环评有着密不可分的联系，总结项目环评和区域环评在理论方面的优势和实践工作经验，可以为做好规划环境影响评价提供有益的参考和借鉴，

同时规划环评又能解决项目环评、区域环评等环评形式无法解决的问题。在实际工作中，应该加强规划环境影响评价和项目环评、区域环评之间的联动（图 14-1），更好地改善生态环境保护工作，促进经济发展、资源利用、人民生活水平三者协调发展。

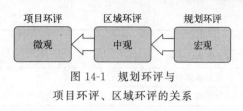

图 14-1　规划环评与
项目环评、区域环评的关系

规划环境影响评价应体现"源头控制和全过程控制"的战略思维，对政策、规划及其替代方案的环境影响进行规范、系统、综合评价，具有统领作用。相对于项目环评、区域环评，规划环境影响评价是在政策法规制定之后、项目实施之前，对有关规划的资源、环境可承载能力进行科学评价，实现从微观到宏观、从尾部到源头、从枝节到主干、从操作到决策的转变和飞跃。规划环境影响评价制度是对环境影响评价制度的一次根本性改革。有了规划环境影响评价这项法律制度，就可以把环境因素纳入国民经济和社会发展的综合决策之中，按照环境资源的承载能力和容量要求对区域、流域、海域的重大开发活动、生产力布局、资源进行配置，提出更加科学合理的建议，以保证经济社会健康有序向前发展，有利于更好地实现项目环评和区域环评的科学化。

从制度体系上看，建设项目环评处于整个决策链（战略、政策、规划、项目）的末端，所以项目环评仅用于补救小范围的环境损害，无法从源头上保护环境，也不能指导政策或规划的发展方向。规划环境影响评价则是将可持续发展战略从宏观、抽象概念落实到实际、具体方案的桥梁，是提高环评有效性的客观要求和科学生态补偿的重要前提，是保证环境与发展综合决策的标志。规划环评的实施主体通常是政府及其主管部门、权力机关，具有一定强制执行力。

规划环评与项目环评、区域环评的区分见表 14-1、表 14-2。

表 14-1　规划环评与建设项目环评的对比表

规划环评	项目环评
国务院各部门、设区的市级以上地方人民政府组织编制项目规划环评	建设单位组织编制项目环评
成果是篇章、说明（规划的一部分）或报告书（单独）	成果是报告书、报告表或登记表
作为规划的一部分或附件报审（查）	报相应级别的生态环境主管部门审批（分级审批有专门规定）
设区的市级以上人民政府组织审查	生态环境主管部门分级审批
综合性规划和指导性专项规划编制篇章或说明；非指导性专项规划编制报告书	按分类管理名录决定编制报告书、报告表或登记表
非指导性专项规划中有不良环境影响和直接涉及公众环境权益的，要求公众参与，将对公众意见采纳的情况作为报告书的附件	报告书要求公众参与，单独成册并与报告书一并报送生态环境主管部门
审查结果和环评结果应作为审批规划的重要依据。对优化调整建议采纳与不采纳的说明应存档备查	建设单位应同时实施审批意见和环评文件中提出的环境保护对策措施
对环境有重大影响的规划实施后，编制机关应组织跟踪评价	建设单位组织后评价；生态环境主管部门实施跟踪检查

表 14-2　规划环评与区域环评的对比表

规划环评	区域环评
对象与相关政策密切相关，更为宏观	对象为开发建设活动，更为具体和有针对性
侧重于规划方案的环境合理性	侧重于区域开发项目对周围环境的影响

续表

规划环评	区域环评
评价方法以定性分析为主	定性和定量分析相结合
在规划草案形成之前介入	在区域开发规划形成后介入
由规划编制机关自行编制，或委托有资质的评价机构	由具有资质的评价机构编制

14.1.5 开展规划环境影响评价的规划类型

根据规划的内涵，通常可将规划分为以下两种形式：政策导向性规划和项目导向性规划。政策导向性规划是指规划的内容是提出政策性原则或纲领，常以预测性、参考性指标和内容要求予以表达，包括土地利用和区域、流域、海域的建设、开发利用规划，以及专项规划中的指导性规划；项目导向性规划是指规划的内容包含为实现规划目标而设置的一系列项目或工程建议，包括工业、农业、畜牧业、林业、能源、水利、交通、城市建设、旅游、自然资源开发的规划等。

在《中华人民共和国环境影响评价法》中明确规定了需要开展规划环境影响评价的规划类型为"一地三域"＋专项，包括：①土地利用和区域、海域、流域开发建设的有关规划；②工业、农业、畜牧业、林业、能源、水利、交通、城市建设、旅游、自然资源开发等行业的专项开发规划。见图 14-2。

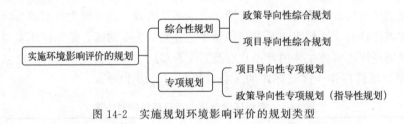

图 14-2 实施规划环境影响评价的规划类型

14.1.6 规划环境影响评价的类型

规划环境影响评价分为两种类别，即规划环境影响的篇章或者说明以及规划环境影响报告书。《中华人民共和国环境影响评价法》、《编制环境影响报告书的规划的具体范围（试行）》和《编制环境影响篇章或说明的规划的具体范围（试行）》（环发〔2004〕98 号）作出了具体的要求。

（1）《中华人民共和国环境影响评价法》中的相关规定

第七条规定："国务院有关部门、设区的市级以上地方人民政府及其有关部门，对其组织编制的土地利用的有关规划，区域、流域、海域的建设、开发利用规划，应当在规划编制过程中组织进行环境影响评价，编写该规划有关环境影响的篇章或者说明。"

第八条规定："国务院有关部门、设区的市级以上地方人民政府及其有关部门，对其组织编制的工业、农业、畜牧业、林业、能源、水利、交通、城市建设、旅游、自然资源开发的有关专项规划（以下简称专项规划），应当在该专项规划草案上报审批前，组织进行环境影响评价，并向审批该专项规划的机关提出环境影响报告书。"

（2）《编制环境影响报告书的规划的具体范围（试行）》和《编制环境影响篇章或说明的规划的具体范围（试行）》（环发〔2004〕98 号）中的具体要求

编制环境影响报告书的规划的具体范围包括：工业、农业、畜牧业、能源、水利、交通、城市建设、旅游、自然资源开发的有关专项规划。编制环境影响篇章或者说明的规划的具体范围包括：土地利用的有关规划，区域、流域、海域的建设、开发利用规划等综合性规划，工业、农业、畜牧业、林业、能源、交通、城市建设、旅游、自然资源开发等指导性专项规划。

规划环境影响评价的类型及内容见表14-3。

表 14-3 规划环境影响评价的类型及内容

规划的分类	规划包括的具体范围	特点	评价文件	评价内容	公众参与	跟踪评价
综合性规划	(1)土地利用的有关规划 设区的市级以上土地利用总体规划 (2)区域的建设、开发利用规划 国家经济区规划 全国水资源战略规划 (3)流域的建设、开发利用规划 全国防洪规划 设区的市级以上防洪、治涝、灌溉规划 (4)海域的建设、开发利用规划 设区的市级以上海域建设、开发利用规划	综合性 长期性 战略性 强制性 指导性	编制环境影响篇章或说明	①实施该规划对环境可能造成影响的分析、预测和评估； ②预防或者减轻不良环境影响的对策和措施	未规定	具有不确定性的规划必须进行跟踪评价
指导性专项规划	全国工业有关行业发展规划 设区的市级以上农业发展规划 全国乡镇企业发展规划 全国渔业发展规划 全国畜牧业发展规划 全国草原建设、利用规划 设区的市级以上商品林造林规划 设区的市级以上森林公园开发建设规划 设区的市级以上能源重点专项规划 设区的市级以上电力发展规划(流域水电规划除外) 设区的市级以上煤炭发展规划 油(气)发展规划 全国铁路建设规划 港口布局规划 民用机场总体规划 直辖市及设区的市级城市总体规划(暂行) 设区的市级以上城镇体系规划 设区的市级以上风景名胜区总体规划 全国旅游区的总体发展规划 设区的市级以上矿产资源勘查规划					
专项规划	省级及设区的市级工业各行业规划 设区的市级以上种植业发展规划 省级及设区的市级渔业发展规划 省级及设区的市级乡镇企业发展规划 省级及设区的市级畜牧业发展规划 省级及设区的市级草原建设、利用规划 油(气)田总体开发方案 设区的市级以上流域水电规划 江河、湖泊开发的水资源开发利用综合规划和供水、水力发电等专业规划 设区的市级以上跨流域调水规划 设区的市级以上地下水资源开发利用规划 流域(区域)、省级内河航运规划 国道网、省道网及设区的市级交通规划 主要港口和地区性重要港口总体规划 城际铁路网建设规划 集装箱中心站布点规划 地方铁路建设规划 直辖市及设区的市级城市专项规划 省级及设区的市级旅游区的发展总体规划 设区的市级以上矿产资源开发利用规划 设区的市级以上土地开发整理规划 设区的市级以上海洋自然资源开发利用规划 气候资源开发利用规划	专业性 单一性	编制环境影响报告书	①实施该规划对环境可能造成影响的分析、预测和评估； ②预防或者减轻不良环境影响的对策和措施； ③环境影响评价结论	可能造成环境影响的专项规划	

14.1.7　规划环评工作流程

规划环境影响评价的工作流程主要体现在以下几个方面。第一是对规划的分析。主要包括概述规划主要内容，分析规划目标的协调性，进行方案初选，确定评价重点和评价范围。第二是对环境现状的调查与分析。针对规划方案的特点，遵循全面性、针对性、可行性和效用性的原则，收集区域生态环境相关资料或进行现状监测，对所在区域的环境现状进行调查，分析与规划实施相关的主要环境问题。第三是拟定规划环境影响评价相关指标。在环境现状分析和资源潜力分析的基础上，分析环境影响因素，拟定规划环境影响评价指标，保证规划方案环境保护和生态建设目标与其他规划目标的协调性。第四是识别规划方案实施后可能造成的环境影响以及社会、经济因素的影响，分析、预测规划实施可能造成的直接、间接、累积等环境影响，对规划区域的环境、资源承载力进行评估和论证。第五是提出预防或者减轻不良环境影响的对策和措施。针对各规划方案拟定预防或减轻不良环境保护的对策及措施，确定环境可行的规划方案。具体见 HJ 130—2019 的 4.4 节。

14.2　规划分析

14.2.1　规划分析内容

规划分析是规划环境影响评价工作的基础内容，只有对规划方案进行深刻剖析，才能清晰地了解规划草案的问题所在，在接下来的评价中为规划实施发展指明目标和方向。规划分析包括规划概述和规划协调性分析两项内容。

（1）规划概述

规划概述主要是介绍规划编制的背景、定位，并结合图、表梳理分析规划的空间范围、布局以及规划不同阶段发展目标、发展规模、结构、建设时序、配套设施、环境污染治理等，以及可能对生态环境产生影响的规划内容。若规划方案中已明确具体建设项目，还应说明建设项目的选址、建设时段、建设内容、建设规模等。

分析规划方案的定位、功能、结构、布局等，在此基础上做好规划方案的环境污染分析及环境承载力分析，开展环境影响预测、评价，对规划方案实施产生的各污染源污染物排放进行定量和定性分析，以此提出优化方案及对策。

（2）规划协调性分析

协调性分析主要从国家及行业层级、区域及省级层级、市级层级和其他规划方面分别开展，从单元层级、区块层级、区域层级逐级分析，明确规划与相关法律法规、政策的符合性，以及规划在空间布局、资源保护与利用、生态环境保护等方面的冲突及矛盾，并分析规划与评价范围内同层位规划在关键资源利用、生态环境保护等方面的协调性，明确与同层规划间的冲突和矛盾。

14.2.2　规划分析常用方法

常用的规划分析方法有：专家咨询法、情景分析法和系统动力学法、叠图分析法等。

（1）专家咨询法

专家咨询法通过向专家咨询对规划的环境影响进行求证，主要包括头脑风暴法和德尔菲法。

专家咨询法的特点是反馈比较系统，获得的结果普遍性较强。其中，头脑风暴法的特点是不同专家能够面对面地讨论问题，在讨论过程中启发、修正观点并趋向一致；德尔菲法集中了不同领域专家对于问题的认识及经验，因此具有广泛的代表性。德尔菲法采用专家匿名发表意见的方式进行征询，收集专家对问卷所提问题的看法，经过反复征询、归纳、修改，最终汇总出预测结果。

（2）情景分析法

情景分析法是一种通过对规划方案在不同时间和资源环境条件下的相关因素进行分析，设置出多种可能的情景，并预测和评价不同情景下规划实施产生的资源、环境、生态影响的方法。情景分析法主要用于识别规划实施中不确定因素带来的影响，并分析和预测不同情景下环境影响程度和环境目标的可达性。

情景分析法是反映一系列未来可能发生的、看似合理的图景，是一种预见未来的途径。情景分析法承认未来的发展是多样的，其结果是多维的；情景分析法充分利用参与人员的知识、经验，由参与者勾画出未来的发展情景，其结果相对较全面；情景分析法不仅包括对未来情况的定性描述，还是各种定性、定量预测工作的基础，定性的情景描述与定量预测结合起来构成了完整的情景分析。

情景分析方法的优点在于可以充分考虑未来可能出现的任何重大技术（能源、环境等）演变以及未来社会、经济、环境发展过程中不确定性因素可能带来的影响，能更加详细地描述未来的变化过程。

（3）系统动力学法

系统动力学法是把要解决的问题作为一个系统，以计算机仿真技术为辅助手段，通过建立系统动力学模型进行系统模拟，从而研究社会经济的一种定性与定量相结合的方法。使用系统动力学法得出的评价结果可信度高，对于规划要素的调整反应灵敏，但需要的模拟参数较多，工作程序较复杂。

（4）叠图分析法

叠图分析法是将自然环境条件、生态条件、社会经济背景等一系列能够反映区域特征的专题图件叠放在一起，并将规划范围、环境影响预测结果等内容综合体现在图件上，反映规划环境影响空间特征的方法。

叠图分析法通常和地理信息系统（GIS）结合，借助地理信息系统的显示、查询、空间分析等功能对规划方案进行分析。将规划图件导入 GIS 的空间数据库，结合基础地理数据、环境保护目标和生态敏感点图层、生态功能区、环境功能区划和环境现状分析，对比规划布局与区域主体功能区规划、生态功能区划、环境功能区划和环境敏感区之间的关系，开展规划的协调性分析。

叠图分析法直观、形象、简明，优点是适用范围广泛，缺点是无法准确描绘源与受体的因果关系以及受影响环境要素的重要程度。

14.3 环境现状调查与评价

14.3.1 环境现状调查与评价内容

开展现状调查与评价是规划环境影响评价工作的重要环节。在进行规划环境影响评价时，需要对所在区域的环境现状进行调查，其可作为环境质量变化的参考，以便对规划实施可能对相关区域环境质量的影响程度进行评价。

现状调查工作主要包括：调查区域自然地理状况、环境质量现状、生态状况及生态功能、环境敏感区和重点生态功能区、资源利用现状、社会经济概况、环境基础设施建设及运行情况等。根据规划方案的环境影响特点和区域生态环境保护要求，开展相应的现状调查和资料收集。

现状调查方式主要分为两种类型：一类是收集资料后，在现有资料的基础上，进行资料的统计与复用、经验估算等；另一类是通过开展现状监测来确定相关的数值。在实际工作中这两种方式往往是交叉使用、相互补充的。应保证现有资料的时效性、各地域资料的统一性，同时充分考虑突发事件对现状值的影响，注重在不利条件下的背景资料，以提升现状调查中现有资料的适用性；通过合理确定监测因子、严格选择监测分析方法、规范统计监测数据等方式确保现状调查中监测结果的可靠性。

14.3.2　环境现状调查与评价方法

目前常用的现状调查与评价方法包括：指数法、生态学分析法、灰色系统分析法、地理信息系统法等。

（1）指数法

指数法包括单因子指数法和综合指数法。单因子指数法主要用于环境质量评价，综合指数法多采用内梅罗指数。

（2）生态学分析法

生态学分析法主要对生态系统进行调查和分析，包括生物多样性评价方法、生态系统服务功能评价方法、景观生态学法等。

（3）灰色系统分析法

灰色系统是既有已知信息又有未知信息的系统。灰色系统分析法主要包括灰色关联分析法、灰色聚类分析法。

① 灰色关联分析法主要是用灰色系统模型对系统发展进行定量描述和分析比较的方法。首先确定反映系统行为特征的参考数列和影响系统行为的比较数列，其次对参考数列和比较数列进行无量纲化处理，求取参考数列与比较数列的灰色关联系数，最后求取关联度并对其进行排序。

② 灰色聚类分析法是按不同指标所拥有的白化数，对分析对象进行归纳的方法。首先给出聚类白化数，确定灰类白化函数；然后求取标定的聚类权数、系数的值；最后构造聚类向量进行聚类分析。

14.4　环境影响识别与评价指标体系构建

14.4.1　环境影响识别与评价指标体系内容

（1）环境影响识别

环境影响识别工作即在规划内容、规划分析和规划影响区域环境现状调查与评价基础上，识别出所有产生影响的环境因素，分析出主要的环境问题。规划环境影响识别可以使环境影响预测减少盲目性，使环境影响综合分析增加可靠性，使污染防治对策具有针对性。

进行环境影响识别，即在列出所有环境因素的基础上，在规划分析的基础上，分析出主要的环境问题。规划环境影响评价关注的为宏观环境问题，因此其环境影响应站在更高的角度进行识别，从全局出发，综合考虑对区域规划发展有全局性影响的环境因素，如土地利用、资源利用、能源利用、风险管理等方面的问题。

规划环境影响识别应根据规划方案的内容、年限，识别并分析规划实施对资源、生态、环境造成影响的途径、方式，以及可能产生的主要生态环境影响和风险。

（2）评价指标体系构建

识别出规划实施可能产生的资源、生态、环境影响后，应确定评价重点，明确环境目标，从而构建评价指标体系。在开展规划环境影响评价的过程中，环境影响评价指标体系既要"向上"衔接与细化区域生态环境要求，又要"向下"作为环境影响预测评价的基准以及规划方案环境影响合理性论证及优化调整的标尺，构建一套合理、科学、行之有效的评价指标体系，对开展规划环境影响评价工作具有重要意义。

构建规划环境影响评价指标体系时要坚持以下原则。①坚持科学性和前瞻性原则。从客观和实际角度出发，确保评价指标清晰、准确，对未来区域生态环境变化有一定的预见性。②坚持全面性原则。评价指标应覆盖规划方案的全部方面，根据规划的实际情况确定不同指标的权重，明确其中的关键指标。③坚持可操作性原则。构建指标体系的信息资料和数据获取要较为便利，并能够遵循指标体系构建要求表达出来。④坚持动态性原则。评价指标体系本身具有相对稳定性，但是由于规划环境影响评价工作的复杂性，必须针对规划方案的具体情况进行细节方面的修正。

评价指标应优先选取能够体现国家生态环境保护的战略、政策及要求，突出规划的行业特点及其主要环境影响特征，同时符合评价区域环境特征的易于统计、比较、量化的指标。评价指标值的确定应符合相关生态环境保护法规、政策及标准中规定的限值要求，如国内法规、政策及标准中没有的指标值也可参照国际标准限值；对于不易量化的指标应经过专家论证，给出半定量的指标值或定性说明。

14.4.2　识别环境影响与构建评价指标体系的方法

环境影响识别与评价指标体系构建常见的方法有矩阵法、网络分析法、系统流图法，以及压力-状态-响应分析法。

（1）矩阵法

矩阵法是一种定量或半定量的环境影响评价方法。将规划主体（规划的相关建设信息）与受体（环境要素）作为矩阵的行与列，并在相对应位置填写用以表示行为与环境因素之间因果关系的符号、数字或文字。

（2）网络分析法

网络分析法是用网络图来对规划行动的后果进行判断和分析，可用于规划环境影响识别，尤其是累积影响或间接影响的识别。

网络分析法的步骤如下：首先通过专业判断，画出由流程图（行为、结果）和箭头（表示它们之间的相互作用）构成的网络系统，用来表示行为的直接影响和间接影响；其次通过分析因果关系预测各类影响，展示对每一种资源附加的次级影响。

（3）系统流图法

系统流图法是通过分析环境要素之间的联系来识别环境影响的方法。将环境系统中基本变量、符号有机组合后，直观表示在图上。该方法为定性评价方法，表现形式较为简单且主观性较强，不适用于复杂的系统。

（4）压力-状态-响应分析法

压力-状态-响应分析法是一种用于识别规划环境影响，建立评价指标体系的常用方法。压力-状态-响应分析法由压力、状态和响应三大指标构成，压力指标表述规划实施产生的环境压力，状态指标用来衡量环境质量及其变化，响应指标是为减缓环境污染、生态退化及资源过度消耗而制定的政策措施。压力-状态-响应分析法是在遵循可持续发展思想的前提下，用原因-效应-响应的思路构建规划环境影响评价指标体系。

14.5　环境影响预测与评价

规划环境影响预测与评价是在污染源分析的基础上，利用各种预测评价方法对规划实施产生的各类污染源和污染物进行更为深入的分析，以明确其对环境是否存在影响以及影响的程度，从而为下一步防治污染措施提出具体可行的方法。

规划环境影响预测与评价主要针对环境影响识别出的资源、生态、环境要素，结合规划所依托的资源环境和基础设施建设条件、区域生态功能维护和环境质量改善要求等，从规划规模、布局、结构、发展强度等方面，设置多种情景开展环境影响预测与评价的要求，给出规划实施对评价区域资源、生态、环境的影响程度、影响范围，叠加环境质量、资源利用、生态功能现状后，分析实施规划方案后是否能够满足环境目标要求，并评估规划区域资源、环境承载能力。结合区域环境质量标准，分析不同要素环境质量的变化能否满足环境目标要求，能够满足的则认为区域规划环境影响可接受，不满足的应在综合分析的基础上提出规划调整建议或修改规划目标的建议，对于规划调整后仍不能满足环境质量达标要求的应放弃规划方案。

14.5.1　环境影响预测与评价内容

（1）大气环境影响预测与评价内容

大气环境影响预测评价工作即在不同规划期、规划情景方案下，预测规划实施产生的大气污染物排放对区域环境质量的影响。预测模拟方案围绕规划主导产业新增污染物、规划区及评价范围内污染物削减展开，通过预测结果给出各评价因子短期浓度和长期浓度的达标情况、浓度的变化情况，明确影响范围、程度。结合大气环境质量标准，分析大气环境质量的变化能否满足环境目标要求。

（2）地表水环境影响预测与评价内容

地表水环境影响评价就是使用一定的方法预测评价在不同规划期、规划情景方案下，规划实施导致的区域水资源、水文情势、冲淤环境等的变化，分析规划实施产生的主要污染物排放对水环境质量的影响，明确影响的范围、持续时间、规划实施前后水质变化情况等预测结果，对不同排污方案进行优化比选，最终提出最优方案。结合区域水环境质量标准，分析水环境质量的变化能否满足环境目标要求。

（3）地下水环境影响预测与评价内容

地下水环境影响预测评价是在查清规划区域地下水环境现状与问题的基础上，采用定性、定量的评价方法，对规划实施带来的地下水环境影响以及发展态势进行分析、预测和评估，从而提出有效的地下水环境防治对策措施以及规划用地布局优化调整建议。规划的地下水环境影响评价应从整体区域地下水环境安全的角度出发，评估规划实施的地下水环境安全可行性。通过地下水环境现状识别、影响预测结果，分析规划实施可能对地下水环境产生的影响方式、影响类型、影响程度，从而为规划规模、布局设定等提供优化的技术支撑。

（4）声环境影响预测与评价内容

预测不同情景下规划实施对声环境质量的影响，明确影响范围、程度，评价声环境质量的变化能否满足相应的功能区目标。

（5）生态影响预测与评价内容

预测不同情景下，规划方案实施后对生态系统结构、功能的影响，以及对生物多样性和生态系统完整性的影响。

规划环境影响评价中所涉及的生态适宜性分析大多是指土地的生态适宜性，土地生态适宜性分析是从维持生态系统稳定和环境保护可持续的角度，通过分析土地的自然生态条件，评价土地用于开发建设的适宜性和限制性特点。

（6）环境敏感区影响预测与评价

预测不同情景下规划实施对评价范围内生态保护红线、自然保护区等环境敏感区的影响，评价其是否符合相应的保护和管控要求，绘制必要的预测与评价图件。

（7）人群健康风险分析

对可能产生具有易生物蓄积、长期接触对人群和生物产生危害作用的无机和有机污染物、放射性污染物、微生物等的规划，根据上述特定污染物的环境影响范围，估算暴露人群数量和暴露水平，开展人群健康风险分析。

（8）环境风险预测与评价

对于涉及重大环境风险源的规划，应进行风险源及源强、风险源叠加、风险源与受体响应关系等方面的分析，开展环境风险评价。

14.5.2　累积影响分析

14.5.2.1　累积影响分析内容

累积影响指的是人类开发活动对环境造成的累积效应。规划环评的累积影响评价应根据规划描述确定评价的尺度，采用系统动力学模拟和情景分析相结合的方法处理规划环评的累积影响评价中的不确定性和动态性特征。

规划累积影响评价的目的是识别和判定规划实施可能发生累积环境影响的条件、方式和途径，预测、分析规划实施与其他相关规划在时间和空间上累积的资源、环境、生态影响。因此，决定累积影响及其类型的主要因素是时间、空间、作用方式和活动的性质。

14.5.2.2　累积影响分析方法

（1）分析流程

累积影响评价的分析流程是：规划描述→影响识别→评价尺度确定→因果分析→评价基准确定→评价情景构建→累积影响分析。

① 规划描述：综合分析规划的背景、性质、发展目标、规划方案等内容。

② 影响识别：分析拟评价规划的正面负面、主要次要、长期短期影响，采取定量或定性方法分析累积影响的不确定性。

③ 评价尺度确定：评价的尺度包括时间尺度和空间尺度。时间尺度基于规划方案期限，并在考虑累积影响的种类和时间延迟效应的基础上确定；空间尺度基于规划范围以及污染物累积影响的最大影响范围确定，还应考虑邻域其他项目的影响以及累积影响的空间滞后性。

④ 因果分析：根据累积影响分析识别规划的主要累积影响源、影响种类、影响途径和环境受体，并以此构建因果反馈网络图。

⑤ 评价基准确定：通过影响识别和因果分析结果，确定累积评价的对象目标、指标体系和评价的环境基线。

⑥ 评价情景构建：在规划方案和考虑邻域影响的基础上，识别影响规划实施的主要驱动因子，并结合利益相关者的意愿，构建多个发展情景作为累积影响预测和评价的基础。

⑦ 累积影响分析：分析累积影响的时空耦合，根据污染物排放情况对区域生态环境累积效应预测结果做出时空累积效应综合评价，以此确定规划方案调整、污染防治和生态保护等减缓措施。

（2）常见的评价方法

① 水体重金属累积影响评价。目前对于水体重金属累积影响评价，采用的都是以重金属迁移为基础的过程传递模型，包括稳态模型（steady-state model）、两箱模型（two-compartment model）以及生物动力学模型（biodynamic model）。

采用上述三种方法，结合采样监测和实验分析，可得出评价区因规划实施重金属排放造成的生物体内的富集效应。然而，重金属毒性作用是复杂的化学和生物作用的外在表现，并非重金属在生物体内富集就一定会产生毒性，不同的生物有不同的反应。因此，评价重金属的生物富集作用不能生硬地根据毒性反应来表达，应根据不同生物的不同毒性反应，采用相应的标准进行量化评价。

② 持久性有机污染物累积影响评价。持久性有机污染物是指通过各种环境介质（大气、水、土壤等）能够长距离迁移并长期存在于环境，进而对人类健康和环境产生严重危害的天然或人工合成的有机污染物质。规划实施过程产生持久性有机污染物的环节主要来自集群类规划中的农药和各种化学品制造过程，以及能源类规划中垃圾焚烧发电过程。对于持久性有机污染物在环境中的迁移和转化等传输过程，可采用多介质逸度模型进行定量的计算和分析。

多介质逸度模型是评价持久性有机污染物环境行为的一种非常有效的工具，该模型用定量化的数学表达式描述污染物在环境中的分配、传递、转化过程，建立质量平衡表达式，模拟污染物在介质内及介质间的迁移转化和环境归趋。多介质逸度模型适用于区域范围的、长时间的模拟，目前较多被用来模拟持久性有机污染物在湖泊、流域和城市中的归趋。

常用的多介质逸度模型有 Level III 模型。该模型通过定义一系列的 Z 值（逸度容量）、D 值（迁移、转化参数），并对水相、气相、土壤相和沉积物相分别建立质量平衡方程，计算出各自的逸度 f，再通过 $C = Zf$ 得出污染物在各相中的浓度 C。逸度容量 Z 在各介质中的表达式见表 14-4。

表 14-4　常用的环境介质逸度容量计算公式一览表

环境介质	Z 值定义/[mol/(m³·Pa)]	参数含义
水	$Z_1 = \dfrac{1}{H}$ 或 $\dfrac{C_s}{P_s}$	H 为亨利系数，m³·Pa/mol；C_s 为水溶解度，mol/m³；P_s 为液相蒸气压，Pa
空气	$Z_2 = 1/RT$	$R = 8.314\,\text{Pa·m}^3/(\text{mol·K})$；$T$ 为热力学温度，K
土壤、沉积物	$Z_{3,4} = x_{oe} K_{oc} \rho_s Z_1$	x_{oe} 为固体有机碳质量分数；ρ_s 为固体密度，kg/L；K_{oc} 为有机碳-水分配系数，L/kg

③ 土壤重金属累积影响评价方法。土壤污染物累积影响评价方法主要应用于规划实施过程中可能产生难降解的污染物（以含重金属的工业废气、废水和固体废物排放为主）在外界环境因素作用下进入土壤的规划类型，如工业项目集群类规划、能源类规划和矿产资源类规划等。由于重金属具有蓄积性、难降解性的特点，因此会在土壤中累积并通过食物链富集、浓缩和放大后间接危害人体健康。

土壤累积影响评价定量预测的模式主要有两种，分别为考虑土壤残留系数的模式和不考虑土壤残留系数的模式。

a. 考虑土壤残留系数的模式：

$$Q_t = Q_0 K^t + PK^t + PK^{t-1} + PK^{t-2} + \cdots + PK \tag{14-1}$$

式中　Q_t——污染物在土壤中的年累积量，mg/kg；

　　　Q_0——土壤中某污染物的起始浓度，mg/kg；

　　　P——每年外界污染物进入土壤量折合成的土壤浓度，mg/kg；

　　　K——土壤中某污染物的年残留率，%；

　　　t——年数，a。

b. 不考虑土壤残留系数的模式：

$$Q_t = Q_0 + Pt \tag{14-2}$$

式中　Q_t——土壤中某污染物在 t 年后的浓度，mg/kg；

　　　Q_0——土壤中某污染物的起始浓度，mg/kg；

　　　P——每年外界污染物进入土壤量折合成的土壤浓度，mg/kg；

　　　t——年数，a。

14.6　环境影响跟踪评价

14.6.1　跟踪评价的目的

规划环境影响跟踪评价以改善区域环境质量和保障区域生态安全为目标，结合国家和地方最新生态环境管理政策、区域生态环境质量变化情况、公众对规划实施产生生态环境影响的意见，对已经产生和正在产生的环境影响进行调查、监测、评价，对规划实施产生的实际环境影响进行分析，并对规划采取的预防、减轻不良环境影响对策措施的有效性进行评估，研判规划实施是否对生态环境产生了明显的不良环境影响。对已经产生不良影响的提出解决方法，对后续规划实施提出优化调整建议或减轻不良环境影响的措施。

14.6.2　跟踪评价的对象及开展时间

跟踪评价的对象为各类综合性规划和专项规划实施后可能对生态环境有重大影响的规划及生态环境部门在规划审查中提出需要开展跟踪评价的相关规划。《规划环境影响评价条例》要求，跟踪评价的开展时间为规划实施后。环境保护部《关于加强产业园区规划环境影响评价有关工作的通知》（环发〔2011〕14号）第五条提出："实施五年以上的产业园区规划，规划编制部门应组织开展环境影响的跟踪评价，编制规划的跟踪环境影响报告书，由相应的环境保护行政主管部门组织审核。"根据生态环境管理需求，原则上规划编制单位应根据规划实施情况适时开展跟踪评价工作。

14.6.3 跟踪评价的主体

《中华人民共和国环境影响评价法》《规划环境影响评价条例》中均已明确，规划环境影响跟踪评价的主体为规划的编制机关。

完成跟踪评价后，规划编制机关应将评价结果报告规划审批机关，并通报环境保护等有关部门。

14.6.4 跟踪评价的内容

《中华人民共和国环境影响评价法》和《规划环境影响评价条例》明确规划环境影响跟踪评价的内容应包括：①规划实施后实际产生的环境影响与环境影响评价文件预测可能产生的环境影响之间的比较分析和评估；②规划实施中所采取的预防或者减轻不良环境影响的对策和措施有效性的分析和评估；③公众对规划实施所产生的环境影响的意见；④跟踪评价的结论。

因此，规划环境影响的跟踪评价重点应从以下三方面开展。一是通过调查规划实施的情况以及受影响区域的生态环境演变趋势，分析规划实施产生的实际生态环境影响，并与原规划环评文件预测的影响结果进行对比，总结存在的问题。二是调查规划已实施过程中采取的预防或减轻不良生态环境影响的对策措施，规划环评及审查意见提出的规划优化调整建议的采纳和执行情况，若措施有效且符合国家和地方最新生态环境政策要求，则可提出继续实施原规划方案的建议；若对策和措施无效或不能满足国家和地方最新的生态环境管理要求，则应提出新优化调整建议、整改措施、预防或减轻不良环境影响对策和措施等。三是针对规划未实施内容，基于国家和地方最新的生态环境管理政策，结合必要的环境影响分析预测，提出规划后续实施生态环境影响相应的减缓对策；若规划未实施部分与原规划相比，在资源能源消耗、主要污染物排放、环境影响等方面发生了较大的变化，应提出对规划方案的优化调整或修订的建议。具体见图 14-3。

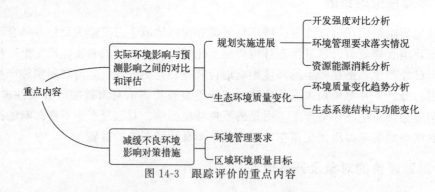

图 14-3 跟踪评价的重点内容

14.6.5 跟踪评价的要点和方法

（1）跟踪评价的要点

由于规划实施的不确定性，规划环境影响评价预测的情景和提出的措施或对策往往难以完全实现，因此跟踪评价的重点不应局限于评价原规划环评预测的准确性或原规划环评工作存在的不足，而应注重对规划环境影响的动态跟踪，提出改进措施，确保规划实施对环境的影响最小。

因此跟踪评价的要点包括：规划实施及开发强度对比、区域生态环境演变趋势、生态环境影响对比评估及对策措施有效性分析、生态环境管理优化建议、公众参与等。

（2）跟踪评价的方法

原则来讲，跟踪评价的方法可以采取与规划环评分析预测内容相对照的方法。但实际上，近年来规划环评的评价方法和评价指标体系尚未形成统一、系统的认识，且由于规划的不确定性，跟踪评价还没有形成通用、系统的评价方法和评价指标体系。

目前在开展跟踪评价时，常采用的方法可分为定性和定量两种。实际操作中，单一定性或定量的方法都无法满足跟踪评价的需要，应当结合规划实施情况，综合运用各种行之有效的定性、定量相结合的评价方法。

跟踪评价的要点和方法汇总见表 14-5。

表 14-5　跟踪评价的内容和方法

评价要点	评价内容	评价方法	
		名称	类别
规划实施情况调查与开发强度对比分析	规划产业定位、结构、布局、规模及包含重大项目建设情况、污染防治基础设施建设情况等	对比分析法、叠图法、指数法等	定性
	开发强度对比	指标体系法、负荷分析法、对照分析法等	定量
	产业政策和规划符合性	对照分析法	定性
	环境管理现状	对比分析法	定性+定量
区域生态环境变化趋势调查与分析	区域环境质量现状	单因子指数法	定量
		标准指数法	定量
		生态学分析法	定性+定量
	环境质量变化趋势与环境承载力	综合指数法、弹性系数法、资源供求分析法、负荷分析法、对比分析法等	定性+定量
环境影响评价对比评估及规划后续实施预测	针对不同环境要素及环境风险、碳排放等进行对比分析、后续实施开发强度预测	实际环境影响对照评价、风险概率统计法、标准比较法、对比分析法等	定性+定量
对策与措施有效性分析评估	针对大气、地表水等污染防治措施及区域减排措施进行有效性评估	对比分析法、叠图法、统计法等	定性+定量
优化调整或修订建议	结合最新生态环境管理要求，提出优化调整或修订建议	类比法、生态学分析法等	定性

第15章

其 他

15.1 污染源调查

15.1.1 污染源调查概述

污染源是指造成环境污染的污染物发生源，通常指向环境排放有害物质或对环境产生有害影响的场所、设备、装置等。污染源包括废气源、废水源、噪声源、振动源、固体废物源等。污染物按排放方式可分为点源、面源、线源和体源等。

污染源调查的目的是查清污染源的位置和类型，污染物的种类、数量，以及污染物的排放方式和途径，为环境影响评价和环境治理提供依据。

15.1.2 污染源调查内容

污染源调查对象一般选择建设项目常规污染因子和特征污染因子、影响评价区环境质量的主要污染因子和特殊污染因子，还应注意不同污染源的分类调查。对于改建、扩建项目，应调查现有工程排放量、扩建工程排放量，以及现有工程经改造后的污染物预测削减量，并按上述三个量计算最终排放量；对于毒性较大的污染物，还应估计其非正常排放量；对于周期性排放的污染源，还应给出周期性排放系数。周期性排放系数取值为0~1，一般可按季节、月份、星期、日、小时等给出周期性排放系数。

调查内容和调查方法应符合相关环境影响评价技术导则的要求，调查内容的繁简程度根据评价等级确定。

15.1.2.1 气态污染源调查内容

在满负荷排放下或换算成满负荷工况下，按分厂或车间逐一统计各有组织排放源和无组织排放源的主要污染物排放量。

① 点源调查内容：排气筒底部中心坐标，以及排气筒底部的海拔高度；排气筒几何高度及排气筒出口内径；烟气出口速度；排气筒出口处烟气温度；各主要污染物正常排放量、排放工况、年排放小时数；毒性较大物质的非正常排放量、排放工况、年排放小时数。

② 面源调查内容：面源位置坐标，以及面源所在位置的海拔高度；面源初始排放高度；

各主要污染物正常排放量、排放工况、年排放小时数。

③ 体源调查内容：体源中心点坐标，以及体源所在位置的海拔高度；体源高度；体源排放速率、排放工况、年排放小时数；体源的边长；体源初始横向扩散参数，初始垂直扩散参数。

④ 线源调查内容：线源几何尺寸（分段坐标），线源距地面高度，道路宽度，街道街谷高度；各种车型的污染物排放速率；平均车速，各时段车流量、车型比例。

⑤ 其他需调查的内容：建筑物下洗参数；颗粒物的粒径分布等。

根据不同的项目，气态污染源调查可采用不同的方式。一般对于新建项目可通过类比调查、物料衡算或设计资料确定；对于评价范围内的在建和未建项目的污染源调查，可使用已批准的环境影响报告中的资料；对于现有项目和改建、扩建项目的现状污染源调查，可利用已有有效数据或进行实测；对于分期实施的工程项目，可利用前期工程最近 3 年内的验收监测资料、年度例行监测资料或进行实测。

15.1.2.2　水污染源调查内容

影响水环境质量的污染物一般为点源和非点源两类。

（1）点源调查

① 污染源的排放特点。主要包括排放形式，分散还是集中排放；排放口的平面位置及排放方向；排放口在断面上的位置等。

② 污染源排放数据。根据现有实测数据、统计报表以及各厂矿的工艺路线等选定的主要水质参数，调查其现有的排放量、排放速度、排放浓度及变化情况等方面的数据。

③ 用排水状况。主要调查取水量、用水量、循环水量、排水总量等。

④ 废水、污水处理状况。主要调查各排污单位废（污）水的处理设备、处理效率、处理水量及事故状况等。

（2）非点源调查

① 工业类非点源污染源。原料、燃料、废料、废弃物的堆放位置（主要污染源要绘制污染源平面位置图）、堆放面积、堆放形式（几何形状、堆放厚度）、堆放点的地面铺装及其保洁程度、堆放物的遮盖方式等；排放方式、排放去向与处理情况，说明非点源污染物是有组织的汇集还是无组织的漫流，是集中后直接排放还是处理后排放，是单独排放还是与生产废水或生活污水合并排放等；根据现有实测数据、统计报表以及根据引起非点源污染的原料、燃料、废料、废弃物的成分及物理、化学、生物化学性质选定调查的主要水质参数，并调查有关排放季节、排放时期、排放浓度及其变化等方面的数据。

② 其他非点源污染源。对于山林、草原、农地非点源污染源，应调查有机肥、化肥、农药的施用量，以及流失率、流失规律、不同季节的流失量等。对于城市非点源污染，应调查雨水径流特点、初期城市暴雨径流的污染物数量。

水污染源调查以收集现有资料为主，现场调查和现场测试为辅。在评价改建、扩建项目时，对项目改建、扩建前的污染源应详细了解，常需现场调查或测试。

15.1.2.3　噪声源、振动源调查内容

环境噪声、振动污染源包括交通、工业、建筑施工、社会生活活动等。污染源调查内容根据项目的评价范围和项目特点选择。

（1）交通噪声

① 道路交通噪声由各类机动车辆噪声、轮胎与路面噪声及空气动力性噪声构成。在交

通干线和高速公路等处较为突出。

② 轨道（包括城市轨道和铁路）交通噪声。牵引机车噪声、轮轨噪声、受电弓及车辆空气动力性噪声，以及桥梁和附属结构受振动激励辐射的结构噪声等，呈低频较为突出的连续谱、宽频带和典型的线声源特性。

③ 航空噪声。由各类航空器起飞、降落及巡航所产生的噪声。机场噪声是其中的典型代表，与机型、起降距离密切相关，频谱差异很大。

④ 航运噪声。船舶轮机噪声、汽笛噪声、流体噪声等。

（2）工业噪声

① 空气动力性噪声。各类风机、空压机、喷气发动机产生的噪声，锅炉等压力气体放空噪声，以及燃烧噪声等，声功率高、传播范围远。

② 机械设备噪声。冶金、纺织、印刷、建材、电力、化工等行业各类生产加工设备、电动机、球磨机、碎石机、冲压机、电锯、水泵、电气动工具等产生的噪声。

③ 附属设施噪声。给排水、暖通空调、环卫设施等附属设备（如空调机组、冷却塔、风机、水泵、制冷机组、换热站、电梯、发电机等）产生的噪声。

（3）建筑施工噪声

① 土方阶段噪声。挖掘机、盾构机、推土机、装载机等施工机具和运输车辆噪声，爆破作业噪声等。

② 基础施工阶段噪声。打桩机、钻孔机、风镐、凿岩机、打夯机、混凝土搅拌机、输送泵、浇筑机械、移动式空压机、发电机等施工机具产生的噪声。

③ 结构施工阶段噪声。各种运输车辆、施工机具以及各种建筑材料和构件等在运输、切割、安装中产生的噪声。

（4）社会生活噪声

① 营业性场所噪声。营业性文化娱乐场所和商业经营活动中使用的扩声设备、娱乐设施产生的噪声。

② 公共活动场所噪声。公共活动场所噪声包括广播、音响等。

噪声污染源环境现状调查的基本方法是收集资料法、现场调查法和现场测量法。根据评价工作等级的要求确定需采用的具体方法。

15.1.2.4 电磁辐射染源的调查内容

调查评价范围内现有及计划建设的广播电视、无线通信、卫星发射、工业生产、医疗诊断、科学研究等伴有电磁辐射设备，包括 110kV（含）以上输变电设备，了解评价范围内电磁辐射水平分布情况。

调查方法一般采用实测和利用评价范围内已有的最近 3 年内的监测资料。

15.2 环境影响经济损益分析

根据《中华人民共和国环境影响评价法》，环境影响评价需对建设项目的环境影响进行经济损益分析。

环境影响经济损益分析，也称环境影响经济评价，估算某一建设项目、规划或政策所引起环境影响的经济价值，并将环境影响的价值纳入建设项目、规划或政策的经济分析（费用效益分析）中去，以判断这些环境影响对该项目、规划或政策的可行性会产生多大的影响。其中，对负面的环境影响，估算出的是环境成本或环境费用；对正面的环境影响，估算出的是环境效益。

理论上，环境影响的经济损益分析分以下四个步骤进行：①筛选环境影响；②量化环境影响；③评估环境影响的货币化价值；④将货币化的环境影响价值纳入项目的经济分析。

15.2.1 环境影响的筛选

并不是所有环境影响都需要或能够进行经济评价。筛选环境影响一般从以下四个步骤进行。

第一步：影响是否是内部的或已被控抑？

环境影响的经济评价只考虑项目的外部影响，内部影响将被排除，因为内部环境影响应该包含在项目的经济分析中了，如果不排除会导致重复计算。被控抑的影响也将被排除，因为控抑成本应该包含在项目的经济分析中了。环境影响的经济评价只分析未被控抑的影响。

第二步：影响是否是小的或不重要的？

项目造成的环境影响通常是众多的、方方面面的，其中小的、轻微的环境影响将不再被量化和货币化。例如，一个工业项目可能排放低水平的污染物，这些污染物可能低于产生不利影响的临界点，该影响可能会被排除在分析外。损益分析部分只关注大的、重要的环境影响。

第三步：影响是否不确定或过于敏感？

有些影响可能是比较大的，但这些环境影响本身是否发生存在很大的不确定性，或人们对该影响的认识存在较大的分歧，这样的影响将被排除。另外，对有些环境影响的评估可能涉及政治、军事禁区，在政治上过于敏感，这些影响也将不再进一步做经济评价。

第四步：影响能否被量化和货币化？

由于认识上的限制、时间限制、数据限制、评估技术上的限制或者预算限制，有些大的环境影响难以定量化，有的环境影响难以货币化，这些影响将被筛选出去，不再对它们进行经济评价。例如，一片森林破坏引起当地社区在文化、心理或精神上的损失很可能是巨大的，但因为难以量化，所以不再对此进行经济评价。

经过筛选过程后，环境影响将被分成三大类。一类环境影响是被剔除、不再做任何评价分析的影响，如那些内部的环境影响、小的环境影响以及能被控抑的影响等。另一类环境影响是需要做定性说明的影响，如那些大的但可能很不确定的影响、显著但难以量化的影响等。最后一类环境影响就是那些需要并且能够量化和货币化的影响。

15.2.2 环境影响的量化

环境影响的量化，也就是用一个合理的物理量化单位表述每一种影响的大小。在许多情况下，工程分析部分给出项目排放污染物的浓度和数量。将这些污染物排放量和浓度与它对人体健康、人类福利、环境及资源的影响联系起来是环境影响经济损益分析部分的主要任务。

例如，利用剂量-反应关系将污染物的排放数量或浓度与它对受体产生的影响联系起来。

15.2.3 环境影响的价值评估

价值评估是对量化的环境影响进行货币化的过程。这是损益分析部分中最关键的一步，也是环境影响经济评价的核心。在对环境经济损益进行分析计算中，主要包括以下几种计算方法。

（1）修正工资损失法或人力资本法

受环境质量变化影响，人体健康出现诸如疾病、过早死亡等情况，一方面医治疾病需要医疗费用的增加，另一方面过早去世造成人们创造价值量的降低。利用人力资本法进行修正，环境质量问题引起的健康损失包括损失劳动日所创造的净产值和医疗费用两部分。其中，综合环境质量问题对人体健康产生的经济损失以直接经济损失（预防和医疗费用、死亡丧葬费）和间接经济损失（影响劳动工时损失）两方面为主。

（2）市场价值法

其主要计量环境质量变化引起的产值和利润的变化，主要适用于渔业、林业、农业和土地等环境要素中。在计算过程中，将环境作为生产要素，生产成本和生产率随着环境质量变化而变化，进而引发产量与利润的变化，用市场价格对产量和利润进行计量。

（3）机会成本法

该方法的实施是由任何一种自然资源的利用都存在许多相斥的备选方案决定的，主要适用于土地资源、水资源等环境资源要素中。对于不同方案的制定与实施，意味着选择一种效益机会，势必失去另一种效益机会。利用机会成本法，实现最大经济效益。

（4）调查评价法

其通过调查环境资源使用者或相关专家建议，对环境资源价格进行拟定，主要适用于生态环境、景观环境等。该方法具有一定的主观性，受调查评价方法影响，调查结果也具有一定差异性，应根据实际情况选择合适的调查方法。常见的调查评价法包括投标博弈法和专家评估法。

15.2.4 将环境影响货币化价值纳入项目经济分析

环境影响经济评价的最后一步，是将环境影响的货币化价值纳入项目的整体经济分析（费用效益分析）当中去，以判断这些环境影响将在多大程度上影响项目、规划或政策的可行性。

在费用效益分析之后，通常需要做一个敏感性分析，分析项目的可行性对项目环境计划执行情况的敏感性、对环境成本变动幅度的敏感性、对贴现率选择的敏感性等。

15.3 电磁环境影响评价

电磁环境是存在于给定场所的所有电磁现象的总和。电磁环境影响评价是对建设项目实施后可能造成的电磁环境影响进行分析、预测和评估，提出预防或者减轻不良环境影响的对策和措施，进行跟踪监测的方法与制度。

15.3.1 电磁辐射分类

电磁辐射是一种以电磁波的形式通过空间传播的能量流。电磁辐射源包括自然界电磁辐射源和人工电磁辐射源。人工电磁辐射源产生于一切电子设备和电气装置的工作系统。人工电磁辐射源在环境保护工作中通常分为五大类。

（1）广播电视发射系统

主要指广播、电视发射设备。

（2）通信、雷达发射系统

主要指移动通信基站、寻呼发射天线、雷达、导航及卫星地面站、地球站等发射系统。

（3）工、科、医电磁设备

指工业、科学和医疗系统的电磁设备，具体包括：

① 高频感应加热设备，如高频淬火、高频焊接等，它们在工作时产生比较强大的电磁感应场和辐射场，带来的环境污染较突出。

② 高频介质加热设备，如塑料热合机、高频干燥处理机、介质加热联动机等，这些设备在工作时引发的电磁辐射比较严重，对值班人员及附近居民有不良影响。

③ 短波、超短波或微波理疗设备。

（4）高压输变电工程

指高压输变电线路和变电站，主要包括电晕放电和绝缘子放电两类。

① 电晕放电。高压线表面的电位梯度很大，导致其周围空气发生电离现象，这就是电晕放电。放电的形式是脉冲型电磁噪声，其频率为几万赫兹。一般来说，当电位梯度小于15kV/cm时，其电晕放电可以忽略不计。

② 绝缘子放电。由于高压架空送电线和变电站绝缘子污秽或损坏，分配到每个绝缘子上的电位差过高导致的放电。这种放电的频率可高达数百兆赫，有时其强度比电晕放电强。但是对于正常运行的良好送电线路，这种放电不是主要的，辐射干扰以电晕放电为主。

（5）电牵引系统

如无轨、轻轨电车，电气化铁道。

15.3.2　评价因子与评价标准

（1）评价因子

电磁环境评价因子包括电场强度、磁场强度、磁感应强度、功率密度等。对于输变电项目，评价因子为工频磁场、工频电场和合成电场。

（2）评价标准

电磁环境影响评价标准是在电磁环境中控制公众曝露的电场、磁场、电磁场（1Hz～300GHz）的场量限值，不包括职业照射和医疗照射。为控制电场、磁场、电磁场所致公众曝露，根据《电磁环境控制限值》（GB 8702—2014），环境中电场、磁场、电磁场场量参数的方均根值应满足表15-1要求。

表15-1中频率 f 的单位为所在行中第一栏的单位，频率在 0.1MHz～300GHz 之间，场量参数是任意连续 6 分钟内的方均根值。当频率在 100kHz 以下时，需同时限制电场强度和磁感应强度；当频率在 100kHz 以上时，在远场区，可以只限制电场强度或磁场强度，或等效平面波功率密度，在近场区，需同时限制电场强度和磁场强度。

架空输电线路线下的耕地、园地、牧草地、畜禽饲养地、养殖水面、道路等场所，其频率 50Hz 的电场强度控制限值为 10kV/m，且应给出警示和防护指示标志。

对于脉冲电磁波，除满足表15-1要求外，其功率密度的瞬时峰值不得超过表15-1中所列限值的 1000 倍，或场强的瞬时峰值不得超过表中所列限值的 32 倍。

表 15-1 公众曝露控制限值

频率范围	电场强度 E/(V/m)	磁场强度 H/(A/m)	磁感应强度 B/μT	等效平面波功率密度 S_{eq}/(W/m²)
1～8Hz	8000	$32000/f^2$	$40000/f^2$	—
8～25Hz	8000	$4000/f$	$5000/f$	—
0.025～1.2kHz	$200/f$	$4/f$	$5/f$	—
1.2～2.9kHz	$200/f$	3.3	4.1	—
2.9～57kHz	70	$10/f$	$12/f$	—
57～100kHz	$4000/f$	$10/f$	$12/f$	—
0.1～3MHz	40	0.1	0.12	4
3～30MHz	$67/f^{1/2}$	$0.17/f^{1/2}$	$0.21/f^{1/2}$	$12/f$
30～3000MHz	12	0.032	0.04	0.4
3000～15000MHz	$0.22f^{1/2}$	$0.00059f^{1/2}$	$0.00074f^{1/2}$	$f/7500$
15～300GHz	27	0.073	0.092	2

15.3.3 电磁环境影响评价方法

当公众曝露在多个频率的电场、磁场、电磁场中时，应综合考虑多个频率的电场、磁场、电磁场所致曝露，应满足以下要求。

在 1Hz～100kHz 之间，应满足式（15-1）和式（15-2）要求。

$$\sum_{i=1Hz}^{100kHz} \frac{E_i}{E_{L,i}} \leqslant 1 \qquad (15\text{-}1)$$

$$\sum_{i=1Hz}^{100kHz} \frac{B_i}{B_{L,i}} \leqslant 1 \qquad (15\text{-}2)$$

式中　E_i——频率 i 的电场强度；

　　　$E_{L,i}$——表 15-1 中频率 i 的电场强度限值；

　　　B_i——频率 i 的磁感应强度；

　　　$B_{L,i}$——表 15-1 中频率 i 的磁感应强度限值。

在 0.1MHz～300GHz 之间，应满足式（15-3）和式（15-4）要求。

$$\sum_{j=0.1MHz}^{300GHz} \frac{E_j^2}{E_{L,j}^2} \leqslant 1 \qquad (15\text{-}3)$$

$$\sum_{j=0.1MHz}^{300GHz} \frac{B_j^2}{B_{L,j}^2} \leqslant 1 \qquad (15\text{-}4)$$

式中　E_j——频率 j 的电场强度；

　　　$E_{L,j}$——表 15-1 中频率 j 的电场强度限值；

　　　B_j——频率 j 的磁感应强度；

　　　$B_{L,j}$——表 15-1 中频率 j 的磁感应强度限值。

15.3.4 电磁环境影响评价范围

15.3.4.1 广播电视类项目

（1）全向天线

评价范围以发射天线为中心，呈圆形，当发射天线等效辐射功率＞100kW 时，其半径为 1km，当发射天线等效辐射功率≤100kW 时，其半径为 0.5km。

如果辐射场强最大处大于上述范围，则应评价到最大场强处和满足评价标准限值处中的较大处；如果辐射场强最大处小于上述范围，则应评价到评价范围和满足评价标准限值处中的较大处。

（2）定向天线

评价范围以发射天线为中心，呈扇形，以天线第一旁瓣为圆心角，发射天线等效辐射功率＞100kW 时，其半径为 1km，发射天线等效辐射功率≤100kW 时，其半径为 0.5km。

如果辐射场强最大处大于上述范围，则应评价到最大场强处和满足评价标准限值处中的较大处；如果辐射场强最大处小于上述范围，则应评价到评价范围和满足评价标准限值处中的较大处。

对于定向天线，还应考虑天线背瓣电磁辐射对环境的影响。

15.3.4.2 输变电站类项目

输变电工程类项目评价范围根据电压等级确定，具体见表 15-2。

表 15-2 输变电工程电磁环境影响评价范围

分类	电压范围	评价范围		
		变电站、换流站、开关站、串补站	线路	
			架空线路	地下电缆
交流电	110kV	厂界外 30m	边导线地面投影外两侧各 30m	电缆管廊两侧边缘各外延 5m(水平距离)
	220～330kV	厂界外 40m	边导线地面投影外两侧各 30m	
	500kV 及以上	厂界外 50m	边导线地面投影外两侧各 50m	
直流电	±100kV 及以上	厂界外 50m	极导线地面投影外两侧各 50m	

对于工业、科学研究、医疗电磁辐射设备，如高频热合机、高频淬火炉、热疗机等评价范围为以设备为中心的 250m。

15.3.5 电磁环境保护目标

电磁环境敏感目标是电磁环境影响评价需重点关注的对象，包括住宅、学校、医院、办公楼、工厂等有公众居住、工作或学习的建筑物。评价中要附图并列表说明评价范围内环境敏感目标的名称、性质、分布、数量及建筑物楼层、高度、与建设项目相对位置等情况。

15.3.6 工程概况及工程分析

电磁环境影响评价项目的工程概况及工程分析与一般项目类似，主要包括工程概况，与政策、法规、标准及规划的相符性，环境影响因素识别与评价因子，生态环境影响途径分析等内容。对于输变电项目，应介绍线路路径、电压、电流、布局、塔型、线型、设备容量、跨越情况等。对于广播电视项目还应介绍发射机功率、频率范围、天线最大线尺寸等。

15.3.7 电磁环境现状调查与评价

调查评价范围内具有代表性的电磁辐射环境敏感目标和站界的电磁辐射环境现状，并对实测结果进行评价，分析现有电磁辐射源的构成及对电磁辐射环境敏感目标的影响。

（1）现状调查内容

① 调查评价范围内的广播电视、无线通信、卫星发射、工业生产、医疗诊断、科学研究等伴有电磁辐射的设备，包括 110kV（含）以上输变电设备。

② 调查评价范围内电磁环境保护目标基本情况，包括保护目标的规模、与工程的位置关系、适用标准等。

（2）现状监测内容

根据建设项目的电磁场特性选择电场强度、磁场强度、功率密度中的一项或多项进行监测。监测点位包括电磁辐射环境敏感目标和项目厂址，对于输变电项目，还需对输变电线路电磁环境现状进行监测。

（3）现状评价

对照评价标准进行评价，并给出评价结论。

15.3.8　电磁环境影响预测与评价

电磁环境影响预测与评价方式有模式预测评价和类比评价，一般应采用类比评价和模式预测评价结合的方式。

15.3.8.1　模式预测及评价

（1）预测模式

电磁场强的计算一般是对于远场场强而言的，对于近场场强很难用理论公式计算。

典型的中波、短波、超短波发射台站的发射天线在环境中辐射场强按《环境影响评价技术导则　广播电视》（HJ 1112—2020）附录 D 中公式计算。

（2）预测结果及评价

预测结果应以表格和等值线图、趋势线图的方式表述。预测结果应给出最大值、满足评价标准的值及其对应位置和站界预测值，并给出电磁辐射强度预测达标等值线图。

对于电磁辐射环境敏感目标，应根据建筑高度，给出不同楼层的预测结果。通过对照评价标准，评价预测结果，提出治理、减缓和避让措施。

15.3.8.2　类比评价

① 选择类比对象。类比对象的建设规模、布局、电磁设备特性、环境条件及运行工况应与拟建项目相类似，并列表论述其可比性。

除环境条件相同点位的监测数据可利用已有监测资料外，其余点位的监测数据均应实测。

类比评价时，如国内没有同类型建设项目，可通过收集国外资料、模拟试验等手段取得数据、资料进行评价。

② 类比结果分析。类比结果应以表格、趋势线图等方式表达。分析类比结果的规律性、类比对象与本建设项目的差异性；分析预测广播电视电磁辐射的影响范围、满足评价标准或要求的范围、最大值出现的区域范围、站界电磁辐射影响程度，并对其正确性及合理性进行论述。必要时进行模式复核并分析。

15.3.8.3　电磁辐射环境影响评价结论

根据现状评价、模式预测及评价、类比监测及评价，综合评价建设项目电磁辐射环境影响。

15.4　碳排放分析

15.4.1　背景资料

2009 年在联合国气候变化大会上，中国政府向世界宣布，2020 年中国单位国内生产总值（GDP）碳排放量将在 2005 年的水平上下降 40%～45%，这是中国首次提出自己的碳减排目标，表明了中国应对气候变化和参与全球气候保护的积极态度。在 2020 年 12 月的气候雄心峰会上，习近平主席进一步提出，到 2030 年，中国单位 GDP 碳排放将比 2005 年下降 65% 以上，非化石能源占一次能源消费比重将达到 25% 左右。此次峰会上提出的 2030 年碳排放强度下降目标和能源结构优化目标，也明显比之前提出的目标更积极。碳减排的途径主要包括：产业结构优化，降低高耗能行业比例；能效提升，涉及技术节能和能源产出率提升；能源结构调整，增加风能、光能、氢能、生物质能、工业余热、生活垃圾与污泥在能源消费中的比例；碳捕集、利用与封存。力争 2030 年前实现碳达峰，2060 年前实现碳中和。

为贯彻落实《中共中央　国务院关于深入打好污染防治攻坚战的意见》、《国务院关于印发 2030 年前碳达峰行动方案的通知》和《关于统筹和加强应对气候变化与生态环境保护相关工作的指导意见》等文件要求，推进减污降碳协同增效，实施碳排放总量与强度"双控"，切实控制碳排放，应对气候变化，充分发挥环评制度源头管控作用。北京、重庆、河北、广东等省市先后下发文件，在建设项目环境影响评价中试行开展碳排放影响评价相关工作，开展重点行业的碳排放量和排放强度核算，依据碳排放管控目标开展评价，进行减污降碳环保措施分析并提出碳减排措施和建议，提出碳排放管理与监测计划，推动减污降碳协同共治。

15.4.2　相关规范文件

包括《关于加强高耗能、高排放建设项目生态环境源头防控的指导意见》（环环评〔2021〕45 号）、《重点行业建设项目碳排放环境影响评价试点技术指南（试行）》（环办环评函〔2021〕346 号）、《工业企业温室气体排放核算和报告通则》（GB/T 32150）、《中国石油化工企业温室气体排放核算方法与报告指南（试行）》（发改办气候〔2014〕2920 号）、《其他有色金属冶炼和压延加工业企业温室气体排放核算方法与报告指南（试行）》（发改办气候〔2015〕1722 号）等。

国家发展改革委分三批共发布了 24 个行业的温室气体排放核算方法与报告指南。第一批为发电、电网、钢铁生产、化工生产、电解铝生产、镁冶炼、平板玻璃生产、水泥生产、陶瓷生产、民航企业；第二批为石油和天然气生产、石油化工、独立焦化、煤炭生产企业；第三批为造纸和纸制品生产、其他有色金属冶炼和压延加工业、电子设备制造、机械设备制造、矿山、食品、烟草及酒、饮料和精制茶、公共建筑运营单位（企业）、陆上交通运输、氟化工、工业其他行业企业。编制指南为我国的碳排放权交易，建立企业温室气体排放报告制度，完善温室气体排放统计核算体系等相关工作的开展构建起重要的参考框架。

15.4.3　碳排放评价内容

评价指标主要是二氧化碳的排放量和排放强度，有条件的地区也可开展其他温室气体的评价工作。

结合建设项目所属行业，分析建设项目碳排放核算边界、排放源，确定排放因子及活动数据，核算碳排放量，进一步计算碳排放强度。评价内容包括：

（1）碳排放政策符合性分析

分析建设项目或规划的碳排放与国家、地方和行业碳达峰行动方案，生态环境分区管控方案和生态环境准入清单，相关法律、法规、政策，相关规划和规划环境影响评价等的相符性。

（2）碳排放分析

碳排放影响因素分析：全面分析建设项目二氧化碳产排节点，在工艺流程图中增加二氧化碳产生、排放情况（包括正常工况、开停工及维修等非正常工况）和排放形式。明确建设项目化石燃料燃烧源中的燃料种类、消费量、含碳量、低位发热量和燃烧效率等，涉及碳排放的工业生产环节原料、辅料及其他物料种类、使用量和含碳量，烧焦过程中的烧焦量、烧焦效率、残渣量及烧焦时间等，火炬燃烧环节的火炬气流量、组成及碳氧化率等参数，以及净购入电力和热力量等数据。说明二氧化碳源头防控、过程控制、末端治理、回收利用等减排措施状况。

源强核算：根据二氧化碳产生环节、产生方式和治理措施，可参照 GB/T 32150、GB/T 32151.1、GB/T 32151.4、GB/T 32151.5、GB/T 32151.7、GB/T 32151.8、GB/T 32151.10、发改办气候〔2014〕2920 号文和发改办气候〔2015〕1722 号文中二氧化碳排放量核算方法，开展钢铁、水泥和煤制合成气建设项目工艺过程生产运行阶段二氧化碳产生和排放量的核算。此外，鼓励有条件的建设项目核算非正常工况及无组织二氧化碳产生和排放量。按表 15-3 的形式给出二氧化碳排放的方式、数量等基本情况。改扩建及异地搬迁建设项目还应包括现有项目的二氧化碳产生量、排放量和碳减排潜力分析等内容。对改扩建项目碳排放量的核算，应分别按现有、在建、改扩建项目实施后等几种情形汇总二氧化碳产生量、排放量及其变化量，核算改扩建项目建成后最终碳排放量，鼓励有条件的改扩建及异地搬迁建设项目核算非正常工况及无组织二氧化碳产生和排放量。

表 15-3　二氧化碳排放情况汇总表

序号	排放口编号	排放形式	二氧化碳排放浓度/(mg/m³)	碳排放量/(t/a)	原料碳排放绩效/(t/t)	产品碳排放绩效/(t/t)	工业产值碳排放绩效/(t/万元)	工业增加值碳排放绩效/(t/万元)
1								
2								
...								
排放口合计								

产能置换和区域削减项目二氧化碳排放变化量核算：对于涉及产能置换、区域削减的建设项目，还应核算被置换项目及污染物减排量出让方碳排放量变化情况。

（3）减污降碳措施及其可行性论证

碳减排措施可行性论证：给出建设项目拟采取的节能降耗措施，有条件的项目应明确拟采取的能源结构优化，工艺产品优化，碳捕集、利用和封存（CCUS）等措施，分析论证拟采取措施的技术可行性、经济合理性，其有效性判定应以同类或相同措施的实际运行效果为依据，没有实际运行经验的，可提供工程化实验数据。采用碳捕集和利用的，还应明确所捕集二氧化碳的利用去向。

污染治理措施比选：在满足 HJ 2.1、HJ 2.2 和 HJ 2.3 关于污染治理措施方案选择要求前提下，在环境影响报告书环境保护措施论证及可行性分析章节，开展基于碳排放量最小的废气和废水污染治理设施和预防措施的多方案比选，即对于环境质量达标区，在保证污染物能够达标排放，并使环境影响可接受前提下，优先选择碳排放量最小的污染防治措施方案。对于环境质量不达标区（环境质量细颗粒物因子对应污染源因子二氧化硫、氮氧化物、颗粒物和挥发性有机物，环境质量臭氧因子对应污染源因子和挥发性有机物），在保证环境质量达标因子能够达标排放，并使环境影响可接受前提下，优先选择碳排放量最小的针对达标因子的污染防治措施方案。

示范任务：建设项目可在清洁能源开发、二氧化碳回收利用及减污降碳协同治理工艺技术等方面承担示范任务。

（4）碳排放绩效水平核算

核算建设项目的二氧化碳排放绩效，可参照表 15-4。

表 15-4　重点行业碳排放绩效类型选取表

重点行业		原料排放绩效/(t/t)	产品排放绩效/(t/t)	工业产值排放绩效/(t/万元)	工业增加值排放绩效/(t/万元)
电力	燃煤发电、燃气发电	√		√	√
钢铁	炼铁		√	√	√
	炼钢		√	√	√
	钢压延加工		√	√	√
建材	水泥制造		√	√	√
	平板玻璃制造		√	√	√
有色金属	铝冶炼		√	√	√
	铜冶炼		√	√	√
石化	原油加工及石油制品制造	√		√	√
	煤制合成气生产	√	√	√	√
	煤制液体燃料生产	√	√	√	√
化工	有机化学原料制造		√	√	√

改扩建、异地搬迁项目，还应核算现有工程二氧化碳排放绩效，并核算建设项目整体二氧化碳排放绩效水平。

（5）碳排放管理与监测计划

编制建设项目二氧化碳排放清单，明确其排放的管理要求。

提出建立碳排放量核算所需参数的相关监测和管理台账的要求，按照核算方法中所需参数，明确监测、记录信息和频次。

（6）碳排放环境影响评价结论

对建设项目碳排放政策符合性、碳排放情况、减污降碳措施及可行性、碳排放水平、碳排放管理与监测计划等内容进行概括总结。

15.5 环境影响后评价

15.5.1 编制目的及范围

环境影响后评价是指编制环境影响报告书的建设项目在通过环境保护设施竣工验收且稳定运行一定时期后，对其实际产生的环境影响以及污染防治、生态保护和风险防范措施的有效性进行跟踪监测和验证评价，并提出补救方案或者改进措施，提高环境影响评价有效性的方法与制度。

环境影响后评价是环境影响评价制度的发展和延伸、补充和完善。通过开展环境影响后评价，可以对建设项目的实际环境影响作出评估，验证环境影响评价的正确性和环保措施的落实情况，监督项目建设单位落实环保措施，督促环评机构提高评价质量和水平，同时补充预测的内容和减缓影响的对策措施，从而提高环境管理的科学性。

环境保护部于 2015 年 12 月发布了《建设项目环境影响后评价管理办法（试行）》，自 2016 年 1 月 1 日起施行。该管理办法要求，以下三类建设项目应当开展环境影响后评价：

① 水利、水电、采掘、港口、铁路行业中实际环境影响程度和范围较大，且主要环境影响在项目建成运行一定时期后逐步显现的建设项目，以及其他行业中穿越重要生态环境敏感区的建设项目；

② 冶金、石化和化工行业中有重大环境风险，建设地点敏感，且持续排放重金属或者持久性有机污染物的建设项目；

③ 审批环境影响报告书的环境保护主管部门认为应当开展环境影响后评价的其他建设项目。

建设单位或者生产经营单位应在建设项目投入生产或者运营后 3～5 年内组织开展环境影响后评价。环境影响后评价文件需在原审批环境影响报告书的环境保护主管部门备案，并接受环境保护主管部门的监督检查。

15.5.2 环境影响后评价内容

建设项目环境影响后评价文件应当包括以下内容：

① 建设项目过程回顾，包括环境影响评价、环境保护措施落实、环境保护设施竣工验收、环境监测情况，以及公众意见收集调查情况等；

② 建设项目工程评价，包括项目地点、规模、生产工艺或者运行调度方式，环境污染或者生态影响的来源、影响方式、程度和范围等；

③ 区域环境变化评价，包括建设项目周围区域环境敏感目标变化、污染源或者其他影响源变化、环境质量现状和变化趋势分析等；

④ 环境保护措施有效性评估，包括环境影响报告书规定的污染防治、生态保护和风险防范措施是否适用、有效，能否达到国家或者地方相关法律、法规、标准的要求等；

⑤ 环境影响预测验证，包括主要环境要素的预测影响与实际影响差异，原环境影响报告书内容和结论有无重大漏项或者明显错误，持久性、累积性和不确定性环境影响的表现等；

⑥ 环境保护补救方案和改进措施；

⑦ 环境影响后评价结论。

参 考 文 献

[1] 王栋成. 大气环境影响评价实用技术 [M]. 北京：中国标准出版社，2010.

[2] 张敬东. 环境科学与大学生环境素质 [M]. 北京：清华大学出版社，2015.

[3] 奚旦立. 环境监测 [M]. 5 版. 北京：高等教育出版社，2019.

[4] 张征. 环境评价学 [M]. 北京：高等教育出版社，2017.

[5] 陆书玉. 环境影响评价 [M]. 北京：高等教育出版社，2015.

[6] 李爱贞. 环境影响评价实用技术指南 [M]. 北京：机械工业出版社，2008.

[7] 柴立元. 环境影响评价学 [M]. 长沙：中南大学出版社，2006.

[8] 国家环境保护总局监督管理司. 化工、石化及医药行业建设项目环境影响评价 [M]. 北京：中国环境科学出版社，2003.

[9] 国家环境保护总局环境影响评价工程师职业资格登记管理办公室. 建材火电类环境影响评价 [M]. 北京：中国环境科学出版社，2007.

[10] 李庆旭，刘光琇，邵麟惠. 层析分析法在高速公路生态环境影响评价中的应用 [J]. 冰川冻土，2007，29（40）：653-658.

[11] 李淑芹，孟宪林. 环境影响评价 [M]. 2 版. 北京：化学工业出版社，2018.

[12] 肖华元，何蝉. 山区公路建设对生态环境的影响及环保措施 [J]. 建筑工程技术与设计，2016，10：2173.

[13] 冉德钦，张林宏，卢林果，等. 公路运营期的环境问题 [J]. 环境保护前沿，2017，7（3）：181-184.

[14] 梁学功，吴军年. 生态评价的范围如何确定 [J]. 环境影响评价，2015，37（2）：97-98.

[15] 成金华，彭昕杰. 长江经济带矿产资源开发对生态环境的影响及对策 [J]. 环境经济研究，2019，2：125-134.

[16] 李翔，张远，孔维静，等. 辽河保护区水生态功能分区研究 [J]. 生态科学，2013，6：744-751.

[17] 郭廷忠. 环境影响评价学 [M]. 北京：科学出版社，2007.

[18] 山宝琴. 生态环境影响评价 [M]. 西安：西安交通大学出版社，2018.

[19] 毛文永. 生态环境影响评价概论 [M]. 修订版. 北京：中国环境科学出版社，2003.

[20] 孟晖，张若琳，石菊松，等. 地质环境安全评价 [J]. 地球科学，2021，46（10）：3764-3776.

[21] 戴锋. 生态环境影响评价中的植被生物量调查探究 [J]. 环境与发展，2019，31（8）：14-15.

[22] 蔡崇法，丁树文，史志华，等. 应用 USLE 模型与地理信息系统 IDRISI 预测小流域土壤侵蚀量的研究 [J]. 水土保持学报，2000，14（2）：19-24.

[23] 郭倩君，黄月群，董塑，等. 水体富营养化评价方法研究 [J]. 环境保护前沿，2021，11（20）：178-185.

[24] 王中丽，夏永坤，杨杏华. 水利施工中弃渣场水土保持措施分析 [J]. 河南水利与南水北调，2015，14：109-110.

[25] 李秀金. 固体废物工程 [M]. 北京：中国环境科学出版社，2003.

[26] 宁平. 固体废物处理与处置 [M]. 北京：高等教育出版社，2006.

[27] 何品晶. 固体废物处理与资源化技术 [M]. 北京：高等教育出版社，2011.

[28] 李爱贞，周兆驹，林国栋. 环境影响评价实用技术指南 [M]. 北京：机械工业出版社，2011.

[29] 何德文. 环境评价 [M]. 北京：中国建材出版社，2014.

[30] 王宁，孙世军. 环境影响评价 [M]. 北京：北京大学出版社，2014.

[31] 陈广洲，徐圣友. 环境影响评价 [M]. 合肥：合肥大学出版社，2015.

[32] 环境保护部环境工程评估中心. 建设项目环境影响评价 [M]. 北京：中国环境出版社，2018.

[33] 生态环境部环境工程评价中心. 环境影响评价技术方法 [M]. 北京：中国环境出版集团，2020.

[34] 韩香云，陈天明. 环境影响评价 [M]. 北京：化学工业出版社，2013.

[35] 吴春山，成岳. 环境影响评价 [M]. 3 版. 武汉：华中科技大学出版社，2020.

[36] 段宁，张惠灵，范先媛. 建设项目环境影响评价 [M]. 北京：冶金工业出版社，2021.

[37] 胡辉，杨旗，肖可可，等. 环境影响评价 [M]. 2 版. 武汉：华中科技大学出版社，2017.

[38] 王宁，孙世军. 环境影响评价 [M]. 北京：北京大学出版社，2013.

[39] 李淑芹，孟宪林. 环境影响评价 [M]. 2 版. 北京：化学工业出版社，2018.

[40] 朱世云，林春绵. 环境影响评价 [M]. 2 版. 北京：化学工业出版社，2013.

[41] 马太玲，张江山. 环境影响评价 [M]. 武汉：华中科技大学出版社，2009.

[42] 周国强. 环境影响评价 [M]. 武汉：武汉理工大学出版社，2003.

[43] 梁晓星. 环境影响评价 [M]. 广州：华南理工大学出版社，2008.

[44] 宋永会，彭剑峰，袁鹏，等. 环境风险源识别与监控 [M]. 北京：科学出版社，2015.

[45] 费尔曼，米德，威廉姆斯. 环境风险评价方法、经验和信息来源 [M]. 寇文，赵文喜，译. 北京：中国环境科学出版社，2011.

[46] 吴文军，丁峰，于华通. 大气评价辅助软件 EIAProA2018 从入门到精通 [M]. 武汉：华中科技大学出版社，2021.

[47] 王黎. 欧洲环境风险应急与处置技术——赛维索指令及其应用 [M]. 北京：中国环境科学出版社，2017.